北京理工大学“双一流”建设精品出版工程

Guidance and Control Components for Tactical Missile

战术导弹制导与控制部件

王 江　范世鹏　林德福◎编著

北京理工大学出版社
BEIJING INSTITUTE OF TECHNOLOGY PRESS

内容简介

本书围绕战术导弹的制导与控制部件，主要内容包括目前战术导弹常用的惯性器件，导航系统，地磁传感器，激光、雷达和红外等多种导引头，执行机构等部件的类型、工作原理、设计与典型结构，并列出了各类部件的发展历程、工作原理和主要性能指标。阐述了惯性、地磁和组合导航的相关基础理论，介绍了对关键器件进行验证的半实物仿真技术原理。结合作者的科研经历，给出了激光制导炮弹的半实物仿真系统与验证手段。本书内容系统、严谨，注重理论与工程实践相结合。

本书可供从事飞行器制导、控制理论与应用研究的科研人员和工程技术人员参考，也可作为飞行器设计专业的本科生教材，对航空宇航科学与技术等专业的研究生课程学习也有较大的帮助。

图书在版编目（CIP）数据

战术导弹制导与控制部件 / 王江，范世鹏，林德福编著. -- 北京 ：北京理工大学出版社，2024.5

ISBN 978-7-5763-4038-9

Ⅰ. ①战… Ⅱ. ①王… ②范… ③林… Ⅲ. ①战术导弹–导弹制导 Ⅳ. ①TJ761.1

中国国家版本馆 CIP 数据核字(2024)第 104115 号

责任编辑：徐艳君　　**文案编辑**：宋　肖
责任校对：周瑞红　　**责任印制**：李志强

出版发行 / 北京理工大学出版社有限责任公司
社　　址 / 北京市丰台区四合庄路 6 号
邮　　编 / 100070
电　　话 / (010) 68944439 (学术售后服务热线)
网　　址 / http://www.bitpress.com.cn

版 印 次 / 2024 年 5 月第 1 版第 1 次印刷
印　　刷 / 三河市华骏印务包装有限公司
开　　本 / 787 mm × 1092 mm　1/16
印　　张 / 10.75
彩　　插 / 2
字　　数 / 255 千字
定　　价 / 56.00 元

前言

PREFACE

本书主要用作飞行器导航、制导与控制专业本科生的入门教材，其目的是促进本科生深入了解具有鲜明专业特色的各类部件，为他们走上工作岗位提供必备的知识储备，以便更好地开展工程应用。

本书中制导控制部件原理涉及多学科专业知识，在编写完善过程中，查阅了大量的专业书籍和文献，并虚心向这些专业的资深学者请教而最终成稿。同时，充分利用团队深度参与工程型号科研实践得天独厚的优势，与优势企业密切合作，结合现役战术导弹型号的发展现状，阐述了当前制导与控制部件通用的主要战术技术指标，同时给出某些部件的结构实物图，使读者更清晰地了解这些部件的工作原理与设计。

本书共分8章，第1章概述了制导与控制系统的系统组成；第2章、第3章为导航系统相关的部件及惯性导航、卫星导航和组合导航的基础理论；第4～6章分别介绍了与制导系统相关的红外、激光和雷达三种体制导引头，包括发展历程、工作原理和主要性能指标等；第7章介绍了常见的执行机构；第8章介绍了用于部件性能验证与评估的半实物仿真技术。

本书紧密瞄准新时代国际形势下的国家重大战略急需，深入贯彻二十大“加快建设教育强国、科技强国、人才强国”的精神，奋力践行卓越工程师“面向工程、拓宽基础、强化能力、侧重应用”的培养理念，通过系统性地讲解制导与控制系统的关键部件，为飞行器设计相关专业本科生建立理论与工程之间的桥梁，强化学生的系统工程思维方式，铺垫学与用的“最后一公里”，消除从学位到工位的过渡期。同时，通过介绍各部件的主要性能指标和未来发展趋势，并引入高置信度的半实物仿真技术，为制导控制部件的迭代升级奠定良好的技术基础，进而为我国军事装备发展做出贡献。

本书的部分研究内容得到了国家自然基金项目“反对称耦合系统鲁棒性度量与自适应动态解耦方法（批准号：52472374）”的资助。

本书引用了很多国内外专家和学者的学术著作，也参考了科研院所研究人员的研究报告。作者对这些专家在导弹制导与控制领域的教学与技术推广应用所做出的贡献表示崇高的敬意。

在本书的出版之际，由衷感谢已故的祁载康教授的悉心指导，同时感谢刘畅、王思卓、王因翰、杨启帆、刘经纬、史佳怡和王高杰等博士生与硕士生的整理工作与辛勤付出。

由于作者水平有限，书中难免存在一些错误，敬请广大读者批评指正。

作　者

2024年5月

目 录
CONTENTS

第1章
绪　　论

精确制导弹药是采用高精度探测、制导控制和导航技术，能够精确命中目标的武器装备，是现代武器装备的重要组成，已经在历次战争中发挥了至关重要的作用。GP9 末制导迫弹如图 1－1 所示，AGM－45“百舌鸟”反辐射导弹如图 1－2 所示。

图 1－1　GP9 末制导迫弹

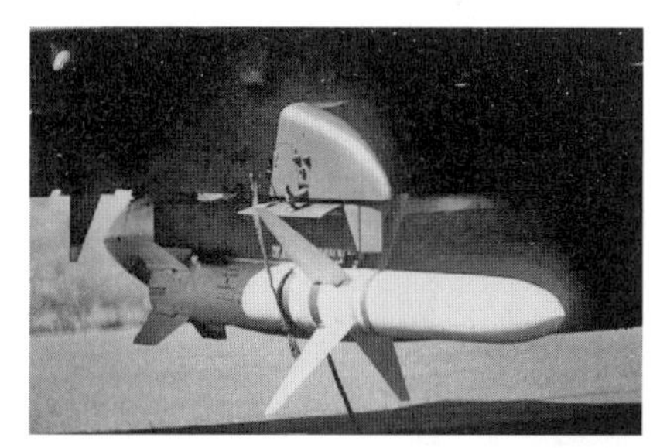

图 1－2　AGM－45“百舌鸟”反辐射导弹

以某型精确制导炮弹为例，其典型弹道如图 1－3 所示。炮弹从阵地发射后，首先自由飞行到一定高度，然后转入惯性导航飞行阶段。在惯性制导（简称惯导）飞行阶段，由于炮弹与敌方目标距离大于导引头作用距离，导引头不开机，因此炮弹在惯性导航阶段通常采取预设路径的飞行方案，利用弹载传感器（及卫星信息）实时探测自身位置姿态信息，计算与预设路线之间的偏差，输出控制指令以使自身沿着预设路径飞行。当敌方目标处于探测距离内，导引头开机，炮弹制导控制系统根据预设制导律和制导律参数输出制导指令，控制炮弹飞向目标。

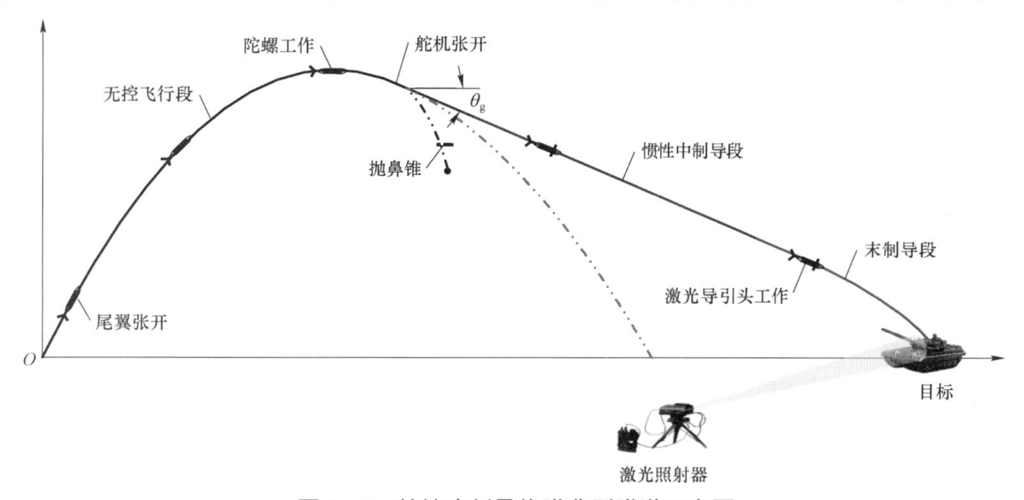

图 1－3　某精确制导炮弹典型弹道示意图

从炮弹发射到命中目标过程中，为保证炮弹能够保持自身姿态稳定、满足制导精度，需要在弹上设计合理的制导控制系统。一种典型的精确制导控制系统如图1-4所示，其由弹-目相对运动测量装置、导引指令生成装置、姿态运动测量装置、姿态控制校正网络、信号综合放大装置、执行结构等组成。

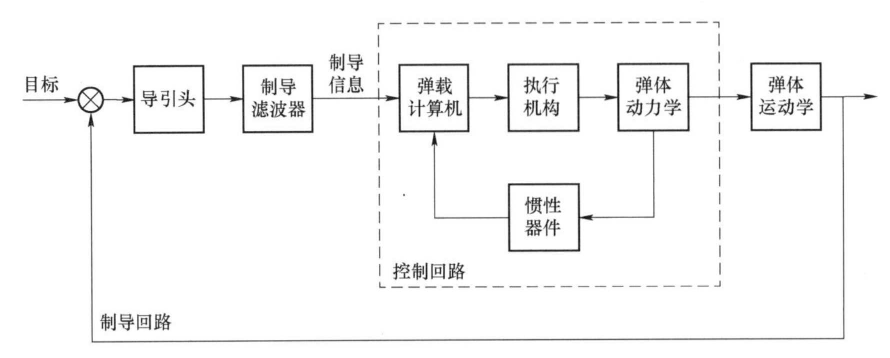

图1-4　典型的精确制导控制系统

1.1　制导与控制系统组成

在图1-4所示的制导控制系统中，共有两个闭环回路，分别为制导回路和控制回路。

制导回路是控制导弹质心运动的外回路，由探测装置（主要是各类导引头）、制导滤波器和弹载计算机组成。探测装置的主要作用是对攻击目标进行运动信息测量，如弹-目相对位置、相对速度、相对加速度等。弹载计算机的主要作用是利用探测装置探测到的制导信息，按照预设制导律生成制导指令，并将制导指令输入控制系统，控制导弹按照一定的轨迹与目标交会。

控制回路是稳定弹体姿态的内回路，又称为自动驾驶仪，主要由惯性器件、弹载计算机和执行机构组成。控制回路的主要作用是维持弹体姿态稳定，并根据制导系统生成的制导指令，控制弹药精确命中目标。制导系统、控制系统、弹体和运动学环节形成一个闭环的控制回路。

在整个闭环控制回路中，制导控制部件主要由导引头、惯性器件和执行机构等组成。

（1）导引头。导引头一般安装在制导武器的头部，用于测量目标相对制导武器的运动参数并产生制导信息的装置。导引头通过接收目标辐射或反射的能量，测得制导武器飞向目标的相对位置信息，最终生成制导指令。导引头是制导武器上用于探测、跟踪目标并产生姿态调整参数的核心装置，制导武器的精确制导之所以能够实现，是导引头起决定性作用。

（2）惯性器件。惯性器件是测量制导武器测量自身运动学信息的重要来源（另一个来源为卫星导航定位系统），能够为制导武器制导控制系统提供自身运动学信息，提高弹体自身稳定性和制导准确性。

（3）执行机构。执行机构是制导武器制导控制系统的重要组成部分，其主要功能是根据制导武器的控制信号或测量元件输出的稳定信号控制可偏转方向舵或副翼或改变发动机的推力矢量方向，从而改变制导武器的飞行路径。不同导（炮）弹的结构设计不同，制导控制部件在导（炮）弹上的位置也不同，图1-5和图1-6分别为两种典型的精确制导武器结构。

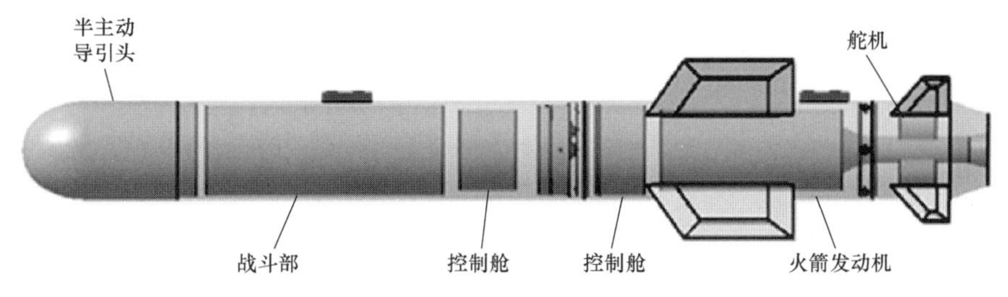

图 1－5 某型空地导弹结构图

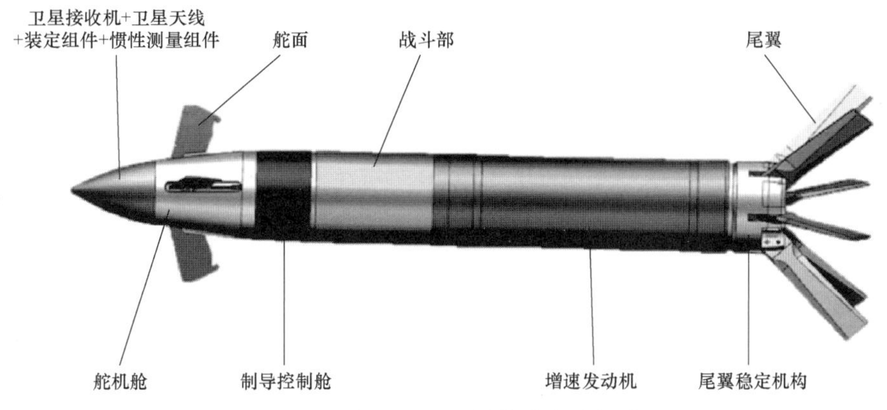

图 1－6 某型卫星制导炮弹基本构成

1.2 部件产品的“六性”与“三化”

1. “六性”

GJB 9001B—2009《质量管理体系要求》中明确规定，在武器装备各部件的研制过程中，除各项功能和性能特性外，必须满足六项通用质量特性指标，简称“六性”，包括可靠性、安全性、维修性、测试性、保障性、环境适应性，已经成为现代武器装备系统或部件设计定型的依据之一。

（1）可靠性。可靠性是指部件在规定条件下和规定时间内完成规定功能的能力，可靠性定量要求通常可选择的参数指标有可靠度、平均故障前时间、平均故障间隔时间和故障率等。

（2）安全性。安全性是指部件所具有的不导致人员伤亡、重大财产损失或不危害健康及环境的能力，安全性是各类军事装备必须满足的首要设计要求。

（3）维修性。维修性是指部件在规定的条件下和规定的时间内，按规定的程序和方法进行维修时，保持或回复到规定状态的能力。

（4）测试性。测试性是指部件能及时、准确地确定其状态（可工作、不可工作或性能下降），并隔离其内部故障的一种设计特性。

（5）保障性。保障性是指部件的设计特性和计划的保障资源能满足平时战备完好和战时使用要求的能力。

其中，设计特性是指与装备保障有关的设计特性，如可靠性、维修性、运输性等，以及使装备便于操作、检测、维修、装卸、运输、消耗品（油、水、气、弹）补给等方面的设计特性。上述设计特性都是通过设计途径赋予装备的硬件和软件。装备具有满足使用与维修要求的设计特性，才是可保障的。此外，装备的保障方案和所能达到的战备完好性水平，也是通过对装备保障系统的规划与设计来实现的。

（6）环境适应性。环境适应性是指部件在其寿命期预计可能遇到的各种环境的作用下，能实现其所有预定功能、性能和（或）不被破坏的能力。对于制导武器系统及部件而言，环境适应性主要涉及高低温、湿热、淋雨、霉菌、盐雾、振动、冲击等环境因素。

2. “三化”

“三化”是指部件设计过程中遵循的通用化、系列化和模块化，是标准化的重要手段，对于降低研发成本、缩短研制周期和提高系统可靠性具有积极性作用。

（1）通用化是指在互换性基础上，最大限度地扩大同一产品使用范围的一种标准化方法，通用化部件产品具备功能互换性、结构互换性、接口匹配且性能相当。

（2）系列化是根据产品的使用需求和技术发展规律，将同一种或同一形式产品的规格按一定规则排列，以最少的品种和规格（主要是指尺寸参数、质量参数，也可以是功能、性能参数或其他特性参数）满足最广泛需求的一种标准化形式。

（3）模块化武器是指按照武器系统组成模块化设计思想、具体结构与功能特点，用互换性强的通用化部件、对接面或连接模数可控的分系统，设计成多用途系列化武器。

“三化”设计思想的精髓是针对实战化需求，最大限度地继承前期型号已有的成熟先进技术成果，通过融合新型技术，进行性能提升，实现武器的最佳作战效能。

参 考 文 献

[1] 戈进飞. 军用电子设备结构设计“六性”分析［J］. 电子机械工程，2015，31（2）：1-6.

[2] 余琼，任志乾，孙映竹. 军工产品设计定型“六性”评估工作分析［J］. 电子产品可靠性与环境试验，2022，40（02）：40-45.

[3] 胥思霞.“三化”工作的意义及“三化”工作探析［J］. 航天标准化，2012，148（02）：19-22+26. DOI: 10.19314/j.cnki.1009-234x.2012.02.006.

第2章
惯 性 器 件

惯性器件包括角速率陀螺仪和加速度计，主要用于测量飞行器相对惯性空间的线性和角运动参数，并计算用于惯性导航的载体运动信息，或作为控制系统的信息输入，是在各种复杂电磁对抗环境中独立建立空间基准的有效手段，也是实现现代精确导航、制导和控制的基础。惯性导航系统与控制系统、探测系统和制导系统深度交联，是飞行器实现自身稳定、导航和制导的重要基础组成。

2.1 加速度计概述

加速度计的主要作用是为制导武器提供加速度信息，其作用原理主要是利用惯性理论中的相对惯性实现作用的。通过测量检测质量所受的惯性力，就可以间接测量飞行器的加速度。

加速度计的力学基本模型可以视为一个“质量–弹簧–阻尼”组成的简单系统，如图 2–1 所示。加速度对质量块造成一个惯性力从而作用到系统上，通过测量质量块的位移就可以得到系统受到的加速度。阻尼器的作用是增加系统的阻尼，防止系统来回振动。

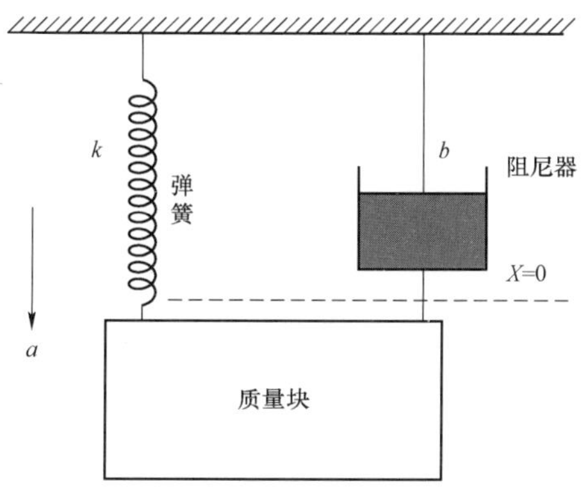

图 2–1 加速度计原理图

根据牛顿第二定律，物体的质量和加速度的乘积等于作用在它上的力：

$$m\frac{\mathrm{d}^2x}{\mathrm{d}t^2}+b\frac{\mathrm{d}x}{\mathrm{d}t}+kx=ma \tag{2–1}$$

式中：m 为质量块的质量；b 为阻尼系数；k 为系统弹性系数；x 为质量块位移；a 为系统输入的加速度。

对式（2－1）做频域变换，可得由加速度到位移的传递函数为

$$H(s)=\frac{X(s)}{A(s)}=\frac{1}{s^2+\frac{b}{m}s+\frac{k}{m}}=\frac{1}{s^2+2\xi\varpi_n s+\varpi_n^2} \tag{2-2}$$

当谐振频率远比微加速度计的工作频率大时，根据式（2－2）中$s=0$，可得系统的灵敏度为

$$S=\frac{x}{a}=\frac{m}{k}=\frac{1}{\varpi_0^2} \tag{2-3}$$

2.2 加速度计的主要指标

加速度计的主要指标包括标度因数、线性范围、分辨率和零位漂移。

加速度计的标度因数是指输出电流或输出脉冲频率与被测量的加速度之比。例如，根据图2－2中(0，0)和(0.2，0.18)两点，可以近似得到其标度因数为(0.18－0.00)/(0.20－0.00)＝0.9。通常在设计时，标度因数应尽可能大，这有利于信号传输时提高信噪比。但标度因数的范围受到传输部件输出范围的限制。例如，若标度因数过大，则会导致传输信号的导线过粗，布线困难。

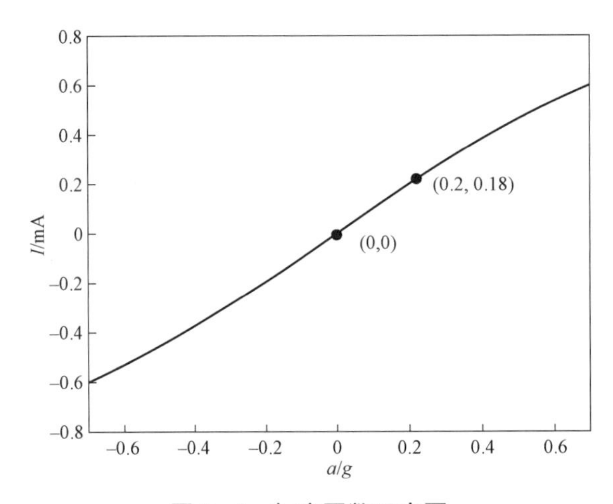

图2－2　标度因数示意图

加速度计的线性范围反映加速度计输出线性度优劣，是指保证一定线性度的情况下，可测量加速度的范围。在理想情况下，加速度计在指定的幅值范围内的任意幅值点的灵敏度输出应该是完全一样的。但是，真实的加速度计存在非线性特性，线性范围是有限的，如图2－3所示。

分辨率是指引起力矩器电流发生变化的最小输入加速度，是反映加速度计全量程测量灵敏度的标志。

零位漂移是指加速度计性能参数会随时间的推移而发生的变化，零位漂移反映了加速度计的稳定性。与初始标定时间相隔越长，传感器的零漂越明显；若在后期应用过程中沿用原有的标定结果，则会产生较大的解算误差。试验表明，加速度计的零偏对导航计算结果的误

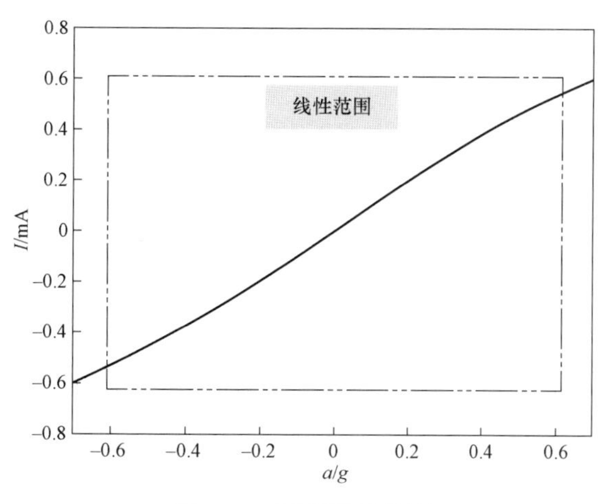

图 2－3　测量线性范围

差影响按时间的二次方增长。因此，弹载惯性测量组合在靶场试验环境中传感器自身性能参数与实验室环境中转台标定参数会有很大不同，实弹飞行测试中，惯性测量单元中传感器输出参数误差会产生较大的解算误差，影响惯性测量组合的测试精度。

弹载敏感设备，特别是加速度计的安装定位决定导弹控制系统的工作质量。由于导弹可提供安装设备的结构空间有限，弹载设备布置方案设计协调是结构总体方案设计时的重点工作。为了减少加速度计附加的弹上有害信号，加速度计应尽量位于弹身弯曲振型的节点上。如果安装在弹体上的加速度计位置不当，在传感信号中将不仅包含导弹刚体的运动，还有弹体弹性形变的附加信号，通过感受弹体振动的测量元件，产生了附加反馈，最终影响到闭环稳定系统的稳定性。因此，要合理配置导弹的测量元件，尽量减少弹性振动信号输入稳定系统中。加速度计位置常见的优化方法包括：改变仪器舱的材料和厚度，使仪器舱的刚度发生变化；改变加速度计的位置，使其尽量接近弹身振动节点的位置。

2.3　加速度计的分类

加速度计的分类形式多种多样。按检测质量的运动方式可分为线位移加速度计和摆式加速度计：前者测量检测质量沿导轨方向的直线位移量；后者测量检测质量绕支撑摆动而产生的角位移量。

按测量系统形式分，可将加速度计分为开环式和闭环式两类。开环式加速度计又称为简单加速度计，被测的加速度值经敏感元件、信号传感器、放大器变成电信号直接输出。这种加速度计构造简单、体积小、成本低，但精度较低。闭环式加速度计又称为力平衡式加速度计（又称力反馈加速度计或伺服加速度计），被测的加速度值变成电信号后加到力矩器上，使活动机构恢复平衡位置。由于采用了力反馈回路，该加速度计精度高、抗干扰能力强。

按支撑方式不同，可分为机械、液浮、挠性和静电加速度计。按测量加速度的原理不同，可分为压电、振弦、振梁、光学和摆式加速度计。按输出信号不同，可分为加速度计、积分加速度计和双重积分加速度计，分别提供加速度、速度和距离信息。加速度计的分类方式复杂多样，本书将主要按照支撑方式介绍典型加速度计。

2.3.1 重锤式加速度计

重锤式加速度计是最早出现的典型加速度计，直接根据力学原理制作而成，结构简单，工艺要求低。其主要结构如图 2-4 所示。

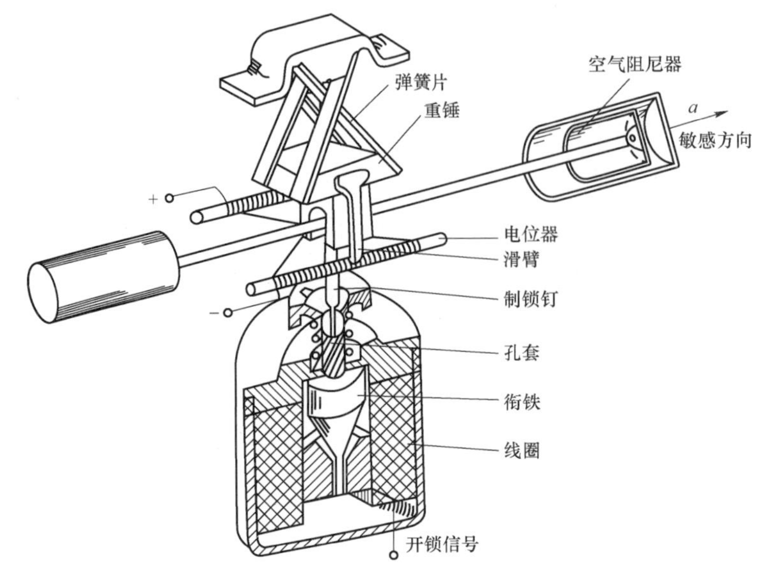

图 2-4 重锤式加速度计主要结构

导弹发射后，锁定装置解锁，使重锤能够活动；阻尼器的作用是给重锤的运动引入阻力，消除重锤运动过程中的振荡；敏感轴与弹体的某一个轴平行，来测量导弹飞行时沿该轴产生的加速度。

但重锤式加速度计存在一些固有缺陷，其质量块直接通过轴承与主体结构接触，支撑摩擦较大，精度不高；阻尼器阻尼受外界温度影响较大，容易引起阻尼变化。重锤式加速度计的改进思路为降低工作过程中的阻力和减少外界环境对系统影响，由此催生了液浮、挠性、静电悬浮加速度计。

2.3.2 液浮式加速度计

液浮式加速度计通过摆组件放在一个浮子内，利用浮液产生的浮力能卸除浮子摆组件对轴承的负载，进而降低阻力和外界影响。典型液浮式加速度计结构如图 2-5 所示。

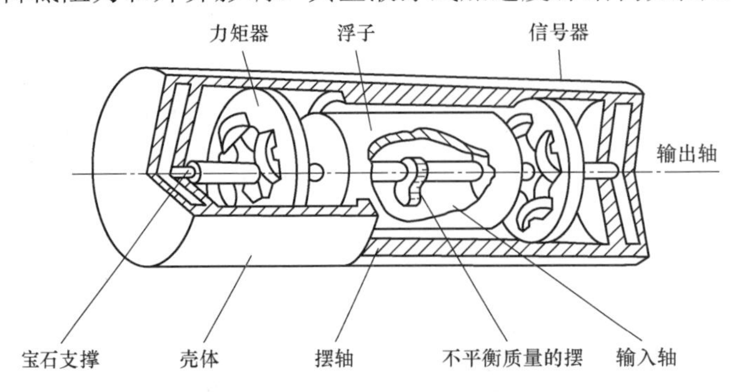

图 2-5 典型液浮式加速度计结构

由于飞行器上温度变化范围较大，易使浮油黏度改变，这会引起阻尼和密度的改变，造成重力和浮力不等，导致加速度计测量不准确。

2.3.3　挠性摆式加速度计

在介绍挠性摆式加速度计前，首先需要明确刚性连接与挠性连接的概念。刚性连接是指相对的连接件之间不得有位移的连接方式，其结构简单、价格便宜。挠性连接指允许连接部位发生轴向伸缩、折转的连接方式，挠性连接具有缓冲减振能力。

挠性摆式加速度计的工作原理与液浮摆式加速度计相类似，同样是由力矩再平衡回路产生的力矩来平衡加速度引起的惯性力矩。挠性摆式加速度计与液浮式加速度计的主要区别在于它的摆组件不是悬浮在液体中，而是弹性地连接在挠性支撑上，挠性支撑消除了轴承的摩擦力矩，如图 2-6 所示。一种典型挠性摆式加速度计结构如图 2-7 所示，当挠性接头发生偏转时，会引起线圈中电流发生变化，通过对电流进行测量，可以得到对应的加速度值。

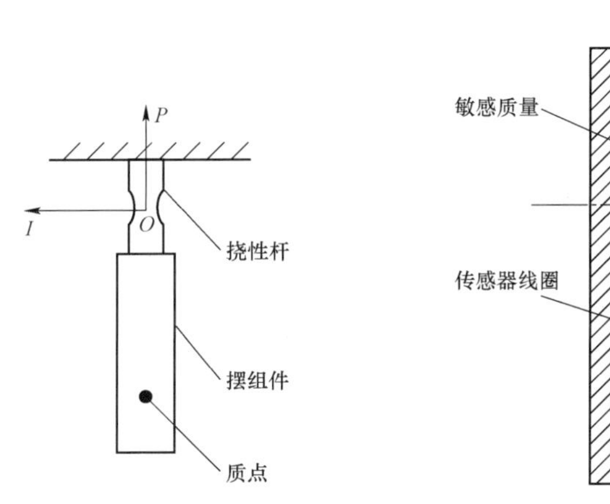

图 2-6　典型挠性支撑　　　　图 2-7　挠性摆式加速度计结构

在挠性摆式加速度计中，检测质量弹性地连接在挠性梁支撑上，因此其精度更高、抗干扰能力强、测量范围大、抗过载能力强。挠性材料的性能直接影响到加速度计的性能，可以作为挠性摆的材料主要有金属和石英两种，传统的液浮摆式加速度计摆片采用金属材料，现在加速度计摆片多采用石英结构。这是因为石英的热膨胀系数比钢小得多，材料性能优于金属，而且石英抗疲劳强度高，材料本身滞后小，很适合于作为加速度计的摆片。石英挠性摆式加速度计一问世，就很快取代了液浮摆式加速度计，成为惯性导航和制导系统中不可缺少的关键器件。

石英挠性摆式加速度计技术在国外早已成熟。2018 年，法国赛峰电子与防务公司推出了一种新型惯性导航系统（INS）模块 ONYX，其中采用了 A600 摆式加速度计。通过提高惯性导航系统的自主导航性能，满足了潜艇应用的需求。

国内从事石英挠性加速度计研制工作的单位主要有中国航天科技集团九院 13 所，中国航天科工集团二院 801 厂、三院 33 所，中国船舶重工集团有限公司 707 所等科研院所，清华大学、哈尔滨工业大学、国防科技大学等高校，以及永乐华航、开拓精密仪器等民营企业。各单位生产的石英挠性摆式加速度计技术状态大体一致，主要技术指标分布水平较接近，但与国外先进水平仍存在一定的技术差距。

石英挠性摆式加速度计被广泛应用于各种线加速度、振动加速度的测量和速度、距离、角速度、角位移等参数测量。目前，石英挠性摆式加速度计还被成功地用于卫星微重力测量系统、高精度惯性导航系统、岩土地基钻孔测量及石油钻井、连续测斜系统、运载火箭、弹道导弹、宇宙飞船等多个军民领域。

2.3.4 静电悬浮加速度计

静电悬浮加速度计是测量慢变微弱加速度的精密仪器，利用静电把质量块悬浮起来，有立方体式、同轴式等结构形式。ASTRE 是第一代检验质量为立方结构的静电加速度计，开创了该类静电悬浮加速度计的先河。1996 年，ASTRE 随美国“哥伦比亚”号航天飞机发射，应用于测量 100 μg 以内的准稳态加速度，其测量分辨率敏感方向约 1 ng；2000 年 7 月，STAR 静电悬浮加速度计随 CHAMP 卫星发射第一次用于地球重力场测量，量程约为±10 μg；2002 年 3 月，SuperSTAR 静电悬浮加速度计随 GRACE 卫星发射用于高低模式的重力场测量，量程约为±5 μg；μSTAR 继承和发展了 ASTRE、STAR、SuperSTAR 等加速度计的性能特点和敏感结构制造方面的技术，测量范围为±2 μg。

静电悬浮加速度计分辨率极高，但量程小，且工艺精密、成本高。静电悬浮加速度计常用于大气及洋流变化研究、基本物理学空间验证试验（如引力波）、空间电火箭推力测量、地球观测、地球重力场测量、精密轨道及姿态维持、飞行器再入空气动力特性测量、空间实验室微重力环境测量等方面。

2.3.5 MEMS 加速度计

MEMS（Micro Electro Mechanical Systems，微电子机械系统）中的“机械”不限于狭义的力学中的机械，代表一切具有能量转化、传输等功能的效应，包括力、热、光、磁，乃至化学、生物等效应。MEMS 加速度计结构如图 2－8 所示。

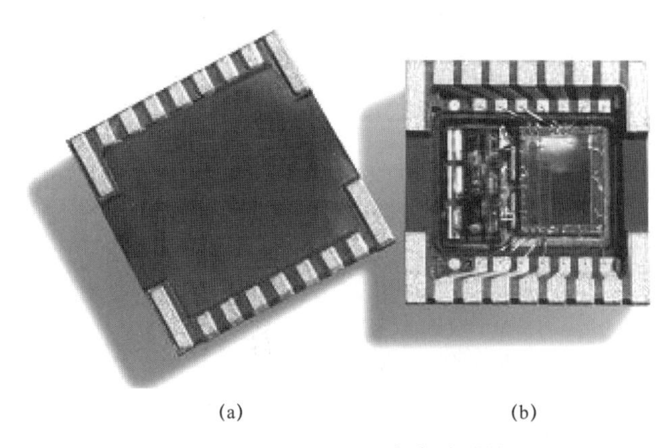

(a)　　(b)

图 2－8　MEMS 加速度计结构

MEMS 加速度计可以分为以下几类。

（1）电容式加速度计，将电容作为检测接口，利用静电力实现反馈闭环控制的加速度计。

（2）激光加速度计，利用光测弹性双折射效应制成的加速度计。

（3）压电式加速度计，某些材料在应力作用下会产生电荷，利用材料压电效应制成的加速度计。

（4）压阻加速度计，固体受到力的作用后，其电阻率会发生变化，压阻加速度计通过电阻变化来感知加速度的变化。

MEMS 加速度计的最大特点是体积和质量小、功率低。例如，SiA MEMS 加速度计（图 2－9），其量程为 30g，分辨率为 2.1 mg，尺寸为 9 mm × 9 mm × 5 mm，输入电压为－0.3～3.9 V。

图 2－9　SiA MEMS 加速度计

2.3.6　量子加速度计

量子加速度计是一个独立的系统，它不依赖任何外部信号，通过测量物体速度随时间的变化节律，就可以计算出物体的精确位置。量子加速度计主要依靠测量极低温度下的超冷原子运动来工作。在超冷状态下，冷原子就像物质和波一样，表现为“量子”方式，用量子力学来描述其运动方式。其特点是精度极高，比传统导航手段高约 1 000 倍；且长期稳定性好，恶劣环境下运行稳定。量子加速度计的应用方面包括大型船只、车辆导航，基础科学研究，军事装备高精度导航，拒止环境下可靠定位。

美国政府问责局 2019 年发布报告称：美国陆军到 21 世纪中叶有望实现量子定位和导航能力。量子惯性导航技术的优势在于拒止环境下可用，精度比传统导航手段高约 1 000 倍。一旦成功问世，会对军事领域未来几代武器装备的发展产生深远影响。

目前，世界主要国家的武器装备导航定位系统主要依赖美国全球定位系统（GPS）等全球卫星导航系统。但是，卫星信号受地形、地物、地貌和天候影响较大，同时也极易遭受军用设备自扰、民用设备互扰以及敌方拦截干扰，导致军事行动中无法准确导航的现象经常出现。一旦这种量子产品走出实验室、走向战场，就意味着可以获得一种拒止环境下可靠度非常高的导航定位手段，这将对武器装备的制导方式产生革命性影响。

2.4　陀螺仪概述

陀螺仪是惯性导航系统中的核心传感器，在惯性空间测量飞行器旋转角度或角速度，如图 2－10 所示。

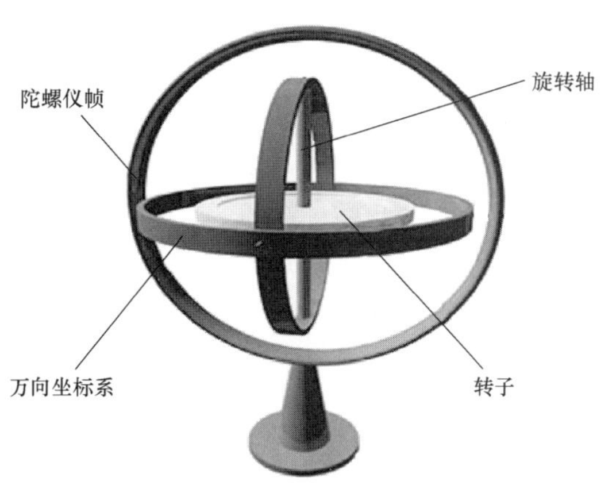

图 2－10　陀螺仪示意图

陀螺仪具有定轴性和进动性的特点。所谓定轴性，是指陀螺仪的转子绕主轴高速转动时，根据动量矩守恒定律，当合外力矩为零时，刚体的动量矩保持不变。如果陀螺仪不受任何外力矩的作用，陀螺仪主轴将相对惯性空间保持方向不变。进动性是指当陀螺仪的转子轴绕主轴高速旋转时，若其受到与转子轴垂直的外力矩作用，则转子轴并不按外力矩的方向转动，而是绕垂直于外力矩的第三个正交轴转动。进动角速度矢量、动量矩矢量和外力矩矢量的方向关系可以用右手定则确定。作用在刚体上的冲量矩等于刚体的动量矩增量：

$$M \cdot \mathrm{d}t = L \cdot \mathrm{d}a \tag{2-4}$$

式中：M 为受到的力矩；L 为角动量。

刚体的动量矩定理是指刚体的动量矩随时间的变化率，等于作用于刚体全部外力对同一轴的动量矩的代数和：

$$\frac{\mathrm{d}L}{\mathrm{d}t} = \frac{\mathrm{d}(J\varpi)}{\mathrm{d}t} = M \tag{2-5}$$

则进动角速率为

$$\varpi = \frac{\mathrm{d}a}{\mathrm{d}t} = \frac{M}{L} \tag{2-6}$$

陀螺仪特有现象包括陀螺仪漂移和陀螺仪章动。陀螺仪漂移是指陀螺仪自转轴在干扰力矩的作用下发生进动而逐渐偏离它在惯性空间初始方位的现象，陀螺仪漂移分为系统性漂移和随机性漂移：前者是与规定工作条件有关的漂移率分量；后者是规定工作条件下漂移率中非系统性的随时间变化的分量。

陀螺仪章动是指当陀螺仪自转速度不够大时，除了自转和进动外，陀螺仪的对称轴还会在铅垂面内上、下摆动。陀螺仪转子的转子动量越大，章动频率越高，章动幅值越小，如图 2-11 所示。

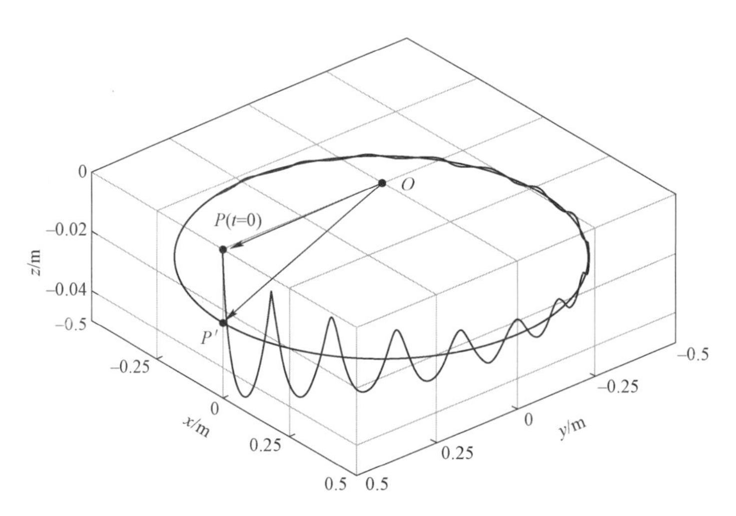

图 2-11　陀螺仪的章动

当陀螺仪转子转动角度等于 90° 时，自转轴与外环轴重合，作用在外环的力矩使转子连同内环一起绕外轴转动起来，这就是陀螺仪的环架自锁。

2.5　陀螺仪的主要指标

陀螺仪的主要指标包括零偏、分辨率、标度因子、动态范围和带宽。

（1）零偏又称为零位漂移或零位偏移或零偏稳定性，也可简称为零漂或漂移率，英文为 drift 或 bias drift。零偏应理解为陀螺仪的输出信号围绕其均值的起伏或波动，习惯上用标准差σ或均方根（RMS）表示，一般折算为等效输入角速率（°/h）。在角速率输入为零时，陀螺仪的输出是一条复合白噪声信号缓慢变化的曲线，曲线的峰–峰值就是零偏值在整个性能指标集中，零偏是评价陀螺仪性能优劣的最重要指标。

（2）陀螺仪中的分辨率是用白噪声定义的，可以用角度随机游走来表示，可以简化为一定带宽下测得的零偏稳定性与监测带宽的平方根之比。角度随机游走表征了长时间累积的角度误差，角度随机游走系数反映了陀螺仪的研制水平，也反映了陀螺仪可检测的最小角速率能力，并间接反映了与光子、电子的散粒噪声效应所限定的检测极限的距离。因此，可推算出采用现有方案和元器件构成的陀螺仪是否还有提高性能的潜力。

（3）标度因子是陀螺仪输出量与输入角速率变化的比值，通常用某一特定的直线斜率表示，该斜率是根据整个正（或负）输入角速率范围内测得的输入/输出数据，通过最小二乘法拟合求出的直线斜率。对应于正输入和负输入有不同的刻度因子称为刻度因子不对称，其表明输入/输出之间的斜率关系在零输入点不连续。一般用刻度因子稳定性来衡量刻度因子存在的误差特性，它是指陀螺仪在不同输入角速率情况下能够通过标称刻度因子获得精确输出的能力。非线性往往与刻度因子相关，是指由实际输入/输出关系确定的实际刻度因子与标称刻度因子相比存在的非线性特征，有时还会采用线性度，其指陀螺仪输入/输出曲线与标称直线的偏离程度，通常用满量程输出的百分比表示。

（4）陀螺仪在正、反方向能检测到的输入角速率的最大值表示了陀螺仪的测量范围，该最大值除以阈值即为陀螺仪的动态范围，该值越大表示陀螺仪敏感速率的能力越强。

（5）带宽是指陀螺仪能够精确测量输入角速度的频率范围，这个频段范围越大表明陀螺仪的动态响应能力越强。对于开环模式工作的陀螺仪，带宽定义为响应相位从 0° 到滞后 90° 对应的频段，也可等同定义为振幅响应比为 0.5 即 3 dB 点对应的频段。对于闭环模式工作的陀螺仪，带宽定义为控制及解调电路的带宽，一般指解调电路中使用的低通滤波器的截止频率。电路带宽实际上反映该电路对输入信号的响应速度，带宽越宽，响应速度越快，允许通过的信号频率越高。若频率为某一值的正弦波信号通过电路时其能量被消耗一半，则这个频率便是此电路的带宽。

2.6　陀螺仪的分类

陀螺仪的发展历史及其分类如图 2–12 所示。机械转子陀螺仪通过测量敏感框相对于转子旋转的角度得到载体姿态信息，其结构简单，在 19 世纪 50 年代便已得到广泛应用。光学陀螺仪出现于 20 世纪 60 年代，其基础原理是萨格奈克（Sagnac）效应，精度相比机械转子陀螺仪有了较大提升。振动陀螺仪出现于 20 世纪 90 年代，主要包括 MEMS 陀螺仪和半球谐振陀螺仪，是利用振动原理制成的陀螺仪。进入 21 世纪后，原子陀螺仪开始引起关注，其主要原理为原子自旋及原子的波粒二象性。

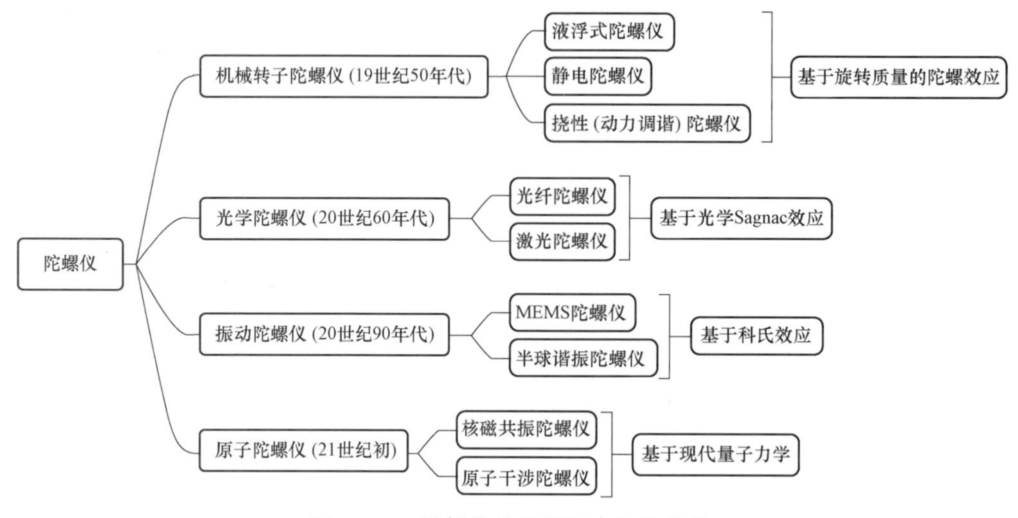

图 2－12　陀螺仪的发展历史及其分类

2.6.1　机械转子陀螺仪

机械转子陀螺仪通过测量敏感框相对于转子旋转的角度得到载体姿态信息。1852 年，法国物理学家傅科首次发现高速旋转的转子由于惯性作用使得旋转轴永远指向一个固定方向，由此提出了陀螺仪的概念及应用设想，并首次研制出世界上第一台陀螺仪。1908 年，德国科学家赫尔曼•安许茨-肯普费设计了一种单转子摆式陀螺罗经，该系统可以凭借重力力矩进行自动寻找北方向，解决了当时舰船的导航问题。第二次世界大战期间，德国利用陀螺仪为 V－2 火箭装备了惯性制导系统，实现了陀螺仪技术在导弹制导领域的首次应用。后续发展的主线：减少摩擦。机械转子陀螺仪主要包括液浮式陀螺仪、动力调谐陀螺仪及静电/磁力陀螺仪。

液浮式陀螺仪是利用阿基米德原理通过高密度液体的浮力克服重力从而使支撑轴承卸载的一种陀螺仪，结构如图 2－13 所示。

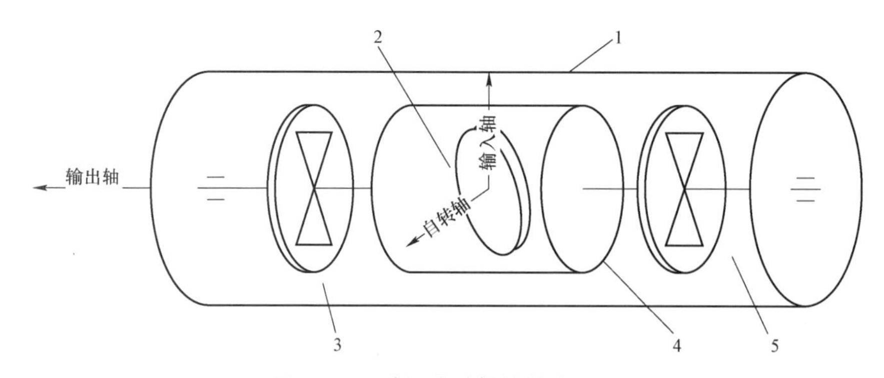

图 2－13　液浮式陀螺仪基本原理

1—壳体；2—电动机；3—力矩器；4—浮筒；5—信号器

液浮式陀螺仪的基本工作原理：首先将浮筒充满惰性气体；然后用这些气体将陀螺仪中

的转子密封，浮球悬浮于氟油之中。当静平衡达到十分准确并控制温度达到一定水平之后，液体的浮力与重力会相互抵消，系统会保持平衡，轴承上的摩擦力矩会变得非常小，因此液浮式陀螺仪的漂移误差十分小。20 世纪 50 年代，美国 Draper 实验室开发了液浮支撑技术。1958 年，研发了应用于惯性导航系统的单自由度液浮陀螺仪。其特点为：液浮减少摩擦，精度高（漂移误差小于 10^{-4}° /h）；对温度敏感，需要温控设备。

动力调谐陀螺仪也称为挠性陀螺仪，与框架式陀螺仪一样都有一个高速旋转的刚体转子，不同的是转子由挠性接头支撑，去除了支撑轴上的摩擦干扰力矩。动力调谐陀螺仪在精度、可靠性、小型化、寿命和成本等方面拥有综合性优势。目前，在各种惯性导航系统中得到了广泛的应用，如应用于“长征”系列运载火箭的高精度平台中，作为火箭惯性导航基准并测量火箭姿态及运动参数的装备及组件。

动力调谐陀螺仪的特点可以归结为：体积小，结构简单，成本较为低廉；精度处于中低精度区间（漂移误差约 10^{-2}° /h）。

静电/磁力陀螺仪是指利用静电/磁力使金属球形转子悬浮，从而减少摩擦力，提高精度。1952 年，美国提出了静电陀螺仪（ESG）的构想，在金属球形空心转子的周围装有均匀分布的高压电极，利用静电引力使金属球形转子悬浮起来，成为一个自由转子陀螺仪。

该陀螺仪的基本原理为将转子置于超高真空的陶瓷球腔内，球腔面分割成上下、左右、前后 6 个支撑面，构成 3 对电极。当电极通电时，支撑电极之间形成静电场，静电引力使转子悬浮在球腔的中心，再通过两对轴线正交的驱动线圈所产生旋转磁场驱动转子高速旋转，如图 2－14 所示。

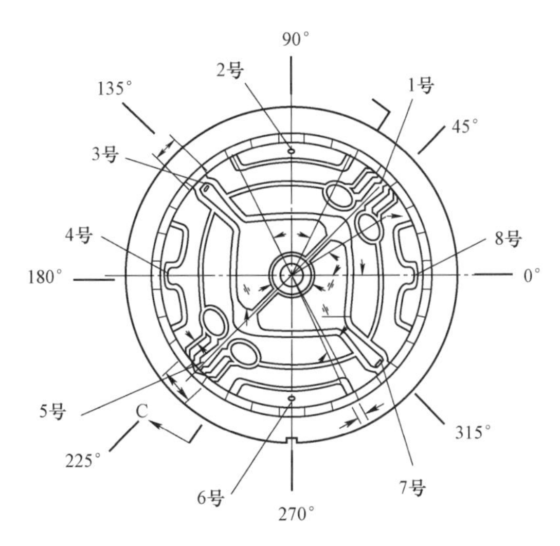

图 2－14　静电/磁力陀螺仪示意图

静电/磁力陀螺仪漂移率极低，精度极高（10^{-5}° ～10^{-6}° /h），但其成本十分昂贵，温度控制要求高，启动时间长。由静电陀螺仪组成的静电陀螺监控器（ESGM）与舰船惯性导航系统（SINS）组成 SINS/ESGM 组合导航系统，能满足潜艇及航空母舰高精度、高可靠性和高隐蔽性的要求，是目前最高精度等级的惯性导航设备。

2.6.2 光学陀螺仪

机械转子陀螺仪是以力学中的惯性原理为依据制成的，其导航精度完全取决于元件本身，高速转子容易产生质量不平衡问题并受加速度影响，需要一定的时间才能达到转速平衡。通常机械转子陀螺仪需要 4 min 才能进入工作状态，寿命短，使用 600 h 就需要进行检查，使用不方便。由此产生了光学陀螺仪。

光学陀螺仪的理论基础为光学 Sagnac 效应。当光束在一个环形通道中行进时，若环形通道本身存在转动速度，那么光线沿着通道转动方向行进所需要的时间比沿着这个通道转动相反的方向行进所需要的时间长，即在与环形通道旋转方向相同或相反的光程（或光线相位）存在差异，这将反映在两束光线的干涉条纹上，这便是 Sagnac 效应。

利用 Sagnac 效应，可以根据干涉条纹分布情况，测量出环形通道的旋转角速度。在给电极通电后，气体放电激发出两束方向相反的连续激光，当环形光路相对惯性空间静止时，顺、逆时针方向的两束激光以同样的时间传播一圈，光程和频率相同。在环形光路相对惯性空间旋转时，顺、逆时针方向的两束激光传播一圈的光程和频率不同，测量出光程差或者把光程差转换为频率差，测量出顺、逆时针激光行波的频率差，就可以测出陀螺仪的旋转角速度。

光学陀螺仪可分为激光陀螺仪和光纤陀螺仪两类，光纤陀螺仪的基本结构如图 2-15 所示。

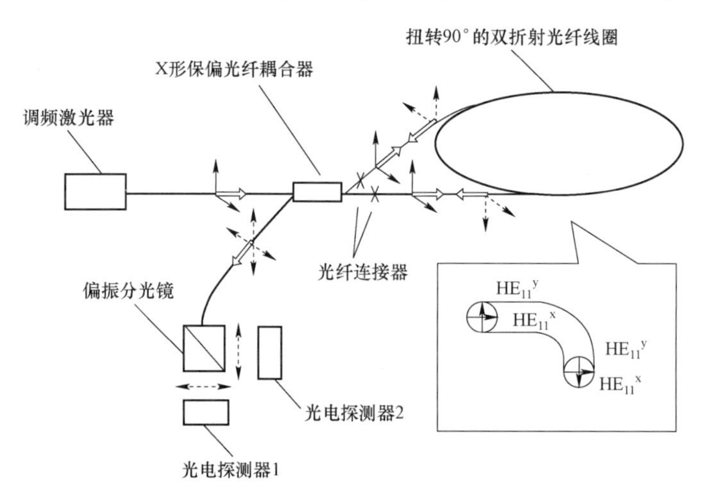

图 2-15 光纤陀螺仪的基本结构

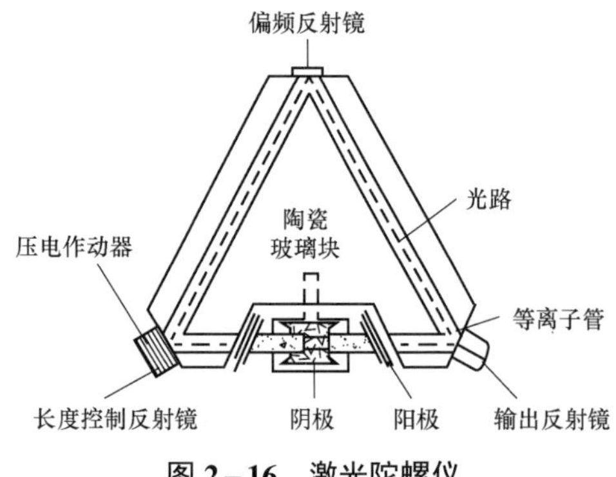

图 2-16 激光陀螺仪

激光陀螺仪是用高稳定性陶瓷玻璃三角块构成，三角块中有一条细小的空腔，腔中装有电极并充满氦氖气体，三角形三个顶角装有三面反射镜，形成一个环形闭合光路，如图 2-16 所示。

1963 年，美国的 Sperry 公司开发出了世界上首个激光陀螺仪；1975 年，激光陀螺仪在 Honeywell 公司的大力开发下真正进入了实用阶段；20 世纪 80 年代，应用于飞机、地面车辆导航、舰炮稳定等。激光陀螺仪具有精度高（10^{-3}°～10^{-4}°/h）、启动时间短、寿命长 [（2～5）×10^4 h]、可靠性高等优点。但是，存在闭锁现象，而且价格高、体积较大。

激光陀螺仪在许多国家都已批量生产，是当前的主流产品，而且在高精度惯性导航系统中也已经得到了广泛的应用。例如，GG－1320 激光陀螺仪的捷联式惯性导航系统 H－764G 被用于标准航空惯性导航，GG－1308 则被大批量使用于联合制导攻击武器中，英国“勇士”机械化炮兵观测车以及日本 AS90 式自行榴弹炮的导航系统都应用了激光陀螺仪，可见其用途极为广泛。从 1998 年开始，美国“战斧”巡航导弹中的惯性导航系统选用环形激光陀螺仪代替传统的机械转子陀螺仪，B－52 轰炸机也把陈旧的机械惯性导航系统更新为环形激光陀螺仪惯性导航系统，英国皇家海军的三艘新型“机敏”级攻击核潜艇等都应用了环形激光陀螺仪。

光纤传感技术是 20 世纪 70 年代伴随着光导纤维及光纤通信技术的发展而发展起来的一种以光为载体、光纤为媒质的新型传感技术。1976 年，光纤陀螺仪概念被提出；1981 年，美国 Stanford 大学开发了世界上首个全光纤陀螺仪；1996 年，全面应用全数字光纤陀螺仪。光纤陀螺仪的优点包括体积和质量小，检测灵敏度和分辨率高，克服闭锁问题；无机械传动部件，具有较长的使用寿命；相干光束的传播时间极短，启动快；结构简化，成本降低。

光纤陀螺仪与激光陀螺仪的不同之处仅在于光纤陀螺仪是用光导纤维缠绕成一个线圈所构成的光路来代替用石英玻璃加工出的密封空腔光路，光纤陀螺仪的传播通道是谐振腔体，如图 2－17 所示。通过将 200～2 000 m 的光纤绕制成直径为 10～60 cm 的圆形光纤环，从而加长了激光束的检测光路，使光纤陀螺仪的检测灵敏度和分辨率比激光陀螺仪提高了几个数量级，有效克服了激光陀螺仪的闭锁现象。

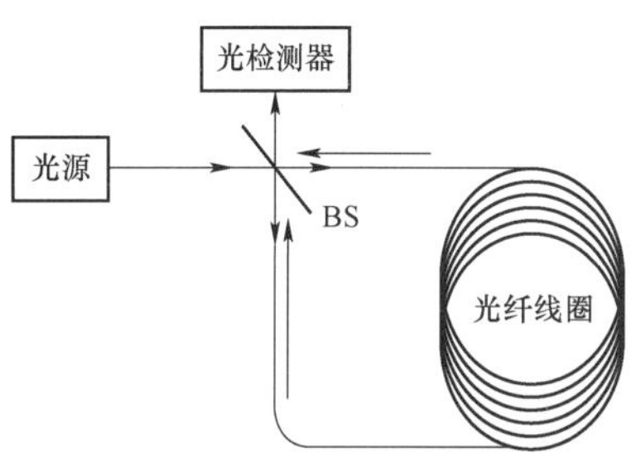

图 2－17　光纤陀螺仪

2.6.3　MEMS 陀螺仪

MEMS 陀螺仪采用微纳米技术，将 EMMS 装置与电子线路集成到微小的硅片衬底上，通过检测振动机械元件上的科氏加速度来实现对转动角速度的测量，如图 2－18 所示。MEMS 陀螺仪主要包括角振动式陀螺仪、振动环式陀螺仪、线振动式陀螺仪和悬浮转子式陀螺仪等。其最大特点为体积和质量小、功率低。

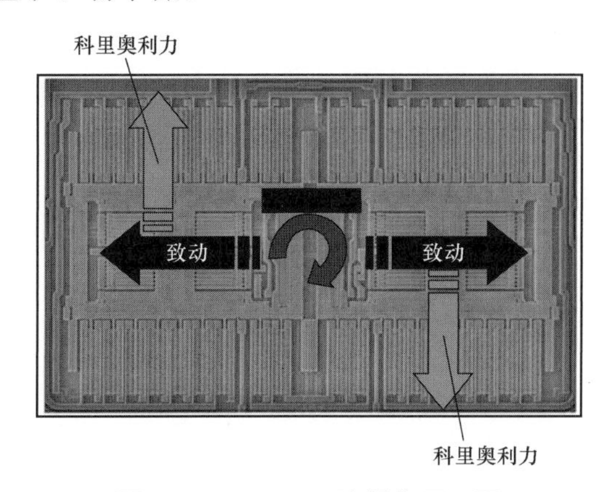

图 2－18　MEMS 陀螺仪原理图

MEMS 陀螺仪的原理为科氏加速度。当动点对某一个动参考系做相对运动，同时这个动参考系又做牵连转动时，该点将具有科氏加速度，科氏加速度是由于相对运动与牵连转动的相互影响而形成的。科氏加速度的方向如图 2–19 所示。

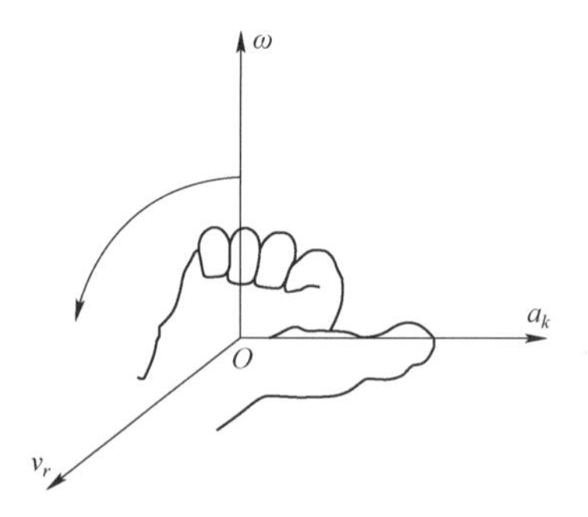

图 2–19　科氏加速度的方向

2.6.4　半球谐振陀螺仪

半球谐振陀螺仪是一种速率积分陀螺仪，以薄壳杯形振子的振动分析理论为基础：振荡的轴对称壳体绕中心轴旋转时，环线振型不再相对壳体静止，而是相对壳体进动。

半球谐振子是半球谐振陀螺仪最重要的结构，是结构、材料、参数完全对称的理想半球形，振子受激产生四波幅振动。当基座旋转，驻波波腹就发生反向进动，进动角为旋转角的30%，如图 2–20 所示。基座旋转 90°，驻波反方向进动 27°，进动角为不随时间等因素变化的结构固定参数。理想状态标度因数长期稳定，可免标定。

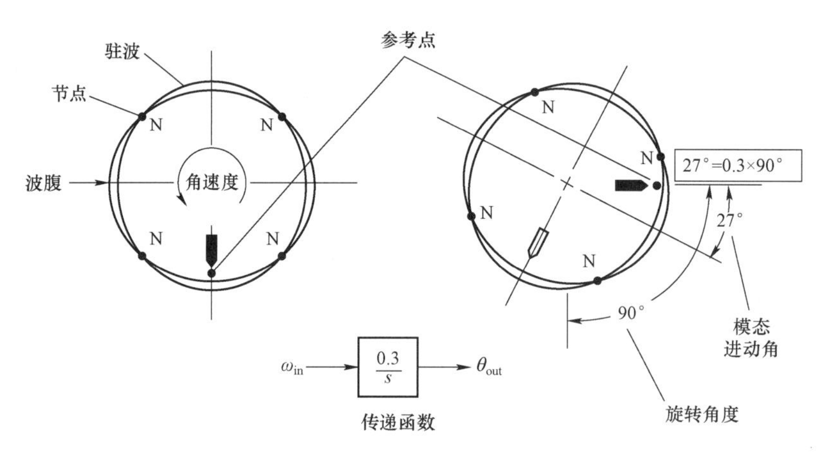

图 2–20　半球谐振陀螺仪原理图

半球谐振陀螺仪通常有两种工作模式。

（1）力平衡模式。在此模式中，陀螺仪旋转使振子振型相对壳体环向进动，实时改变力平衡控制电极激励力，使四波腹振型相对壳体不变。力平衡控制电极激励力与输入角速度成比例，测量精度较高。

（2）全角模式。在此模式中，陀螺仪旋转使振型在壳体环向自由偏转，通过检测进动角，反算出陀螺仪输入角度大小。该模式角度直接输出，标度因数恒定，动态范围较大。断电时可保持工作状态 10 min 以上。

半球谐振陀螺仪优点包括：低零件数量基础上的高可靠性，核心零件数仅 2～3 个，据理论计算，HRG 平均故障间隔时间（MTBF）大于 120 年；高可靠性基础上的长寿命，美国“卡西尼”号探测器用 HRG 组合系统 20 年太空飞行（1997—2017 年），因整星燃料不足坠毁在土星上。到目前为止 HRG 航天器上应用已经达到 100%的成功率。

图 2-21 所示为半球谐振陀螺仪实物及结构。

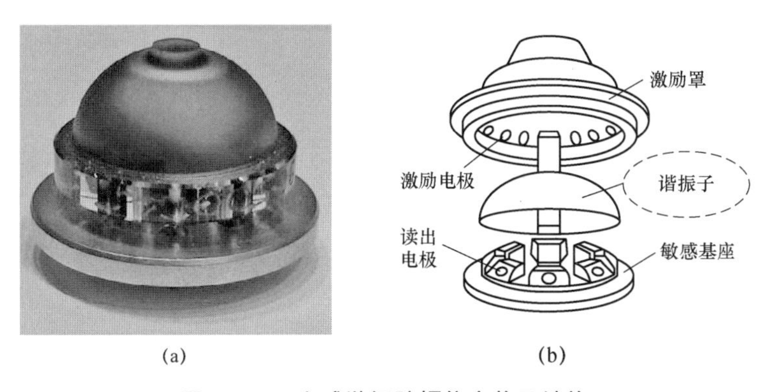

图 2-21　半球谐振陀螺仪实物及结构

2.6.5　核磁共振陀螺仪

在惯性空间中，原子自旋可保持其原始指向。然而，在自然状态，原子自旋方向是杂乱无章的。使用泵浦光可实现自旋极化，即几乎所有原子都具有相同的自旋指向，可用来敏感载体的转动，由此诞生了核磁共振陀螺仪，基本原理如图 2-22 所示。将原子自旋置于静磁场 B_0 中，并在静磁场作用下，原子以拉莫尔角频率绕 B_0 方向发生进动，进动角速率 ω_b 与 B_0 成正比例关系。当载体绕着磁场方向以 ω_e 旋转时，则原子拉莫尔进动角频率为 $\omega=\omega_b+\omega_e$。使用检测激光可得到 ω，同时已知 ω_b，由此可得 $\omega_e=\omega-\omega_b$。

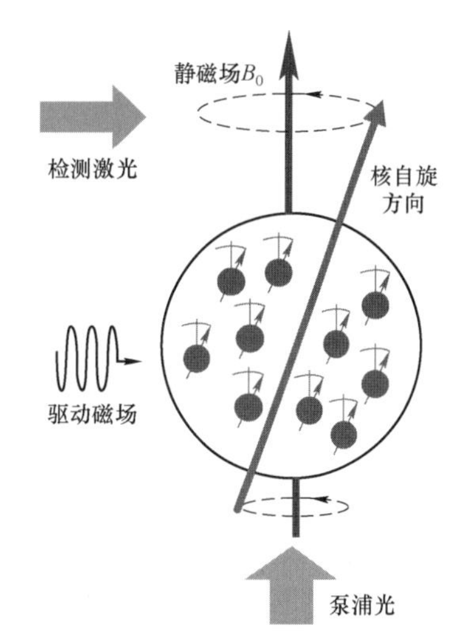

图 2-22　核磁共振陀螺仪基本原理

虽然单个原子核在惯性空间的自旋进动保持不变，但目前的技术手段还不足以对单个原子核进行探测，只能通过多个原子核的宏观特性进行检测。由于多个原子核自旋磁矩分布的无规律性和随机性，彼此之间的核自旋磁矩相互抵消，在宏观上呈现无磁状态，无法直接观测载体转动信息。为了能够在宏观上观测到原子核自旋磁矩的进动，必须使得大多数原子核在惯性空间始终保持转动朝向和转动相位一致的状态，即磁共振状态。此时，原子介质在惯性空间产生的宏观磁矩 M 像单个原子核一样发生进动。

核磁共振陀螺仪特点为体积小、精度高、功耗低；抗振动能力强，对加速度不敏感；但其对工艺要求高，成本问题限制其广泛应用。

2.6.6　原子干涉陀螺仪

根据“物质波”假说，一切物质都具有波粒二象性，因此原子也会具有干涉和衍射行为。平台转动会引起原子干涉条纹的相位移动，其物质波属性经过激光深度冷却后会变得明显。与光波类似，原子也具有 Sagnac 效应，平台的转动会引起原子干涉条纹的相位移动。原子物质波的波长远小于光波的波长，原子干涉陀螺仪的理论精度是光学陀螺仪的 10^{10} 倍，如图 2–23 所示。

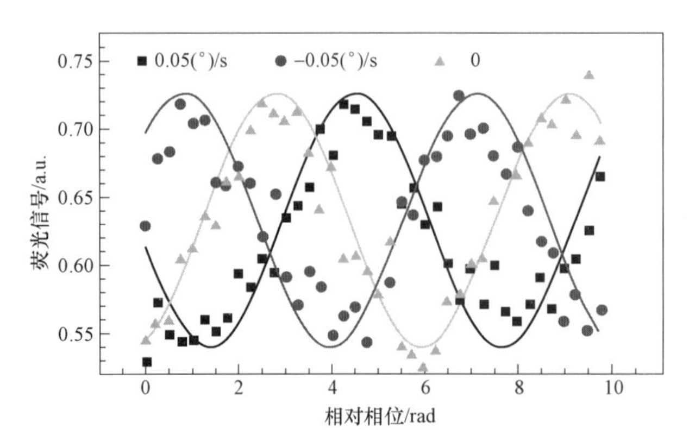

图 2–23　原子干涉陀螺仪原理图

2.7　惯性器件的发展趋势

惯性器件是从 20 世纪 40 年代逐步发展起来的，60 年代器件的小型化、高稳定性和低成本有了飞跃式的发展，而诞生于 70 年代末的 MEMS 迅速崛起，为进一步小型化提供了可行的技术途径，成为未来惯性测量技术的发展趋势。21 世纪以来，以摆式积分陀螺仪加速度计、挠性加速度计为代表的惯性器件由于精度较差、体积较大而已经逐渐退出市场，石英扰性加速度计、MEMS 加速度计技术不断成熟，得到广泛应用。同时，以量子加速度计、原子陀螺仪为代表的前沿技术基础研究得以推动。

精确制导武器为完成特定的侦察、攻击等任务，对导航提出了高精度、高可靠性、快速启动性等要求；同时所能容纳的载荷空间较小，使惯性元器件的选择受到较大的限制，由此带来系统性能、成本、维护性等一系列问题。此外，现代空军越来越依赖全球导航卫星系统（GNSS）与惯性导航系统（INS）组合导航进行精确导航和定时，而很多国家已将卫星导航拒止和欺骗等“导航战”提升至战略高度，在战场电磁对抗环境及山区地形等典型卫星导航拒止条件下的高精度自主导航已成为当前惯性元器件及机载惯性导航技术的发展重点。

现代一体化联合作战对精确控制要求的不断提升，也对多平台组网协同导航定位提出了越来越高的要求；惯性元器件的另一个显著发展趋势是将惯性导航系统与火控系统、武器投放系统、飞行控制系统、任务侦察设备等机载系统进行深度交联，以提高任务系统的精度、可靠性以及自动导航、增稳、自动着陆等能力。因此，惯性元器件及机载惯性导航技术应该覆盖全空域范围要求，能够满足空基侦察、探测、武器投放、制导、终端效果控制、快速启动、运动补偿、自主/协同制导、系统健康监视等方面的应用要求。综合起来，目前机载惯性导航元器件面临以下的挑战。

1. 精度

随着机载武器平台作战使命的拓展，导航精度要求的提高，航程/射程的增大，战场区域的增加带来的续航时间的增长，载体动态范围扩大对惯性导航系统动态适应性，都对为其配套的惯性导航/制导系统的精度提出了更高的要求。虽然美国对外发布的航空标准惯性导航精度指标为 0.8 n mile/h，但其典型的机载激光捷联式惯性导航器件 LN－93、LN－100G、H764G 的导航精度实际达到 0.2 n mile/h，这一点值得我们关注和思考。

2. 准备时间、稳定期

武器系统的快速反应能力和使用维护的便捷性已经成为影响其作战效能的关键因素，为提高快速反应能力并方便维护，要求惯性导航系统要缩短准备时间，延长标校周期，提高长期稳定性。例如，机载惯性导航对准时间从 8 min 缩短到 4 min，飞机上发射的制导武器惯性导航对准时间缩短到 10 s，战术武器对惯性导航系统和制导系统提出了 8～10 年免标定的要求。

3. 高动态环境适应性

现代先进飞行器的动态特性在不断增强，对惯性导航系统及其元件的动态环境适应能力的要求也不断提高。例如，新型空空导弹角速度要求达到 1 000°/s，过载要求大于 40g，制导武器短时冲击过载要求达到 20 000g。

4. 可靠性、寿命

国外惯性导航系统可靠性指标，在民用飞机环境下，激光惯性导航系统 MTBF 达 15 000 h 左右，军用飞机环境也接近 10 000 h。国内差距最小也在一半以上，产品寿命的情况类似。因此，解决产品的可靠性和寿命问题是提高武器装备保障性和战斗力的重要保障。

5. 小型化、低成本

成本是制约武器装备与使用的关键问题之一，对惯性元器件及惯性导航系统而言，合理的价格仍然是重点考虑的问题，体积、质量、功耗等仍是机载应用领域关注的焦点。随着惯性导航、制导系统的应用从大、中型载体向微小型飞行器及制导弹药领域扩展，惯性导航系统技术及元件也不断向小型化、低成本方向发展。

6. 防欺骗、抗干扰

长期处于和平环境下以及卫星导航的高精度、使用的便捷性越来越模糊了军用和民用的区别与界限，使人们往往忽视了卫星导航的脆弱性，以及由此引发的导航防欺骗抗干扰问题。2011 年，伊朗俘获美国 RQ－170“哨兵”无人机事件，凸显了导航防欺骗抗干扰的重要性。利用纯惯性导航系统的精度保持能力以及通过惯性辅助提高卫星接收机的动态性能和抗干扰能力，将是今后一段时间内解决导航防欺骗抗干扰问题的重要技术手段。

7. 网络化

以信息为中心、相互依存和功能集成是未来军事胜利的关键。随着现代一体化联合作战对精确控制要求的不断提升，现代飞机为完成高精度探测、精确瞄准、精确控制、精确打击等多任务协同以及飞行安全方面的考虑，都需要飞机质心、机翼的武器挂架、前机身等位置的惯性信息，特别是在飞行过程中各局部位置精确的姿态信息，以建立高精度空中姿态基准。在此基础上通过全战区参考信息管理，最终形成资源共享和多平台任务协同能力。

8. 系统健康状态智能管理能力

惯性导航系统作为智能化航空武器的重要组成，需要具备智能自检测自诊断功能、智能判别多传感器/惯性组合导航系统可用性功能，自对准、自标定、自补偿能力需进一步完善和提高，故障诊断、隔离、冗余信息融合决策功能需要不断加强。

参 考 文 献

[1] 冯凯强，李杰，魏晓凯. 一种弹载三轴加速度计现场快速标定及补偿方法［J］. 四川兵工学报，2019（004）：040.

[2] 王广群，谷良贤，余旭东. 基于有限元分析在加速度计布置中的研究［J］. 弹箭与制导学报，2005（S2）：3.

[3] 吕志清，侯正君. 线加速度计的现状和发展动向［J］. 压电与声光，1998，20（5）：9.

[4] 秦和平，于兰萍. 国内外惯性加速度计发展综述［C］//中国航天电子技术研究院科学技术委员会 2020 年学术年会论文集.［出版者不详］，2020：187－201. DOI: 10.26914/c.cnkihy.2020.036743.

[5] 史文策，许江宁，林恩凡. 陀螺仪的发展与展望［J］. 导航定位学报，2021，9（3）：5.

[6] 姜璐，于远治，吉春生. 陀螺仪在导航中的应用及其比较［J］. 船舶工程，2004（02）：10－13.

[7] 雷宏杰，张亚崇. 机载惯性导航技术综述［J］. 航空精密制造技术，2016（1）：6.

[8] 陈颖，刘占超，刘刚. 核磁共振陀螺仪研究进展［J］. 控制理论与应用，2019，36（07）：1017－1023.

第3章
导 航 系 统

从起始点引导运载工具（车辆、飞行器、船等）到达目的地的技术称为导航。早期的太平洋波利尼西亚人从一个小岛到另一个小岛寻找路径，利用的是恒星运动、天气、某些野生动物的物种位置或波浪大小。利用地球天然磁场，古代中国人发明了指南针作为指向工具。使用星盘和指南针作为远洋航海的导航工具始于15世纪的地理大发现，葡萄牙人从1418年开始探索非洲的大西洋海岸。导航技术是随着人类对自然现象认识的不断深入，随着科技的发展而不断发展起来的。

现代导航可按获取导航信息的原理不同，分为无线电导航、卫星导航、天文导航、惯性导航、地磁导航，以及基于信息融合技术的组合导航等。在精确打击任务的需求下，战术导弹需要配备高精度、抗过载的导航系统。其中，战术导弹应用较多的是惯性导航、卫星导航、地磁导航和组合导航。

3.1 惯性导航

3.1.1 惯性导航概述

300多年前，牛顿提出力学三大定律，使惯性技术的出现成为可能。惯性导航是在给定的初始条件下，利用惯性器件（陀螺仪、加速度计）测量载体相对于惯性空间的运动参数（角速度、加速度），通过数值积分解算得到载体的姿态、速度、位置信息。依靠惯性导航本身就可以实现完全自主、高隐蔽性的全天候、全域导航，不需要任何外界信息，不向外辐射任何信息，这是其他导航方式所不具备的优势。

3.1.2 惯性导航的发展

惯性导航历经几代的发展，从最开始为人们指示方位发展到如今在商业、交通、航空航天、航海等领域的广泛应用。本节主要对惯性技术的发展、惯性导航的应用和前景进行介绍。

3.1.2.1 惯性导航的发展历程

根据惯性器件的发展情况，可以将惯性导航的发展过程分为四代。第一代惯性导航随着陀螺仪的出现应运而生。1852年，法国物理学家傅科制造了最早的傅科陀螺仪，用于验证地球的转动规律，并正式提出“陀螺仪”一词。1904 年，德国科学家赫尔曼•安许茨-肯普费通过二自由度的陀螺仪自主寻北，创造出世界上第一个在运动物体上用陀螺仪器指示方位的航海罗经。人们最初研制的陀螺仪为机械转子式，传统机械转子式陀螺仪的发展过程，就是克服框架支撑带来的干扰力矩及摩擦力的过程。美国 Draper 实验室在 20 世纪 50 年代初，应用液浮技术开发出了液浮式陀螺仪，这种陀螺仪能够降低轴承的压力，其精度比框架式陀螺仪高几个数量级，但体积更大，造价也更高。1952 年，美国科学家提出用静电场支撑转子以减少摩擦力的方法，利用这种技术制造的精度高达 1×10^{-4}°/h 的陀螺仪，称为静电陀螺仪。在弹性支撑装置上安装转子的陀螺仪称为挠性陀螺仪，可避免各种干扰力矩的产生，其中广泛使用的是结构简单、成本低廉的动力调谐陀螺仪，精度可达 5×10^{-3}～2×10^{-3}°/h。

20 世纪 60 年代末，随着微机电技术和惯性导航技术的融合，将惯性器件直接固定在载体上的捷联式惯性导航系统应运而生。由于载体可能会承受较大的加速度，传统的机械转子陀螺仪抗过载能力较差，于是新型陀螺仪应运而生，拉开了第二代惯性技术的序幕。Sagnac 效应，即利用激光技术对物体角速度相对于惯性空间进行测量，为新一代陀螺仪的问世提供了理论依据。1963 年，世界上第一个激光陀螺仪研制成功，激光陀螺仪具有可靠性高、寿命长、耐冲击等优点，精度可达 0.01°/h。20 世纪 70 年代，利用光的全反射原理制成的光纤迅速发展，不久后光纤陀螺仪问世，相比于激光陀螺仪成本更低、体积和质量更小，精度在 10°～0.01°/h 范围之间，可满足不同应用场合的惯性导航。

20 世纪 70 年代，大量振动陀螺仪开始出现，以科氏效应为原理，以半球谐振陀螺仪为代表，可在真空中工作，为在空间飞行器上应用惯性导航打下基础。20 世纪 80 年代初，随着纳米技术的发展，引起人们广泛关注的 MEMS 逐步成熟，第三代惯性技术开始发展。1989 年，第一个 MEMS 陀螺仪制造成功，测量精度可达 10°/h。MEMS 陀螺仪能够量产，成本低，体积小和质量小，能够承受高过载的恶劣环境，使战术武器的制导化进程加快。

第四代惯性技术是在现代量子力学技术的基础上，以核磁共振陀螺仪和原子干涉陀螺仪为典型代表的阶段，以广泛发展高精度、可靠性高、小型化的惯性导航系统为目标。该阶段典型的代表为核磁共振陀螺仪、原子干涉陀螺仪。进入 21 世纪后，惯性导航的发展主要聚焦于提升 MEMS 传感器的精度及新型原子干涉陀螺仪的研究。

随着惯性器件的发展，惯性导航的性能也在不断更新，表 3－1 为按照陀螺仪分类的惯性导航的性能指标。

表 3－1　惯性导航的性能指标

类型	典型产品定位误差	定向误差/(°)	成本	发展前景
液浮式、气浮式陀螺仪	2 n mile/h	0.5～1	高	被淘汰
挠性、静电陀螺仪	0.8 n mile/h	0.1～0.2	高	逐步被替代
光纤陀螺仪	0.5 n mile/h	0.1～0.2	较低	潜力大，应用广泛
激光陀螺仪	0.2 n mile/h	0.05～0.1	中等	高精度陆地、机载武器
MEMS 陀螺仪	1 n mile/20 min	0.5～2	低	各类战术导弹

注：1 n mile = 1.852 km。

惯性导航精度评估的重要指标是定位误差和定向误差，它代表着惯性器件测量值在载体静止状态下持续积分的结果与实际结果的差距，定位误差代表惯性导航解算位置与现实位置在一定时间内的误差；定向误差是惯性导航解算航向和现实航向之间的误差。由于 MEMS 陀螺仪具有低成本、抗冲击的特性，大多数中、近程战术导弹均配备 MEMS 惯性导航系统。

3.1.2.2　惯性导航的应用

1944 年 9 月 9 日，德国 V-2 导弹飞越英吉利海峡，直达英国首都伦敦，最大射程 320 km，最终命中精度 5 km。V-2 导弹装备了一套二自由度陀螺仪用于控制偏航角、俯仰角和解算导弹运动速度所用的加速度计，是世界上第一套实用的惯性导航系统。

1958 年，美国首艘试验型核动力潜艇“鹦鹉螺”号（图 3-1）配备惯性导航系统，从珍珠港出发，抵达北极后又在冰下继续航行 96 h，行程 1 830 n mile，定位误差只有 20 n mile。1982 年，英阿马岛之战中，1 枚“飞鱼”导弹一举击沉英国海军“谢菲尔德”号导弹驱逐舰（图 3-2）。由阿根廷 1 架“超军旗”舰载攻击机发射，该舰载攻击机装备了一套挠性陀螺仪惯性导航系统。

图 3-1　“鹦鹉螺”号核潜艇

图 3-2　“飞鱼”导弹击沉“谢菲尔德”号导弹驱逐舰

美国“爱国者”反导导弹在 1991 年海湾战争中，装备简陋的捷联惯性导航系统，以 1.8 km 的着陆点偏差，虽然成功击落了“飞毛腿”导弹，但难以实现精确打击（图 3-3）。在这场战争中，精确制导武器的威力发挥得淋漓尽致，如在这场战争中担负战略轰炸重任的 F-117A 隐身战斗机就配备了当时精度最高的静电陀螺仪惯性导航系统（图 3-4）。

图 3-3　“爱国者”反导导弹

图 3-4　F-117A 隐身战斗机

1999 年科索沃战争中，“杰达姆”（Joint Direct Attack Munition，JDAM）联合制导攻击

武器，采用 GPS 与小型激光陀螺仪惯性导航系统相结合的制导方式，在恶劣气象条件下能够有效打击目标，是首个实用的新型制导武器，引领了空战的革命性变革。

美国空军的“掠食者”无人机在 2001 年阿富汗战争中将“海尔法”导弹发射到塔利班的坦克上，成为首架在战斗中开火的无人机。“掠食者”无人机采用 GPS 与激光陀螺仪惯性导航的制导方式，既有利于完成长航时的侦察，也可对目标进行精确打击。

2003 年，伊拉克战争代表信息化战争的开端，在这场战争中首次使用的新型武器的性能改进大都与惯性技术有关。例如，“杰达姆”改进型的惯性导航系统从原来采用的激光陀螺仪改为 MEMS 陀螺仪，体积和质量大大减少。除了 INS/GPS 结合制导外，“战斧”Ⅳ新一代舰射巡航导弹还采用了红外成像和景物匹配末制导技术，能够在飞行 6 h 后对移动目标实施打击并拥有优于 6 m 的定位精度（图 3－5）。2005 年年初，以 GPS 辅助 MEMS 惯性导航系统的方案成为将常规弹药转化为智能弹药的基础技术方案，使用该技术的“神剑”制导炮弹进入伊拉克战场，几乎达到了每发必中的制导程度（图 3－6）。

图 3－5 “战斧”Ⅳ巡航导弹

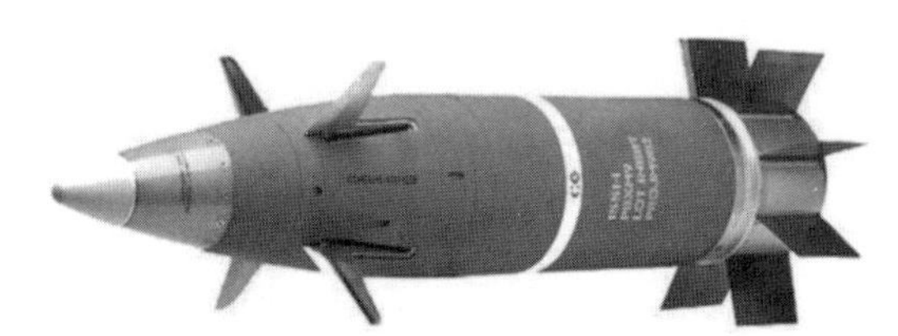

图 3－6 “神剑”制导炮弹

由于中远程战术导弹必须具备中制导环节的特点，捷联式惯性导航技术广泛应用在这类导弹上，如法国 20 世纪 90 年代研制的中程防空导弹海用型 SAN－90 和陆用型 SA－90 的制导方式均为捷联惯导和末段雷达寻地制导。以上示例说明，惯性导弹技术的进步推动了武器性能的大幅提高，促进了信息化武器装备的发展。

3.1.2.3 惯性导航技术的发展趋势

在科学技术的推动下，惯性导航技术的发展具有如下趋势。

（1）一体化、可靠性水平持续提升。惯性导航系统的发展从 20 世纪 90 年代开始，在军用和商用需求的牵引下，取得了超乎想象的进步。美国第四代空间标准惯性导航系统 HG－764G 和 LN－100G 捷联式惯导系统，采用了更小的激光陀螺仪并利用高度集成技术，系统截面积缩小到 17.5 cm^2，体积减少 55%，平均故障间隔时间达到 5 000 h 以上。

（2）初始对准准备时间缩短。目前，国外机载惯性导航系统的对准时间已经从 8 min 缩短到 4 min，制导武器的对准时间也已经减少到了 30 s。

（3）动态环境适应能力不断增强。先进的武器装备及高速、高过载飞行器的出现，对惯性导航系统的适应能力提出更高的要求，目前国外新型空空导弹的角速度要求达到 1 000°/s，炮射制导武器冲击过载要求已达到 20 000g。

（4）向着体积小和质量小、成本低方向发展。随着 MEMS 的出现，惯性导航系统产品的尺寸越来越小，质量越来越轻，成本不断下降。其中，MEMS 有着独特的发展方向，将光学技术引入 MEMS 陀螺仪制造中，性能指标大幅提升，可满足中高精度惯性导航的使用要求。

（5）冷原子惯性导航方向逐渐成为主流。从精度上来看，激光、光纤等技术对惯性传感器并没有实现革命性的改变。在过去的几十年内，商用和军用飞机的惯性导航系统的性能停留在 0.5～1 n mile/h 的水平。冷原子传感器很可能引发全导航领域的一次重大革命，从原理上来讲，冷原子陀螺仪的理论精度比光学陀螺仪高 10 个数量级，导航精度可达 5 m/h。

随着惯性技术的进一步提升，精度高、体积小的原子惯性器件将满足战略武器的军事需求。在未来的几十年内，原子陀螺仪由于高昂的制造成本及较高的技术门槛，将限于在军事战略上的应用，而战术武器、商用消费依然采用技术成熟的光学陀螺仪及 MEMS 陀螺仪。

3.1.3　惯性导航的分类

惯性导航系统是以获取载体的姿态、速度和位置为目的，以陀螺仪和加速度计为测量器件的导航解算系统。其中，姿态定义为载体的三轴与本地水平方位的关系；速度与位置定义在本地水平方位基准上，此水平方位又称导航坐标系，一般以东向、北向、天向三个方向为基准。搭建导航坐标系有两种方式：一是通过搭建由陀螺仪控制的始终跟踪本地导航坐标系的稳定平台，加速度计安装在该平台上；二是直接将加速度计和陀螺仪安装在载体上，由陀螺仪计算出载体与导航坐标系相对的姿态关系，通常用数学矩阵来表示，因此捷联式惯导的导航坐标系也称为数学平台。惯性导航系统根据不同的导航坐标系构建方法可分为两大类：平台式惯性导航与捷联式惯性导航。

3.1.3.1　平台式惯性导航

平台式惯性导航即在惯性稳定平台上安装陀螺仪和加速计，向导航计算机发送加速度计输出的信息，通过一次积分和二次积分分别计算载体的速度和位置。在速度、位置确定的情况下，便可唯一确定当地导航坐标系，所以陀螺仪在获取导航坐标系信息的条件下，通过控制陀螺仪内、外环跟踪导航坐标系，使平台三轴始终指向当地导航坐标系的方位。载体的姿态信息取自平台的框架传感器，该传感器可敏感平台与载体轴之间的夹角。平台式惯性导航可以隔离载体姿态运动，精度高、抗高过载，但由于需要建造物理平台，成本高，体积大。惯性平台与平台式惯性导航实现流程如图 3－7 和图 3－8 所示。

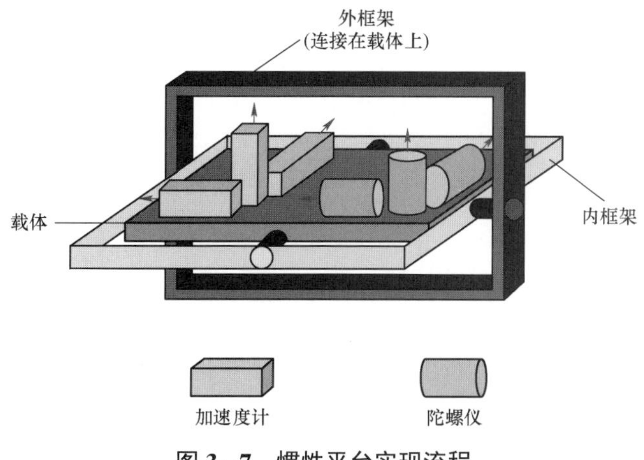

图 3－7　惯性平台实现流程

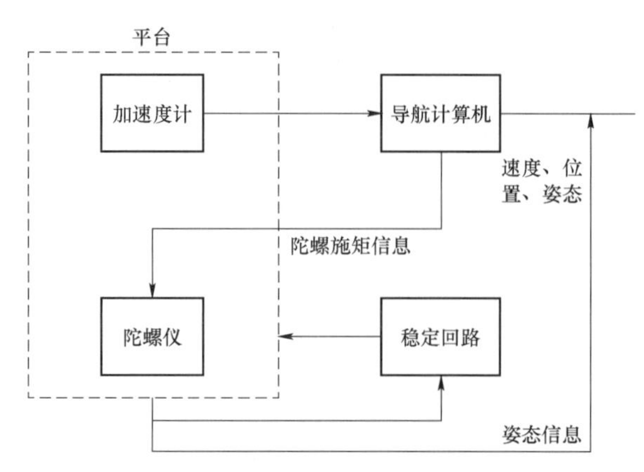

图 3-8　平台式惯性导航实现流程

3.1.3.2　捷联式惯性导航

捷联式惯性导航系统的陀螺仪和加速度计是直接安装在载体上的，没有实体物理平台作为导航坐标系的基准，它是用数学矩阵来表示载体和导航坐标系之间的姿态关系，所以捷联式惯性导航的导航坐标系又称为数学平台。陀螺仪测量载体相对于惯性空间的角速度，根据姿态更新前的速度、位置信息，计算载体与导航坐标系之间的姿态矩阵。同时，利用姿态矩阵将加速度测量载体的加速度投影至导航坐标系中，并通过一次积分和二次积分更新载体的速度、位置。

捷联式惯性导航不需要安装实体平台，体积小、成本低，可靠性高，但对惯性器件动态性能、计算机处理能力与容量要求较高。捷联式惯性导航原理如图 3-9 所示。

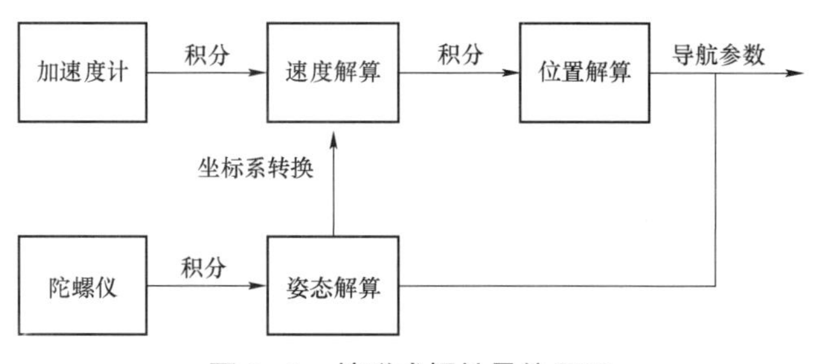

图 3-9　捷联式惯性导航原理

随着惯性器件性能的提高，捷联式惯性导航逐渐取代平台式惯性导航，在战术导弹上得到广泛应用，以实现降低成本、缩小体积、增加可靠性的目的，本章着重阐述捷联式惯性导航的原理。捷联式惯性导航主要包括两个部分：惯性测量集成单元（IMU）和导航计算机，其中，IMU 包括惯性器件、磁力计、温度计和集成电路等用于提高可靠性的辅助单元（图 3-10）；导航计算机处理收集的陀螺仪、加速度计、温压等信息，利用存储的导航算法进行导航参数更新（图 3-11）。

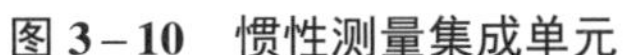

图 3–10　惯性测量集成单元

图 3–11　导航计算机

影响惯性导航精度的关键影响因素是 IMU 中惯性器件的误差。下面介绍惯性器件的误差模型，主要误差包括确定性误差和随机性误差。其中，确定性误差包含零偏、标度因数误差、安装非正交误差，这部分是可以校准消除的误差；随机性误差包含白噪声、零偏不稳定等，这部分误差在惯性导航启用上电后出现，无法进行评估。

陀螺仪和加速度计测量模型如下：

$$\begin{aligned}\tilde{\omega} &= (\boldsymbol{T}^{\mathrm{g}} + \boldsymbol{K}^{\mathrm{g}})\omega + \omega + \boldsymbol{b}^{\mathrm{g}} + \boldsymbol{n}^{\mathrm{g}} \\ \tilde{\boldsymbol{a}} &= (\boldsymbol{T}^{\mathrm{a}} + \boldsymbol{K}^{\mathrm{a}})\boldsymbol{a} + \boldsymbol{a} + \boldsymbol{b}^{\mathrm{a}} + \boldsymbol{n}^{\mathrm{a}}\end{aligned} \tag{3-1}$$

式中：上标 g 代表陀螺仪（gyroscope），a 代表加速度计（accelerometer）；$\boldsymbol{b}$ 代表陀螺仪与加速度计的零偏；$\boldsymbol{n}$ 为随机误差；$\boldsymbol{K}$ 为标度因数变换矩阵；$\boldsymbol{T}$ 为安装非正交误差变换矩阵。

零偏表示惯性导航启动后，惯性器件的输出值与理论值存在一定的固定偏差，其特点为每次运行零偏数值不同。零偏不稳定性表示在惯性导航的运行过程中，零偏值可能会发生缓慢的变化，其变化值是无法估计的，需要假设一个概率范围来描述其落在该范围内的可能性有多大，时间越长，范围越大，单位通常为（°）/h。图 3–12 直观表示了零偏与零偏不稳定性，设陀螺仪理论输出为 15°/h，初始零偏为 0.1°/h，零偏可能会随时间而变。

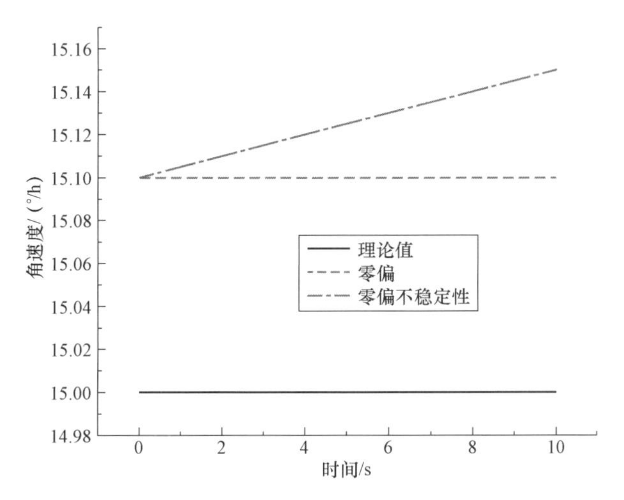

图 3–12　零偏与零偏不稳定性

惯性器件采集的是输入的载体角速度、加速度，输出的是电流等物理量，输出量与输入量的比值称为标度因数。标度因数在实际应用中与理论值存在偏差，表征了实际输入和输出的偏离程度，一般以输出量相对于理论输出的最大偏差值与最大输出量之比的百万分之一（10^{-6}）为指标。标度因数变换矩阵为

$$\boldsymbol{K}=\begin{bmatrix}\delta k_x & 0 & 0\\ 0 & \delta k_y & 0\\ 0 & 0 & \delta k_z\end{bmatrix} \tag{3-2}$$

式中：δk 为标度因数误差。

安装非正交误差：惯性器件期望输出是理想的载体系的角速度、加速度信息，由于安装工艺的缺陷，实际安装的惯性器件敏感轴与载体轴不完全重合。若惯性器件各轴存在 μ_x、μ_y、μ_z 的安装误差角，则安装非正交误差变换矩阵为

$$\boldsymbol{T}=\begin{bmatrix}0 & \mu_z & -\mu_y\\ -\mu_z & 0 & \mu_x\\ \mu_y & -\mu_x & 0\end{bmatrix} \tag{3-3}$$

惯性导航启动后，在将连续时间信号采集成离散信号的 A/D（模/数）采集过程中，精度存在损失，该过程可简化为白噪声（White Sounds）过程。白噪声是指每一等频宽的频带所包含的噪声能量相等，它是一个随机信号，其功率频谱密度为常数。

一般来说，安装非正交误差、标度因数误差可通过试验标定降低到可忽略的水平，主要影响惯性导航精度的惯性器件误差为零偏、零偏不稳定性、白噪声。

3.1.4 捷联式惯性导航原理

捷联式惯导不同于平台式惯导，将载体与导航坐标系的姿态关系用数学矩阵的方式描述，所以对导航解算算法提出了更高的要求，一般要保证算法引起的误差不超过惯性器件引起误差的 5%，本节推导了高精度惯性导航算法。

3.1.4.1 地球模型

惯性导航的目标为得到载体相对于地球表面某一坐标系基准的姿态、速度、位置参数。由于地球是自旋的，具有一定的形状且其周围存在重力场，这些特征对惯性导航都会产生影响，使得惯性导航计算变得复杂。本小节介绍地球模型相关知识。

地球自转轴的南端点和北端点分别称为南极和北极，包含南、北极点的平面称为子午面，子午面与旋转椭球面的交线称为子午圈（或经圈）。通过英国格林尼治（Greenwich）天文台的经线称为本初子午线（或零度经线），任意经线所在子午面与本初子午面之间的夹角定义为经度（longitude，记为 λ），夹角方向与地球自转轴同方向，取值范围为−180°～180°。包含旋转椭球中心且垂直于自转轴的平面称为赤道面，赤道面与旋转椭球面的交线称为赤道，平行于赤道面的平面与椭球面的交线称为纬圈，纬度记为 φ（图 3－13）。

含有椭球面上的包含一个 P 点及其法线 PQ 的平面称为法截面，法截面和子午面的夹角记为 A，法截面和椭球的交线称为法截线（图 3－13）。很明显，当法截线包含南北极点时，

法截线就是子午圈；当法截面与子午面垂直时，法截线称为卯酉圈。通常，R_M 称为子午圈主曲率半径；而 R_N 称为卯酉圈主曲率半径，其计算公式为

$$\begin{cases} R_M = \dfrac{R_e(1-e^2)}{(1-e^2\sin^2\varphi)^{3/2}} \\ R_N = \dfrac{R_e}{\sqrt{1-e^2\sin^2\varphi}} \end{cases} \tag{3-4}$$

式中：$R_e \approx 6\ 371$ km，为广义地球半径；$e^2 \approx 0.006\ 694\ 38$，代表地球偏心率的平方。

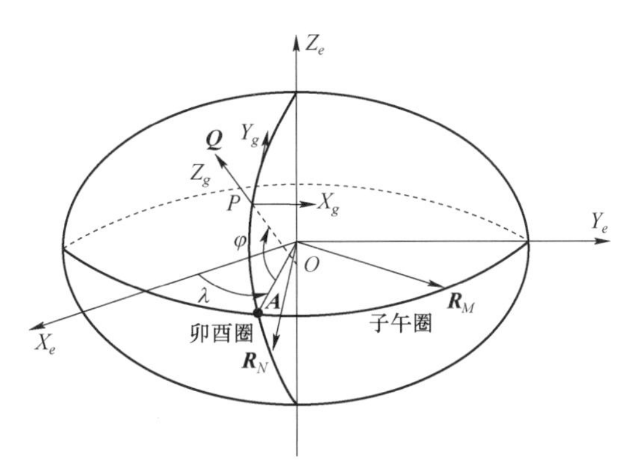

图 3－13　两种地球半径的示意图

3.1.4.2　惯性导航常用坐标系的定义

惯性导航中常用的坐标系主要有惯性坐标系、地球坐标系、地理坐标系、载体坐标系。

（1）惯性坐标系（i 系）：牛顿运动定律只有在惯性空间才成立，惯性坐标系是惯性空间运动计算的基础。其坐标原点为地球质心，z 轴为地球自转轴，指向北极为正，y 轴在赤道平面内指向春分点，y、z、x 轴构成右手正交坐标系。惯性器件的测量值就是以惯性坐标系为参考基准，测量的是载体相对于惯性空间的角速度与加速度。

（2）地球坐标系（e 系）：即地心地固坐标系（ECEF）。坐标原点为地球质心，z 轴为地球自转轴，指向北极，x 轴在赤道平面内指向本初子午线，y 轴与 z、x 轴构成右手正交坐标系。地球坐标系相对于惯性坐标系的旋转角速度即地球自转角速度，$\omega_{ie} \approx 15°/\text{h}$。

（3）地理坐标系（g 系）：坐标原点为载体重心，x 轴在当地水平面内指向东，y 轴在当地水平面内指向北，z 轴沿当地铅垂线指向天空。常将地理坐标系作为导航参数求解的参考坐标系，即东北天坐标系（ENU）。地理坐标系常用于描述运动载体的运动速度与位置。惯性导航中常用地理坐标系作为导航坐标系（n 系）。

（4）载体坐标系（b 系）：坐标原点为载体重心，x 轴与载体纵轴垂直指向右侧，y 轴沿载体纵轴指向前，z 轴与其他两轴组成右手正交坐标系，即右前上坐标系。

图 3－14 表示地球模型及各坐标系之间的关系，其中，φ、λ 分别代表纬度、经度。根据右手定则，e 系绕 Z_e 轴旋转 $\lambda+90°$，再绕 x' 轴旋转 $90°-\varphi$，可得到 g 系。地理坐标系到地球坐标系之间的坐标转换关系的矩阵形式为

$$
\begin{aligned}
\boldsymbol{C}_g^e &= \begin{bmatrix} \cos(90^\circ+\lambda) & -\sin(90^\circ+\lambda) & 0 \\ \sin(90^\circ+\lambda) & \cos(90^\circ+\lambda) & 0 \\ 0 & 0 & 1 \end{bmatrix} \begin{bmatrix} 1 & 0 & 0 \\ 0 & \cos(90^\circ-\varphi) & -\sin(90^\circ-\varphi) \\ 0 & \sin(90^\circ-\varphi) & \cos(90^\circ-\varphi) \end{bmatrix} \\
&= \begin{bmatrix} -\sin\lambda & -\cos\lambda & 0 \\ \cos\lambda & -\sin\lambda & 0 \\ 0 & 0 & 1 \end{bmatrix} \begin{bmatrix} 1 & 0 & 0 \\ 0 & \sin\varphi & -\cos\varphi \\ 0 & \cos\varphi & \sin\varphi \end{bmatrix} \\
&= \begin{bmatrix} -\sin\lambda & -\sin\varphi\cos\lambda & \cos\varphi\cos\lambda \\ \cos\lambda & -\sin\varphi\sin\lambda & \cos\varphi\sin\lambda \\ 0 & \cos\varphi & \sin\varphi \end{bmatrix}
\end{aligned} \tag{3-5}
$$

假设惯性空间内存在一个矢量 $\boldsymbol{l}$，则该矢量在 e 系及 g 系下的投影可表示为

$$
\boldsymbol{l}^e = \boldsymbol{C}_g^e \boldsymbol{l}^n \tag{3-6}
$$

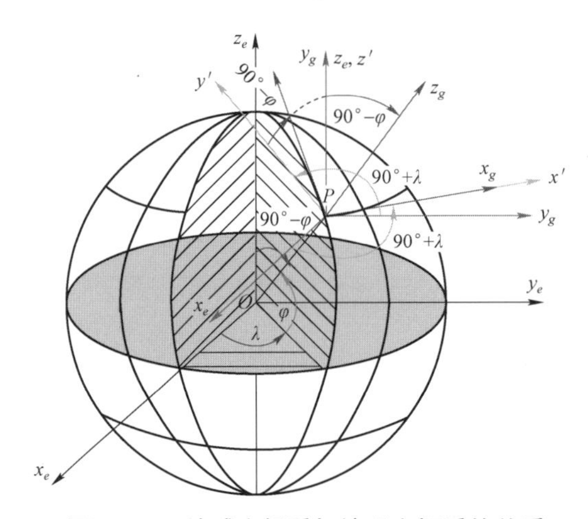

图 3-14　地球坐标系与地理坐标系的关系

3.1.4.3　姿态更新原理

姿态更新对整个惯性导航系统的精确度影响最大，其精确度影响后续的速度、位置解算，是惯性导航算法编排的核心。因为加速度计测量的是在惯性坐标系下的载体加速度，而所需的速度和位置都投影在导航坐标系上，所以速度和位置的更新只有在已知载体与导航坐标系的姿态关系的情况下才能实现。载体的姿态一般有三种表达方式：欧拉角、方向余弦、四元数，下面介绍这三种姿态表示方法。

1. 欧拉角

一般来说，导航坐标系与载体坐标系之间可以通过连续旋转关系联系起来，欧拉角是一组描述姿态转动关系的角参数广义坐标，物理含义直观、易于理解。惯性导航中，通常以俯仰角、航向角、滚转角作为欧拉角参数。详细定义如下。

（1）俯仰角 θ：载体纵轴与水平面的夹角，向上为正，范围为 $-90^\circ \sim 90^\circ$。

（2）航向角 ψ：载体纵轴在水平面上的投影与北向的夹角，定义北偏东为正，范围为 $0^\circ \sim 360^\circ$。

（3）滚转角 γ：载体 z 轴与载体 y 所在的铅垂面之间的夹角，向右倾斜为正，范围为 $-180°\sim180°$。

2. 方向余弦

方向余弦矩阵可将同一个矢量在不同坐标系下的投影联系起来。假设有一个三维矢量 $\boldsymbol{V}$，它在 i 系和 b 系下的投影坐标分别为

$$\boldsymbol{V}^i=\begin{bmatrix}V_x^i\\V_y^i\\V_z^i\end{bmatrix},\quad \boldsymbol{V}^b=\begin{bmatrix}V_x^b\\V_y^b\\V_z^b\end{bmatrix} \tag{3-7}$$

两个投影有如下关系：

$$\boldsymbol{V}^i=\boldsymbol{C}_b^i\boldsymbol{V}^b \tag{3-8}$$

式中：$\boldsymbol{C}_b^i$ 为从 b 系到 i 系的坐标变换矩阵，也称方向余弦矩阵。

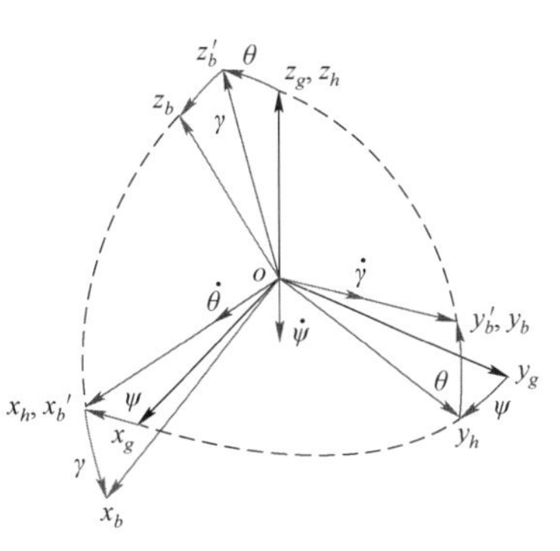

图 3-15　姿态角定义

下面介绍姿态角与方向余弦之间的数学关系（图 3-15）。根据右手定则，导航坐标系与载体坐标系之间通过姿态角的转动联系。由图 3-15 可知，弹体系绕 $-y_b$ 轴转动 γ，再绕 $-x_b'$ 轴转动 θ，最后绕 $-z_g$ 轴转动 ψ 得到导航坐标系，则两个坐标系之间的方向余弦阵 $\boldsymbol{C}_b^g$ 可由姿态角表示如下：

$$\begin{aligned}\boldsymbol{C}_b^g&=\begin{bmatrix}\cos\psi&\sin\psi&0\\-\sin\psi&\cos\psi&0\\0&0&1\end{bmatrix}\begin{bmatrix}1&0&0\\0&\cos\theta&\sin\theta\\0&-\sin\theta&\cos\theta\end{bmatrix}\begin{bmatrix}\cos\gamma&0&-\sin\gamma\\0&1&0\\\sin\gamma&0&\cos\gamma\end{bmatrix}\\&=\begin{bmatrix}\cos\gamma\cos\psi-\sin\gamma\sin\theta\sin\psi&-\cos\theta\sin\psi&\sin\gamma\cos\psi+\cos\gamma\sin\theta\sin\psi\\\cos\gamma\sin\psi+\sin\gamma\sin\theta\cos\psi&\cos\theta\cos\psi&\sin\gamma\sin\psi-\cos\gamma\sin\theta\cos\psi\\-\sin\gamma\cos\theta&\sin\theta&\cos\gamma\cos\theta\end{bmatrix}\end{aligned} \tag{3-9}$$

结合式（3-9），已知方向余弦的条件下，姿态角可由下式计算：

其中，

$$\boldsymbol{C}_b^g=\begin{bmatrix}c_\psi c_\gamma-s_\psi s_\theta s_\gamma&-s_\psi c_\theta&c_\psi s_\gamma+s_\psi s_\theta c_\gamma\\s_\psi c_\gamma+c_\psi s_\theta s_\gamma&c_\psi c_\theta&s_\psi s_\gamma-c_\psi s_\theta c_\gamma\\-c_\theta s_\gamma&s_\theta&c_\theta c_\gamma\end{bmatrix}=\begin{bmatrix}C_{11}&C_{12}&C_{13}\\C_{21}&C_{22}&C_{23}\\C_{31}&C_{32}&C_{33}\end{bmatrix} \tag{3-10}$$

$$\begin{cases}\theta=\arcsin(C_{32})\\\gamma=-\mathrm{atan2}(C_{31},C_{33})\\\psi=-\mathrm{atan2}(C_{12},C_{22})\end{cases} \tag{3-11}$$

为便于说明，下面将导航坐标系统一为 n 系。

3. 四元数

顾名思义，四元数是包含四个元的一种数，可表示为

$$\boldsymbol{Q}=q_0+\boldsymbol{q}_v=q_0+q_1\boldsymbol{i}+q_2\boldsymbol{j}+q_3\boldsymbol{k} \tag{3-12}$$

式中：$\boldsymbol{i}$、$\boldsymbol{j}$、$\boldsymbol{k}$ 为互相正交的单位矢量并且是一种虚数单位；四元数包括实部与虚部，与复数类似。

共轭四元数可以表示为

$$\boldsymbol{Q}^* = q_0 - \boldsymbol{q}_v = q_0 - q_1\boldsymbol{i} - q_2\boldsymbol{j} - q_3\boldsymbol{k} \tag{3-13}$$

四元数具有独特的乘法运算方式，设有两个四元数 $\boldsymbol{P}$、$\boldsymbol{Q}$，二者乘积 $\boldsymbol{P}\circ\boldsymbol{Q}$ 可表示如下：

$$\boldsymbol{P}\circ\boldsymbol{Q} = \begin{bmatrix} p_0 & -p_1 & -p_2 & -p_3 \\ p_1 & p_0 & -p_3 & p_2 \\ p_2 & p_3 & p_0 & -p_1 \\ p_3 & -p_2 & p_1 & p_0 \end{bmatrix}\begin{bmatrix} q_0 \\ q_1 \\ q_2 \\ q_3 \end{bmatrix} = \boldsymbol{M}_P\boldsymbol{Q} = \begin{bmatrix} q_0 & -q_1 & -q_2 & -q_3 \\ q_1 & q_0 & q_3 & -q_2 \\ q_2 & -q_3 & q_0 & q_1 \\ q_3 & q_2 & -q_1 & q_0 \end{bmatrix}\begin{bmatrix} p_0 \\ p_1 \\ p_2 \\ p_3 \end{bmatrix} = \boldsymbol{M}'_Q\boldsymbol{P} \tag{3-14}$$

为建立四元数与方向余弦阵的关系，此处引入等效旋转矢量的概念。三维空间中的某矢量 $\boldsymbol{r}$ 绕另一个单位矢量 $\boldsymbol{u}$ 转动 ϕ 角度得到矢量 $\boldsymbol{r}'$，如图 3-16 所示，该矢量定义为等效旋转矢量。

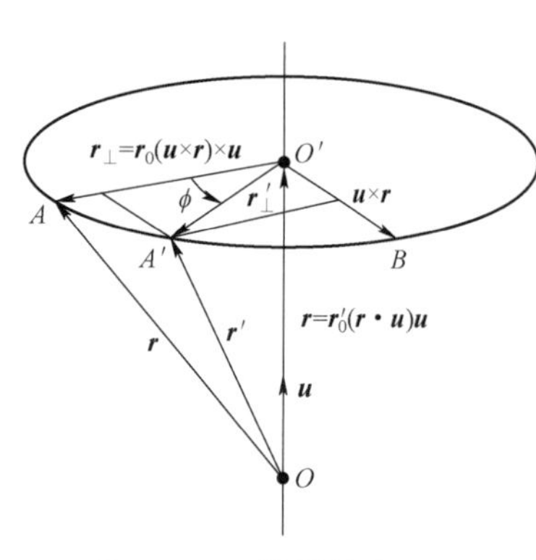

图 3-16　等效旋转矢量

转动前的矢量 $\boldsymbol{r}$ 相对于单位矢量 $\boldsymbol{u}$ 可分解为平行于 $\boldsymbol{u}$ 的分量 $\boldsymbol{r}_\parallel$ 和垂直于 $\boldsymbol{u}$ 的分量 $\boldsymbol{r}_\perp$，即

$$\boldsymbol{r} = \boldsymbol{r}_\parallel + \boldsymbol{r}_\perp \tag{3-15}$$

其中，

$$\begin{cases} \boldsymbol{r}_\parallel = (\boldsymbol{r}\cdot\boldsymbol{u})\boldsymbol{u} \\ \boldsymbol{r}_\perp = \overrightarrow{O'B}\times\boldsymbol{u} = (\boldsymbol{u}\times\boldsymbol{r})\times\boldsymbol{u} \end{cases} \tag{3-16}$$

同理，转动后的矢量 $\boldsymbol{r}'$ 相对于 $\boldsymbol{u}$ 也可以分解为平行分量 $\boldsymbol{r}'_\parallel$ 和垂直分量 $\boldsymbol{r}'_\perp$，即

$$\boldsymbol{r}' = \boldsymbol{r}'_\parallel + \boldsymbol{r}'_\perp \tag{3-17}$$

其中，

$$\begin{gathered} \boldsymbol{r}'_\parallel = \boldsymbol{r}_\parallel \\ \boldsymbol{r}'_\perp = \overrightarrow{O'A}\cos\phi + \overrightarrow{O'B}\sin\phi = (\boldsymbol{u}\times\boldsymbol{r})\times\boldsymbol{u}\cos\phi + \boldsymbol{u}\times\boldsymbol{r}\sin\phi \end{gathered} \tag{3-18}$$

将式（3-16）和式（3-18）代入式（3-17）可得

$$\boldsymbol{r}' = (\boldsymbol{r}\cdot\boldsymbol{u})\boldsymbol{u} + (\boldsymbol{u}\times\boldsymbol{r})\times\boldsymbol{u}\cos\phi + \boldsymbol{u}\times\boldsymbol{r}\sin\phi \tag{3-19}$$

由矢量叉乘和数乘定理可得

$$(\boldsymbol{r}\cdot\boldsymbol{u})\boldsymbol{u} = (\boldsymbol{u}\cdot\boldsymbol{r})\boldsymbol{u} = \boldsymbol{u}\times(\boldsymbol{u}\times\boldsymbol{r}) + |\boldsymbol{u}|^2\boldsymbol{r} = [\boldsymbol{I} + (\boldsymbol{u}\times)^2]\boldsymbol{r} \tag{3-20}$$

至此，旋转前后的矢量通过等效旋转矢量表示为

$$\begin{aligned} \boldsymbol{r}' &= [\boldsymbol{I} + (\boldsymbol{u}\times)^2]\boldsymbol{r} - (\boldsymbol{u}\times)^2\boldsymbol{r}\cos\phi + \boldsymbol{u}\times\boldsymbol{r}\sin\phi \\ &= [\boldsymbol{I} + \sin\phi(\boldsymbol{u}\times) + (1-\cos\phi)(\boldsymbol{u}\times)^2]\boldsymbol{r} \end{aligned} \tag{3-21}$$

若 n 系三个单位矢量轴均绕 $\boldsymbol{u}$ 轴旋转 ϕ 角度得到 b 系，方向余弦可表示为

$$\boldsymbol{C}_b^n = \boldsymbol{I} + \sin\phi(\boldsymbol{u}\times) + (1-\cos\phi)(\boldsymbol{u}\times)^2 \tag{3-22}$$

四元数可以用三角函数的形式表示出来，类似于复数的三角表示法：

$$\boldsymbol{Q}=q_0+\boldsymbol{q}_v=\cos\frac{\phi}{2}+\boldsymbol{u}\sin\frac{\phi}{2} \tag{3-23}$$

方向余弦阵可以表示为

$$\begin{aligned}\boldsymbol{C}_b^n&=\boldsymbol{I}+\sin\phi(\boldsymbol{u}\times)+(1-\cos\phi)(\boldsymbol{u}\times)^2\\&=\boldsymbol{I}+2\sin\frac{\phi}{2}\cos\frac{\phi}{2}(\boldsymbol{u}\times)+2\sin^2\frac{\phi}{2}(\boldsymbol{u}\times)^2\\&=\boldsymbol{I}+2\cos\frac{\phi}{2}\left(\sin\frac{\phi}{2}\boldsymbol{u}\times\right)+2\left(\sin\frac{\phi}{2}\boldsymbol{u}\times\right)^2\end{aligned} \tag{3-24}$$

式（3-23）和式（3-24）可通过三角函数联系起来，可得

$$\begin{aligned}\boldsymbol{C}_b^n&=\boldsymbol{I}+2q_0(\boldsymbol{q}_v\times)+2(\boldsymbol{q}_v\times)^2\\&=\boldsymbol{I}+2q_0\begin{bmatrix}0&-q_3&q_2\\q_3&0&-q_1\\-q_2&q_1&0\end{bmatrix}+2\begin{bmatrix}0&-q_3&q_2\\q_3&0&-q_1\\-q_2&q_1&0\end{bmatrix}^2\\&=\begin{bmatrix}1-2(q_2^2+q_3^2)&2(q_1q_2-q_0q_3)&2(q_1q_3+q_0q_2)\\2(q_1q_2+q_0q_3)&1-2(q_1^2+q_3^2)&2(q_2q_3-q_0q_1)\\2(q_1q_3-q_0q_2)&2(q_2q_3+q_0q_1)&1-2(q_1^2+q_2^2)\end{bmatrix}\\&=\begin{bmatrix}q_0^2+q_1^2-q_2^2-q_3^2&2(q_1q_2-q_0q_3)&2(q_1q_3+q_0q_2)\\2(q_1q_2+q_0q_3)&q_0^2-q_1^2+q_2^2-q_3^2&2(q_2q_3-q_0q_1)\\2(q_1q_3-q_0q_2)&2(q_2q_3+q_0q_1)&q_0^2-q_1^2-q_2^2+q_3^2\end{bmatrix}\end{aligned} \tag{3-25}$$

至此，得到四元数表示姿态矩阵的方法，通常写成 $\boldsymbol{Q}_b^n$，表示 b 系与 n 系的旋转关系。

在三种姿态定义方式中，当俯仰角接近 90° 时，使用欧拉角更新姿态时会出现奇异的现象；方向余弦法更新姿态要求解 9 个元素，计算量大；四元数只需要求解 4 个元素，且没有奇异的现象，性能更好，因此本章主要介绍四元数的姿态更新方法。

已知欧拉角的条件下，四元数可表示如下，并用于姿态更新初始化：

$$\begin{cases}q_0=\cos\dfrac{\psi}{2}\cos\dfrac{\theta}{2}\cos\dfrac{\gamma}{2}+\sin\dfrac{\psi}{2}\sin\dfrac{\theta}{2}\sin\dfrac{\gamma}{2}\\q_1=\cos\dfrac{\psi}{2}\cos\dfrac{\theta}{2}\sin\dfrac{\gamma}{2}-\sin\dfrac{\psi}{2}\sin\dfrac{\theta}{2}\cos\dfrac{\gamma}{2}\\q_2=\cos\dfrac{\psi}{2}\sin\dfrac{\theta}{2}\cos\dfrac{\gamma}{2}+\sin\dfrac{\psi}{2}\cos\dfrac{\theta}{2}\sin\dfrac{\gamma}{2}\\q_3=\sin\dfrac{\psi}{2}\cos\dfrac{\theta}{2}\cos\dfrac{\gamma}{2}-\cos\dfrac{\psi}{2}\sin\dfrac{\theta}{2}\sin\dfrac{\gamma}{2}\end{cases} \tag{3-26}$$

姿态更新的依据为四元数微分方程，下面对其进行推导。假设有一个三维矢量 $\boldsymbol{r}$，矢量 $\boldsymbol{r}$ 可看作是零标量的四元数，进行如下操作：

$$
\begin{aligned}
\boldsymbol{Q}_b^n \circ \boldsymbol{r}^b \circ \boldsymbol{Q}_n^b &= \boldsymbol{M}_{Q_b^n}(\boldsymbol{r}^b \circ \boldsymbol{Q}_n^b) = \boldsymbol{M}_{Q_b^n}\left(\boldsymbol{M}'_{Q_n^b}\begin{bmatrix} 0 \\ \boldsymbol{r}^b \end{bmatrix}\right) = \boldsymbol{M}_{Q_b^n}\boldsymbol{M}'_{Q_n^b}\begin{bmatrix} 0 \\ \boldsymbol{r}^b \end{bmatrix} \\
&= \begin{bmatrix} q_0 & -q_1 & -q_2 & -q_3 \\ q_1 & q_0 & -q_3 & q_2 \\ q_2 & q_3 & q_0 & -q_1 \\ q_3 & -q_2 & q_1 & q_0 \end{bmatrix}\begin{bmatrix} q_0 & q_1 & q_2 & q_3 \\ -q_1 & q_0 & -q_3 & q_2 \\ -q_2 & q_3 & q_0 & -q_1 \\ -q_3 & -q_2 & q_1 & q_0 \end{bmatrix}\begin{bmatrix} 0 \\ r_x^b \\ r_y^b \\ r_z^b \end{bmatrix} \\
&= \begin{bmatrix} 1 & 0 & 0 & 0 \\ 0 & q_0^2+q_1^2-q_2^2-q_3^2 & 2(q_1q_2-q_0q_3) & 2(q_1q_3+q_0q_2) \\ 0 & 2(q_1q_2+q_0q_3) & q_0^2-q_1^2+q_2^2-q_3^2 & 2(q_2q_3-q_0q_1) \\ 0 & 2(q_1q_3-q_0q_2) & 2(q_2q_3+q_0q_1) & q_0^2-q_1^2-q_2^2+q_3^2 \end{bmatrix}\begin{bmatrix} 0 \\ r_x^b \\ r_y^b \\ r_z^b \end{bmatrix}
\end{aligned} \tag{3-27}
$$

根据式（3-25），式（3-27）可简写为

$$
\boldsymbol{Q}_b^n \circ \boldsymbol{r}^b \circ \boldsymbol{Q}_n^b = \begin{bmatrix} 1 & 0_{1\times3} \\ 0_{3\times1} & \boldsymbol{C}_b^n \end{bmatrix}\begin{bmatrix} 0 \\ \boldsymbol{r}^b \end{bmatrix} = \begin{bmatrix} 0 \\ \boldsymbol{C}_b^n\boldsymbol{r}^b \end{bmatrix} = \begin{bmatrix} 0 \\ \boldsymbol{r}^n \end{bmatrix} \tag{3-28}
$$

式（3-28）表明，$\boldsymbol{Q}_b^n \circ \boldsymbol{r}^b \circ \boldsymbol{Q}_n^b$ 的结果是一个零标量四元数。定义四元数与三维矢量的乘法运算，即四元数坐标变换公式：

$$
\boldsymbol{r}^n = \boldsymbol{Q}_b^n \otimes \boldsymbol{r}^b \tag{3-29}
$$

式中：“ ⊗ ”的含义代表四元数乘法运算 $\boldsymbol{Q}_b^n \circ \boldsymbol{r}^b \circ \boldsymbol{Q}_n^b$，得到零标量四元数的矢量部分。

若将式（3-29）两边同时右乘 $\boldsymbol{Q}_b^n$，可得

$$
\boldsymbol{Q}_b^n \circ \boldsymbol{r}^b = \boldsymbol{r}^n \circ \boldsymbol{Q}_b^n \tag{3-30}
$$

假设矢量 $\boldsymbol{r}$ 是 n 系中的固定矢量，并设 b 系绕 n 系转动角速度为 $\boldsymbol{\omega}_{nb}$。将式（3-30）两边同时微分可得

$$
\dot{\boldsymbol{Q}}_b^n \circ \boldsymbol{r}^b + \boldsymbol{Q}_b^n \circ \dot{\boldsymbol{r}}^b = \boldsymbol{r}^n \circ \dot{\boldsymbol{Q}}_b^n \tag{3-31}
$$

根据科氏定理可得

$$
\dot{\boldsymbol{r}}^b = \boldsymbol{C}_n^b\dot{\boldsymbol{r}}^n + (-\boldsymbol{\omega}_{nb}^b \times \boldsymbol{r}^b) = -\boldsymbol{\omega}_{nb}^b \times \boldsymbol{r}^b \tag{3-32}
$$

式中：$\dot{\boldsymbol{r}}^b$、$\dot{\boldsymbol{r}}^n$ 分别代表矢量在 b、n 系求导并投影至 b、n 系的结果。

将式（3-32）代入式（3-31），并两边同时左乘 $\boldsymbol{Q}_n^b$ 可得

$$
(\boldsymbol{Q}_n^b \circ \dot{\boldsymbol{Q}}_b^n) \circ \boldsymbol{r}^b - \boldsymbol{r}^b \circ (\boldsymbol{Q}_n^b \circ \dot{\boldsymbol{Q}}_b^n) = \boldsymbol{\omega}_{nb}^b \circ \boldsymbol{r}^b \tag{3-33}
$$

将式（3-33）写成矩阵形式，并有如下关系：

$$
\begin{cases} \begin{bmatrix} 0 & 0_{1\times3} \\ 0_{3\times1} & 2[(\boldsymbol{Q}_n^b \circ \dot{\boldsymbol{Q}}_b^n)_v \times] \end{bmatrix}\begin{bmatrix} 0 \\ \boldsymbol{r}^b \end{bmatrix} = \begin{bmatrix} 0 & 0_{1\times3} \\ 0_{3\times1} & (\boldsymbol{\omega}_{nb}^b \times) \end{bmatrix}\begin{bmatrix} 0 \\ \boldsymbol{r}^b \end{bmatrix} \\ (\boldsymbol{Q}_n^b \circ \dot{\boldsymbol{Q}}_b^n)_v = \dfrac{1}{2}\boldsymbol{\omega}_{nb}^b \end{cases} \tag{3-34}
$$

根据等效旋转矢量，四元数 $\boldsymbol{Q}_b^n$ 及其微分可写成

$$\boldsymbol{Q}_b^n=\begin{bmatrix}\cos\dfrac{\phi}{2}\\ \boldsymbol{u}_{nb}^b\sin\dfrac{\phi}{2}\end{bmatrix},\ \dot{\boldsymbol{Q}}_b^n=\begin{bmatrix}-\dfrac{\dot{\phi}}{2}\sin\dfrac{\phi}{2}\\ \dot{\boldsymbol{u}}_{nb}^b\sin\dfrac{\phi}{2}+\boldsymbol{u}_{nb}^b\dfrac{\dot{\phi}}{2}\cos\dfrac{\phi}{2}\end{bmatrix} \tag{3-35}$$

根据式（3-35），计算$\boldsymbol{Q}_n^b\circ\dot{\boldsymbol{Q}}_b^n$，可得

$$\begin{aligned}\boldsymbol{Q}_n^b\circ\dot{\boldsymbol{Q}}_b^n&=\begin{bmatrix}\cos\dfrac{\phi}{2}\\ -\boldsymbol{u}_{nb}^b\sin\dfrac{\phi}{2}\end{bmatrix}\circ\begin{bmatrix}-\dfrac{\dot{\phi}}{2}\sin\dfrac{\phi}{2}\\ \dot{\boldsymbol{u}}_{nb}^b\sin\dfrac{\phi}{2}+\boldsymbol{u}_{nb}^b\dfrac{\dot{\phi}}{2}\cos\dfrac{\phi}{2}\end{bmatrix}\\&=\frac{1}{2}\begin{bmatrix}0\\ \boldsymbol{u}_{nb}^b\dot{\phi}+\dot{\boldsymbol{u}}_{nb}^b\sin\phi-\boldsymbol{u}_{nb}^b\times\dot{\boldsymbol{u}}_{nb}^b(1-\cos\phi)\end{bmatrix}\end{aligned} \tag{3-36}$$

式（3-36）表明，$\boldsymbol{Q}_n^b\circ\dot{\boldsymbol{Q}}_b^n$的标量始终为 0，所以式（3-34）可拓展为

$$\begin{gathered}\boldsymbol{Q}_n^b\circ\dot{\boldsymbol{Q}}_b^n=\frac{1}{2}\begin{bmatrix}0\\ \boldsymbol{\omega}_{nb}^b\end{bmatrix}\\ \dot{\boldsymbol{Q}}_b^n=\frac{1}{2}\boldsymbol{Q}_b^n\circ\boldsymbol{\omega}_{nb}^b\end{gathered} \tag{3-37}$$

根据四元数乘法法则式（3-14），四元数微分方程可展开如下：

$$\begin{bmatrix}\dot{q}_0\\ \dot{q}_1\\ \dot{q}_2\\ \dot{q}_3\end{bmatrix}=\frac{1}{2}\begin{bmatrix}0 & -\omega_{nbx}^b & -\omega_{nby}^b & -\omega_{nbz}^b\\ \omega_{nbx}^b & 0 & \omega_{nbz}^b & -\omega_{nby}^b\\ \omega_{nby}^b & -\omega_{nbz}^b & 0 & \omega_{nbx}^b\\ \omega_{nbz}^b & \omega_{nby}^b & -\omega_{nbx}^b & 0\end{bmatrix}\begin{bmatrix}q_0\\ q_1\\ q_2\\ q_3\end{bmatrix} \tag{3-38}$$

其中，

$$\begin{cases}\boldsymbol{\omega}_{nb}^b=\boldsymbol{\omega}_{ib}^b-\boldsymbol{\omega}_{in}^b\\ \boldsymbol{\omega}_{in}^n=\boldsymbol{\omega}_{ie}^n+\boldsymbol{\omega}_{en}^n\\ \boldsymbol{\omega}_{ie}^n=[0\quad \omega_{ie}\cos\varphi\quad \omega_{ie}\sin\varphi]^{\mathrm{T}}\\ \boldsymbol{\omega}_{en}^n=\begin{bmatrix}-\dfrac{v_N}{R_M+h} & \dfrac{v_E}{R_N+h} & \dfrac{v_E}{R_N+h}\tan\varphi\end{bmatrix}^{\mathrm{T}}\end{cases} \tag{3-39}$$

式中：$\boldsymbol{\omega}_{nb}^b$代表载体系相对于导航系的旋转角速度在载体系下的投影，其他定义同理。

战术导弹飞行过程中通常伴随着剧烈的姿态运动，若数值积分的方法不合适，会造成较大的数值计算误差。下面介绍两种常用的姿态更新方法。

传统姿态更新算法可将四元数微分方程式（3-38）写成矩阵形式：

$$\dot{\boldsymbol{Q}}(t)=\frac{1}{2}\boldsymbol{M}'_{\omega(t)}\boldsymbol{Q}(t) \tag{3-40}$$

设更新周期为 T，求解$[0,T]$时间段的更新四元数为

$$\boldsymbol{Q}(T)=\mathrm{e}^{\frac{1}{2}\boldsymbol{\Theta}(T)}\boldsymbol{Q}(0) \tag{3-41}$$

其中，

$$\begin{cases}\boldsymbol{\Theta}(T)=\int_0^T M^*(\boldsymbol{\omega}_b)\mathrm{d}t\approx\begin{bmatrix}0 & -\theta_x(T) & -\theta_y(T) & -\theta_z(T)\\ \theta_x(T) & 0 & \theta_z(T) & -\theta_y(T)\\ \theta_y(T) & -\theta_z(T) & 0 & \theta_x(T)\\ \theta_z(T) & \theta_y(T) & -\theta_x(T) & 0\end{bmatrix}\\ \boldsymbol{\theta}(T)=[\theta_x(T)\quad \theta_y(T)\quad \theta_z(T)]^{\mathrm{T}}=\int_0^T\boldsymbol{\omega}_{nb}^b(t)\mathrm{d}t\end{cases} \tag{3-42}$$

根据指数函数的性质，将式（3－41）用泰勒级数展开可得

$$\begin{aligned}\mathrm{e}^{\frac{1}{2}\boldsymbol{\Theta}(T)}&=\boldsymbol{I}+\left[\frac{\boldsymbol{\Theta}(T)}{2}\right]+\frac{\left[\frac{\boldsymbol{\Theta}(T)}{2}\right]^2}{2!}+\frac{\left[\frac{\boldsymbol{\Theta}(T)}{2}\right]^3}{3!}+\cdots+\frac{\left[\frac{\boldsymbol{\Theta}(T)}{2}\right]^n}{n!}+\cdots\\ &=\boldsymbol{I}+\left[\frac{\boldsymbol{\Theta}(T)}{2}\right]-\frac{\left[\frac{\theta(T)}{2}\right]^2\boldsymbol{I}}{2!}-\frac{\left[\frac{\theta(T)}{2}\right]^2\frac{\boldsymbol{\Theta}(T)}{2}}{3!}+\frac{\left[\frac{\theta(T)}{2}\right]^4\boldsymbol{I}}{4!}+\frac{\left[\frac{\theta(T)}{2}\right]^4\frac{\boldsymbol{\Theta}(T)}{2}}{5!}-\cdots\end{aligned} \tag{3-43}$$

由式（3－41）和式（3－43）可知，传统姿态更新方法需要根据需求选取求解阶数，在更新周期内采样一次角速度并计算角增量$\boldsymbol{\theta}(T)$。但是，式（3－41）严格规定必须在更新周期内，旋转转轴固定时才能成立，若非固定转轴，会引入额外误差。下面介绍一种基于等效旋转矢量的姿态更新方法。

四元数和矩阵类似，存在链式法则：

$$\boldsymbol{Q}_{b(m)}^{n(m)}=\boldsymbol{Q}_{n(m-1)}^{n(m)}\boldsymbol{Q}_{b(m-1)}^{n(m-1)}\boldsymbol{Q}_{b(m)}^{b(m-1)} \tag{3-44}$$

根据式（3－35），并认为在姿态更新周期内导航坐标系相对于惯性坐标系的转动可近似为定轴转动，有如下关系：

$$\boldsymbol{Q}_{b(m)}^{b(m-1)}=\begin{bmatrix}\cos\frac{|\boldsymbol{\phi}_m|}{2}\\ \frac{\boldsymbol{\phi}_m}{|\boldsymbol{\phi}_m|}\sin\frac{|\boldsymbol{\phi}_m|}{2}\end{bmatrix},\ \boldsymbol{Q}_{n(m-1)}^{n(m)}\approx\begin{bmatrix}\cos\frac{|\Delta\boldsymbol{\theta}_m^n|}{2}\\ \frac{\Delta\boldsymbol{\theta}_m^n}{|\Delta\boldsymbol{\theta}_m^n|}\sin\frac{|\Delta\boldsymbol{\theta}_m^n|}{2}\end{bmatrix}\ \Delta\boldsymbol{\theta}_m^n=T\boldsymbol{\omega}_{in}^n(m) \tag{3-45}$$

旋转矢量求解的基准为旋转矢量微分方程：

$$\dot{\boldsymbol{\phi}}=\boldsymbol{\omega}_{nb}^b+\frac{1}{2}\boldsymbol{\phi}\times\boldsymbol{\omega}_{nb}^b+\frac{1}{12}(\boldsymbol{\phi}\times)^2\boldsymbol{\omega}_{nb}^b \tag{3-46}$$

旋转矢量的数值可以通过陀螺仪输出的角速度来求解，但是如果采样点之间的角速度没有被利用的话，就会在姿态更新的过程中丢失大量的信息。通常可在更新周期内多次采样，对该周期内的角速度进行多项式拟合，可提升旋转矢量数值计算精度。假设在一个姿态更新的周期$[t_k,t_k+T]$的时间段内对载体的角速度进行二次函数拟合：

$$\boldsymbol{\omega}_{nb}^{b}(t_k+\tau)=\boldsymbol{a}+2\boldsymbol{b}\tau+3\boldsymbol{c}\tau^2 \tag{3-47}$$

在更新周期内对陀螺仪采样三次，可得到二次函数拟合参数，经过推导得到的$[t_k,t_k+T]$时间段内的等效旋转矢量如下：

$$\boldsymbol{\phi}=\frac{1}{6}T(\boldsymbol{\omega}_1+4\boldsymbol{\omega}_2+\boldsymbol{\omega}_3)+\frac{1}{15}T^2(\boldsymbol{\omega}_1\times\boldsymbol{\omega}_2+\boldsymbol{\omega}_2\times\boldsymbol{\omega}_3)+\frac{1}{60}T^2\boldsymbol{\omega}_1\times\boldsymbol{\omega}_3 \tag{3-48}$$

式中：$\boldsymbol{\omega}_1$、$\boldsymbol{\omega}_2$、$\boldsymbol{\omega}_3$分别为陀螺仪在 t_k，$t_k+T/2$，t_k+T 采集的角速度。等效旋转矢量计算后，结合式（3－45）完成姿态更新。

3.1.4.4　速度位置解算原理

比力方程是在地球表面附近解算载体速度的基本方程，下面对其作详细推导。如图 3－18 所示，根据科氏定理可得，矢量 $\boldsymbol{R}$ 在惯性坐标系下的绝对速度为在地球坐标系下的速度与地球自转导致的牵连速度之和：

$$\dot{\boldsymbol{R}}_i=\dot{\boldsymbol{R}}_e+\boldsymbol{\omega}_{ie}\times\boldsymbol{R} \tag{3-49}$$

$$\ddot{\boldsymbol{R}}_i=\ddot{\boldsymbol{R}}_e+\dot{\boldsymbol{\omega}}_{ie}\times\boldsymbol{R}+\boldsymbol{\omega}_{ie}\times\dot{\boldsymbol{R}} \tag{3-50}$$

式中：$\dot{\boldsymbol{R}}_e$ 为载体在地球表面上的运动速度，也称地速 $\dot{\boldsymbol{v}}_{en}^{n}$ $(\dot{\boldsymbol{v}}_{eg}^{g})$，地速及其导数的表达公式如下：

$$\dot{\boldsymbol{v}}_{en}^{n}=\boldsymbol{v}_{en}^{n}+\boldsymbol{\omega}_{in}^{n}\times\boldsymbol{v}_{en}^{n} \tag{3-51}$$

$$\begin{aligned}\ddot{\boldsymbol{R}}_i&=\dot{\boldsymbol{v}}_{en}^{n}+\boldsymbol{\omega}_{in}^{n}\times\boldsymbol{v}_{en}^{n}+\boldsymbol{\omega}_{ie}\times(\boldsymbol{v}_{en}^{n}+\boldsymbol{\omega}_{ie}\times\boldsymbol{R})\\&=\dot{\boldsymbol{v}}_{en}^{n}+(2\boldsymbol{\omega}_{ie}^{n}+\boldsymbol{\omega}_{en}^{n})\times\boldsymbol{v}_{en}^{n}+\boldsymbol{\omega}_{ie}\times(\boldsymbol{\omega}_{ie}\times\boldsymbol{R})\end{aligned} \tag{3-52}$$

地球示意图和地球重力示意图分别如图 3－17 和图 3－18 所示。

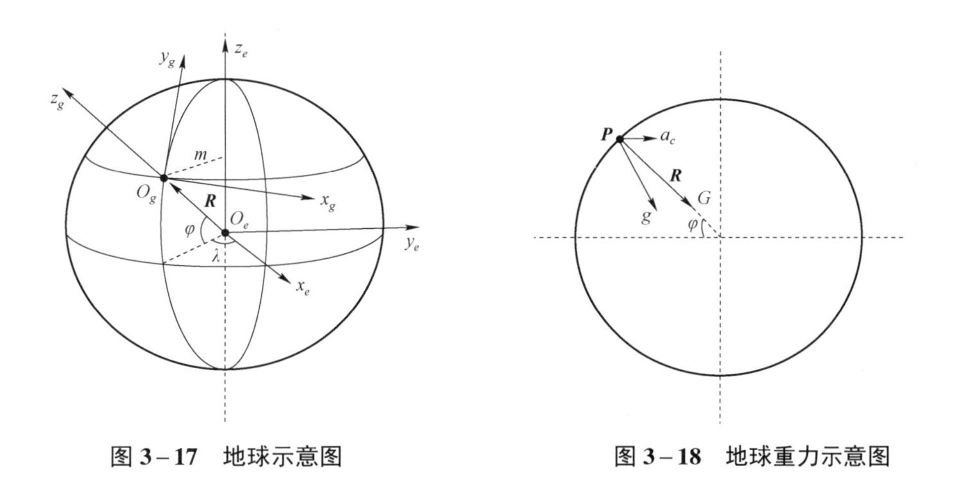

图 3－17　地球示意图

图 3－18　地球重力示意图

载体的加速度可用测量的加速度（比力）和地心引力计算得到，即

$$\boldsymbol{a}=\ddot{\boldsymbol{R}}_i=\boldsymbol{f}+\boldsymbol{G} \tag{3-53}$$

地心引力可分为重力加速度和向心加速度：

$$\boldsymbol{G}=\boldsymbol{g}+\boldsymbol{a}_c=\boldsymbol{g}+\boldsymbol{\omega}_{ie}\times(\boldsymbol{\omega}_{ie}\times\boldsymbol{R}) \tag{3-54}$$

由于加速度计测量的是载体在惯性坐标系下的加速度，即 $\ddot{\boldsymbol{R}}_i=\boldsymbol{f}^b$，将式（3–52）转换到导航坐标系可得

$$\dot{\boldsymbol{v}}^n=\boldsymbol{C}_b^n\boldsymbol{f}^b-(2\boldsymbol{\omega}_{ie}^n+\boldsymbol{\omega}_{en}^n)\times\boldsymbol{v}_{en}^n+\boldsymbol{g}^n \tag{3-55}$$

式（3–55）称为比力方程，下面将 $\dot{\boldsymbol{v}}_{en}^n$ 简写为 $\dot{\boldsymbol{v}}^n$。通过对比力方程数值积分，得到当前时刻的载体速度信息。对速度进行积分可获取位置信息，式（3–56）代表位置微分方程：

$$\dot{\varphi}=\frac{1}{R_M+h}v_N,\qquad \dot{\lambda}=\frac{\sec\varphi}{R_N+h}v_E,\qquad \dot{h}=v_U \tag{3-56}$$

综上所述，捷联式惯导是一种在初值给定的条件下，以惯性器件输出的角速度、加速度为测量值，通过特定的数值积分算法，完成导航任务。

3.1.5 惯性导航误差模型

上述捷联式惯导更新算法，只会引入数值计算上的微小误差，是在理想条件下存在的。然而，在实际应用中，惯性器件存在多种误差，并且导航参数的初始化即初始对准不能完全精确，从而导致后续导航参数误差的不断累积。本节介绍惯性导航误差传播原理。

假设理想的无误差的从 n 系到 b 系的姿态矩阵为 $\boldsymbol{C}_b^n$，而实际解算的姿态矩阵为 $\tilde{\boldsymbol{C}}_b^n$，二者之间不可能完全相等。一般认为，这两个姿态矩阵 $\boldsymbol{C}_b^n$ 和 $\tilde{\boldsymbol{C}}_b^n$ 的 b 系是重合的，而将与 $\tilde{\boldsymbol{C}}_b^n$ 对应的导航坐标系称为计算导航坐标系，简记为 n' 系，所以也常将计算姿态矩阵记为 $\boldsymbol{C}_b^{n'}$。因此，$\tilde{\boldsymbol{C}}_b^n$ 与 $\boldsymbol{C}_b^n$ 之间的偏差在于 n' 系与 n 系与之间的偏差[3]。

根据矩阵链乘规则，有

$$\boldsymbol{C}_b^{n'}=\boldsymbol{C}_n^{n'}\boldsymbol{C}_b^n \tag{3-57}$$

以 n 系作为参考坐标系，记从 n 系至 n' 系的旋转矢量为 $\boldsymbol{\phi}$，常称为失准角误差。若假设 $\boldsymbol{\phi}$ 为小量，有

$$\begin{cases}\boldsymbol{C}_{n'}^n\approx\boldsymbol{I}+(\boldsymbol{\phi}\times)\\ \boldsymbol{C}_n^{n'}=(\boldsymbol{C}_{n'}^n)^{\mathrm{T}}\approx\boldsymbol{I}-(\boldsymbol{\phi}\times)\end{cases} \tag{3-58}$$

将式（3–58）代入式（3–57）可得

$$\boldsymbol{C}_b^{n'}=[\boldsymbol{I}-(\boldsymbol{\phi}\times)]\boldsymbol{C}_b^n \tag{3-59}$$

对失准角方程进行微分并展开可得

$$\boldsymbol{\phi}=\boldsymbol{\phi}\times\boldsymbol{\omega}_{in}^n+\delta\boldsymbol{\omega}_{in}^n-\delta\boldsymbol{\omega}_{ib}^n \tag{3-60}$$

由式（3–60）可知，$\boldsymbol{\omega}_{in}^n$ 与载体所在位置和速度有关，姿态、速度与位置的初始误差会参与误差传播；随着时间的流逝，陀螺仪的误差逐渐被积分，导致姿态误差累积。

速度误差是指惯性导航系统导航计算机解算的计算速度与理想速度之间的偏差，而描述这种偏差变化规律的微分方程称为速度误差方程，计算速度为 $\tilde{\boldsymbol{v}}_{en'}^{n'}$（可简记为 $\tilde{\boldsymbol{v}}^n$），则可定义速度误差：

$$\delta \boldsymbol{v}^n = \tilde{\boldsymbol{v}}^n - \boldsymbol{v}^n \tag{3-61}$$

对式（3－61）两边同时求微分，可得

$$\delta \dot{\boldsymbol{v}}^n = \dot{\tilde{\boldsymbol{v}}}^n - \dot{\boldsymbol{v}}^n \tag{3-62}$$

在实际计算时，比力方程式（3－55）以带误差形式表示为

$$\dot{\tilde{\boldsymbol{v}}}^n = \tilde{\boldsymbol{C}}_b^n \tilde{\boldsymbol{f}}^b - (2\tilde{\boldsymbol{\omega}}_{ie}^n + \tilde{\boldsymbol{\omega}}_{en}^n) \times \tilde{\boldsymbol{v}}^n + \tilde{\boldsymbol{g}}^n \tag{3-63}$$

经推导可得速度误差微分方程为

$$\begin{aligned}
\delta \dot{\boldsymbol{v}}^n &= [(\boldsymbol{I} - \boldsymbol{\phi}\times)\boldsymbol{C}_b^n(\boldsymbol{f}^b + \delta \boldsymbol{f}^b) - \boldsymbol{C}_b^n \boldsymbol{f}^b] \\
&\quad - \{[2(\boldsymbol{\omega}_{ie}^n + \delta\boldsymbol{\omega}_{ie}^n) + (\boldsymbol{\omega}_{en}^n + \delta\boldsymbol{\omega}_{en}^n)] \times (\boldsymbol{v}^n + \delta\boldsymbol{v}^n) - (2\boldsymbol{\omega}_{ie}^n + \boldsymbol{\omega}_{en}^n) \times \boldsymbol{v}^n\} + \delta \boldsymbol{g}^n \\
&\approx -(\boldsymbol{\phi}\times)\boldsymbol{C}_b^n \boldsymbol{f}_{\mathrm{sf}}^b + \boldsymbol{C}_b^n \delta \boldsymbol{f}_{\mathrm{sf}}^b - (2\delta\boldsymbol{\omega}_{ie}^n + \delta\boldsymbol{\omega}_{en}^n) \times \boldsymbol{v}^n - (2\boldsymbol{\omega}_{ie}^n + \boldsymbol{\omega}_{en}^n) \times \delta\boldsymbol{v}^n + \delta \boldsymbol{g}^n \\
&\approx \boldsymbol{f}^n \times \boldsymbol{\phi} + \boldsymbol{v}^n \times (2\delta\boldsymbol{\omega}_{ie}^n + \delta\boldsymbol{\omega}_{en}^n) - (2\boldsymbol{\omega}_{ie}^n + \boldsymbol{\omega}_{en}^n) \times \delta\boldsymbol{v}^n + \delta \boldsymbol{f}^n + \delta \boldsymbol{g}^n
\end{aligned} \tag{3-64}$$

由式（3－64）可知，初始姿态、速度、位置对速度误差传播均有影响；载体的机动形式也会影响速度误差的传播；加速度计的误差可随时间逐渐积分；当地加速度计的计算误差也会影响惯性导航速度解算。一般来说，重力误差引起的速度误差很小，可忽略不计。

分别对捷联式惯导位置（纬度、经度和高度）微分方程式求偏差，可得

$$\begin{cases}
\delta \dot{L} = \dfrac{1}{R_M + h}\delta v_N - \dfrac{v_N}{(R_M + h)^2}\delta h \\
\delta \dot{\lambda} = \dfrac{\sec L}{R_N + h}\delta v_E + \dfrac{v_E \sec L \tan L}{R_N + h}\delta L - \dfrac{v_E \sec L}{(R_N + h)^2}\delta h \\
\delta \dot{h} = \delta v_U
\end{cases} \tag{3-65}$$

式中，R_M 和 R_N 在短时间内变化很小，视为常值。

为直观表示惯性导航的误差累积特性，对一段轨迹进行惯性导航解算。设定一段 50 s 的匀速直线轨迹，载体的姿态角全程保持为 $\theta=2°$、$\psi=0°$、$\gamma=0°$；速度全程保持为 $v=[0 \quad 100 \quad 0]^{\mathrm{T}}$ m/s；设定陀螺仪零偏为 0.01°/s、噪声强度为 0.01°/s；加速度计零偏为－0.6 mg、噪声强度为 0.6 mg。假设初始对准无误差，实际轨迹与惯性导航解算的偏航角、天向速度、天向位置如图 3－19～图 3－21 所示。

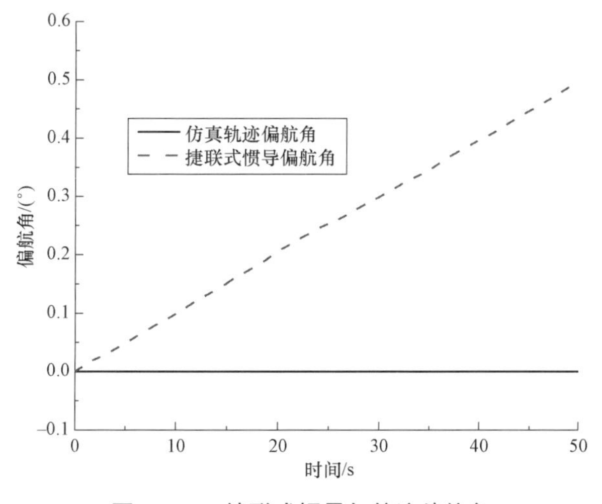

图 3－19　捷联式惯导与轨迹偏航角

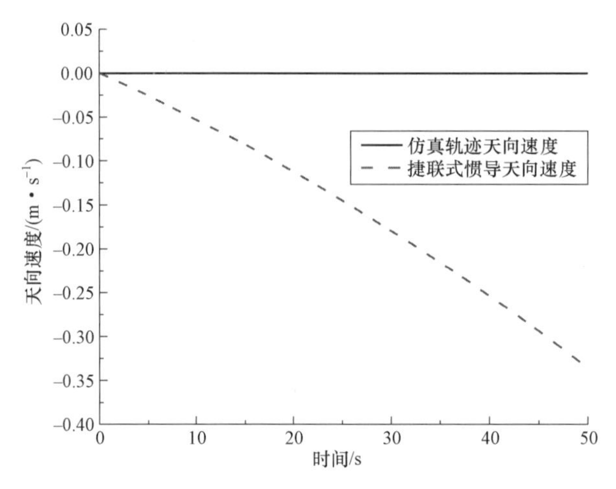

图 3-20　捷联式惯导与轨迹天向速度

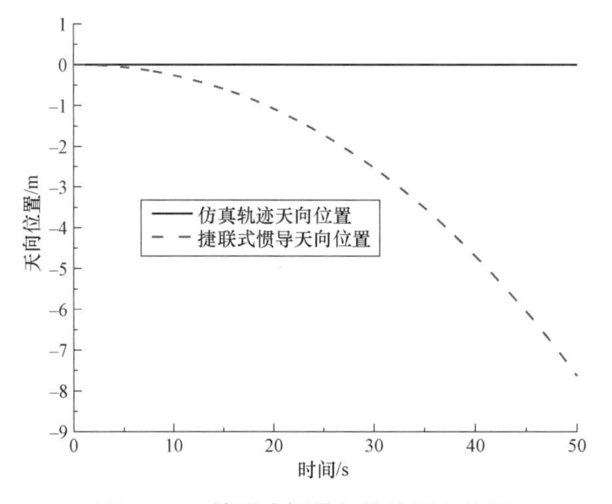

图 3-21　捷联式惯导与轨迹天向位置

根据惯性导航解算结果，在陀螺仪的零偏的作用下，偏航角误差不断累积，50 s 可达到 0.5°；在加速度计零偏的作用下，天向速度误差不断累积，50 s 可达 0.35 m/s；位置在姿态、速度误差的共同影响下，误差呈现二次增长趋势，体现了惯性导航的误差累积特性。

3.1.6　惯性导航的初始对准

惯性导航系统启动前需要使计算导航坐标系与实际导航坐标系重合，建立初始基准，即得到初始姿态矩阵的过程，称为初始对准。一般情况下，初始对准分为两个过程：粗对准与精对准。粗对准是指通过自身的惯性器件或其他外部辅助，结合一定算法，获取粗略的初始姿态矩阵。精对准是指在粗对准的基础上，结合最优估计等技术，估计粗对准得到的姿态矩阵的误差，进一步提高姿态矩阵的精度。

惯性导航的初始对准可根据不同方式分类，表 3-2 所列为初始对准的分类。

表 3-2 惯性导航初始对准分类

按运动状态分类	描述	特点
静基座	载体静止	利用信息少，适用范围小
动基座	载体运动	需要外界信息辅助，适用于多种情况
按外部信息的使用分类	描述	特点
自主式	依靠自身惯性器件，通过数学解析的方法获取姿态	对惯性元件精度有较高要求
传递对准	引入高精度主惯性导航，对惯性导航的失准角进行估计	成本高，体积较大，精度高
外部信息辅助	利用卫星导航、里程计、磁传感器等信息辅助	适用于大多数情况，精度高

为适应高过载、高冲击的恶劣环境，通常战术导弹上采用 MEMS 惯性器件，这就决定了弹载惯性导航系统难以采用自主式对准方法，所以通常采用在空中利用自身惯性导航及外部卫星组合对准。下面介绍空中自对准方法。

导弹发射并在获取卫星信号后，弹体的初始速度和位置可通过卫星导航获取，而初始姿态 $\boldsymbol{C}_b^n(0)$ 难以获取。空中对准的思想为通过惯性导航及外部辅助信息构建双矢量，从而求解最优问题，得到初始姿态矩阵。双矢量的获取过程如下。

根据姿态矩阵链式法则，$\boldsymbol{C}_b^n(t)$ 可分解为时变 $\boldsymbol{C}_{n(0)}^{n(t)}$、$\boldsymbol{C}_{b(t)}^{b(0)}$ 和时不变矩阵 $\boldsymbol{C}_b^n(0)$：

$$\boldsymbol{C}_b^n(t)=\boldsymbol{C}_{n(0)}^{n(t)}\boldsymbol{C}_b^n(0)\boldsymbol{C}_{b(t)}^{b(0)} \tag{3-66}$$

结合式（3-55），并在比力方程式（3-55）等号两端同乘 $\boldsymbol{C}_{n(t)}^{n(0)}$，可得

$$\boldsymbol{C}_b^n(0)\boldsymbol{C}_{b(t)}^{b(0)}\boldsymbol{f}^b=\boldsymbol{C}_{n(t)}^{n(0)}(\dot{\boldsymbol{v}}^n+(2\boldsymbol{\omega}_{ie}^n+\boldsymbol{\omega}_{en}^n)\times\boldsymbol{v}^n-\boldsymbol{g}^n) \tag{3-67}$$

对式（3-67）两端进行积分可得

$$\int_0^t\boldsymbol{C}_{n(t)}^{n(0)}\dot{\boldsymbol{v}}^n\mathrm{d}t+\int_0^t\boldsymbol{C}_{n(t)}^{n(0)}(2\boldsymbol{\omega}_{ie}^n+\boldsymbol{\omega}_{en}^n)\times\boldsymbol{v}^n\mathrm{d}t+\int_0^t\boldsymbol{C}_{n(t)}^{n(0)}\boldsymbol{g}^n\mathrm{d}t=\boldsymbol{C}_b^n(0)\int_0^t\boldsymbol{C}_{b(t)}^{b(0)}\boldsymbol{f}^b\mathrm{d}t \tag{3-68}$$

由式（3-68）可知，初始姿态矩阵 $\boldsymbol{C}_b^n(0)$ 可表示为 $\boldsymbol{C}_b^n(0)\boldsymbol{\alpha}_v=\boldsymbol{\beta}_v$ 的形式，通过不断求解双矢量 $\boldsymbol{\alpha}_v$、$\boldsymbol{\beta}_v$，可将对准问题转化为求解最优正交矩阵的问题。

双矢量可通过数值积分方法获取，即

$$\boldsymbol{\beta}_v(t_M)=\boldsymbol{C}_{n(t_M)}^{n(0)}\boldsymbol{v}^n-\boldsymbol{v}^n(0)+\sum_{k=0}^{M-1}\boldsymbol{C}_{n(t_k)}^{n(0)}\begin{bmatrix}\left(\dfrac{T}{2}\boldsymbol{I}+\dfrac{T^2}{6}\omega_{in}^n\times\right)\omega_{ie}^n\times\boldsymbol{v}^n(t_k)\\+\left(\dfrac{T}{2}\boldsymbol{I}+\dfrac{T^2}{3}\omega_{in}^n\times\right)\boldsymbol{\omega}_{ie}^n\times\boldsymbol{v}^n(t_{k+1})\\-\left(T\boldsymbol{I}+\dfrac{T^2}{2}\omega_{in}^n\times\right)\boldsymbol{g}^n\end{bmatrix} \tag{3-69}$$

$$\boldsymbol{\alpha}_v(t_M)=\sum_{k=0}^{M-1}\boldsymbol{C}_{b(t_k)}^{b(0)}\int_{t_k}^{t_{k+1}}(\boldsymbol{I}+(\omega_{ib}^bT)\times)\boldsymbol{f}^b\mathrm{d}t \tag{3-70}$$

式中：t_M 代表积分最终时刻；T 为卫星输出速度采样周期。

积分的过程中，不断获取当前时刻的双矢量。已知一组观测矢量，满足以下关系：

$$\boldsymbol{\beta}_k = \hat{\boldsymbol{C}}_b^n(0)\boldsymbol{\alpha}_k + \boldsymbol{e}_k \tag{3-71}$$

式中：$\boldsymbol{e}_k$ 为误差矢量。

为满足误差最小条件，建立指标函数为

$$L = \frac{1}{2}\sum_{k=1}^{m} a_k \left| \boldsymbol{\beta}_k - \hat{\boldsymbol{C}}_b^n(0)\boldsymbol{\alpha}_k \right| \tag{3-72}$$

通过数学方法，求解满足指标函数最小的 $\hat{\boldsymbol{C}}_b^n(0)$ 即为最优姿态矩阵，求解过程这里不作推导。

一般来说，空中对准的每一时刻必须存在双矢量才可以完成，某些滚转体制的战术导弹存在无控段，因不存在加速度，矢量 $\boldsymbol{\alpha}$ 无法获取。在无控段，弹体的俯仰角和偏航角可以由速度倾角、偏角近似，但滚转角难以获取。下面介绍一种基于单矢量确定滚转角的方法：

根据导弹飞行动力学公式，弹道倾角 θ_v 微分方程可表示为

$$mV\dot{\theta}_v = Y\cos\gamma_v - Z\sin\gamma_v - mg\cos\theta_v \tag{3-73}$$

在无控段弹道，弹体的攻角及侧滑角快速收敛为 0°，即速度倾斜角 γ_v 近似为 0°。式（3-73）可化简为

$$\dot{\theta}_v \approx \frac{-g\cos\theta}{V} \approx \dot{\theta} \tag{3-74}$$

无控段弹体在重力的作用下产生弹道倾角速度，本书称之为弹道弯曲角速度，其在惯性空间内可近似视为恒定矢量。根据导弹运动学公式（3-75），在弹体滚转过程中，俯仰角速度被滚转角信息调制，陀螺仪可以测得俯仰角速度在弹体系下的分量：

$$\omega_{ib}^{by} \approx \dot{\theta}\sin\gamma,\quad \omega_{ib}^{bz} \approx \dot{\theta}\cos\gamma \tag{3-75}$$

本节定义弹体坐标系与准弹体坐标系，图 3-22 为准弹体坐标系 $OXYZ$ 与弹体坐标系 b 之间的关系（定义为前上右坐标系），准弹体坐标系的 x 轴与弹体坐标系 x 轴重合，y 轴与 x 轴垂直且处于铅垂平面上，两个坐标系之间由滚转角建立关系。

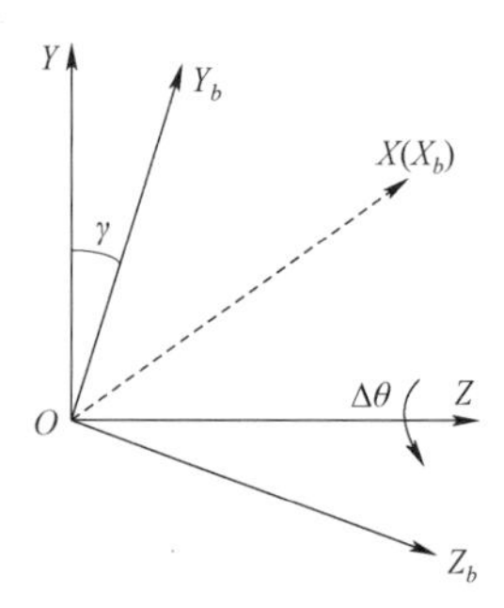

图 3-22　准弹体坐标系与弹体坐标系的关系

由导弹绕质心转动的运动学方程为

$$\begin{cases} \dot{\gamma} = \omega_X - \omega_Y \tan\theta \\ \dot{\psi} = \dfrac{1}{\cos\theta}\theta\omega_Y \\ \dot{\theta} = \omega_Z \end{cases} \tag{3-76}$$

式中：ω_X、ω_Y、ω_Z 为弹体的角速度在准弹体系的投影。

导弹的俯仰角速度矢量始终在准弹体系的 z 轴上，即始终垂直于射面，则一段时间弹体俯仰角的变化 $\Delta\theta$ 也在该轴上，该矢量大小为负。本节提出的方法将一段时间的俯仰角变化量投影至在起始时刻冻结的弹体坐标系下，从而实现滚转角的对准。图 3-23 所示为初始滚转角对准算法示意图。

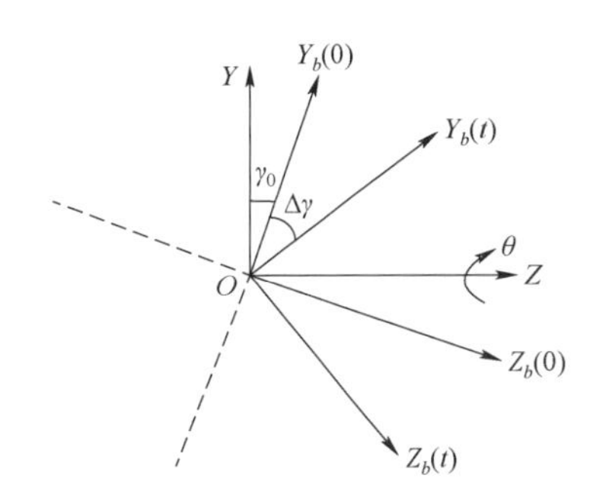

图 3－23　初始滚转角对准算法示意图

待求量为零时刻的滚转角 γ_0，零时刻的弹体坐标系记为 $b(0)$，该坐标系不随弹体滚动，只随着弹体俯仰角变化而变化，由准弹体坐标系绕纵轴旋转 γ_0 得到，可理解为滚转角为任意值的准弹体坐标系。任意时刻的弹体坐标系记为 $b(t)$，二者之间可由已变化的滚转角联系。俯仰角速度在 $b(0)$ 下的投影 $\dot{\boldsymbol{\theta}}_{b(0)}$ 只与初始时刻滚转角有关，在 $b(t)$ 系下的投影可由陀螺仪测量得到，两个投影可通过方向余弦阵 $\boldsymbol{C}_{b(t)}^{b(0)}$ 联系起来，即

$$\dot{\boldsymbol{\theta}}_{b(0)} = \boldsymbol{C}_{b(t)}^{b(0)}\dot{\boldsymbol{\theta}}_{b(t)} \tag{3-77}$$

其中，

$$\begin{cases} \boldsymbol{C}_{b(t)}^{b(0)} = \begin{bmatrix} 1 & 0 & 0 \\ 0 & \cos\Delta\gamma(t) & -\sin\Delta\gamma(t) \\ 0 & \sin\Delta\gamma(t) & \cos\Delta\gamma(t) \end{bmatrix} \\ \dot{\boldsymbol{\theta}}_{b(0)} = \begin{bmatrix} 0 \\ \dot{\theta}\sin\gamma_0 \\ \dot{\theta}\cos\gamma_0 \end{bmatrix}, \dot{\boldsymbol{\theta}}_{b(t)} = \begin{bmatrix} 0 \\ \omega_{ib}^{by}(t) \\ \omega_{ib}^{bz}(t) \end{bmatrix} \end{cases} \tag{3-78}$$

对式（3－77）两边积分可得

$$\begin{cases} \int_0^t \dot{\boldsymbol{\theta}}_{b(0)}\mathrm{d}t = \int_0^t \begin{bmatrix} 0 \\ \dot{\theta}\sin\gamma_0 \\ \dot{\theta}\cos\gamma_0 \end{bmatrix}\mathrm{d}t = \Delta\theta\begin{bmatrix} 0 \\ \sin\gamma_0 \\ \cos\gamma_0 \end{bmatrix} = \begin{bmatrix} 0 \\ \Delta\theta_y \\ \Delta\theta_z \end{bmatrix} \\ \begin{cases} \Delta\theta_y = \int_0^t \omega_y^b(t)\cos\Delta\gamma(t) - \omega_z^b(t)\sin\Delta\gamma(t)\,\mathrm{d}t \\ \Delta\theta_z = \int_0^t \omega_z^b(t)\cos\Delta\gamma(t) + \omega_y^b(t)\sin\Delta\gamma(t)\,\mathrm{d}t \end{cases} \\ \gamma_0 = \arctan\dfrac{\Delta\theta_y}{\Delta\theta_z} \end{cases} \tag{3-79}$$

式中：$\Delta\gamma(t)$ 为积分时间段内，弹体相对于初始弹体坐标系的滚转角，由滚转角速度积分获取。通过以无控段的弹道弯曲单矢量为基准，可确定弹体初始滚转角，是空中对准的一种拓展方法。

空中对准方法对惯性器件的精度要求较低，适合弹载 MEMS 惯性导航系统应用。在卫星信号获取困难的环境下，战术导弹通常可配备其他外部传感器（如磁力计等）辅助惯性导航进行初始对准。

3.2 卫星导航

卫星导航（satellite navigation）即利用卫星定位地面、海洋、空中和航天中载体的技术。卫星在卫星导航系统中的位置是已知的，通过载体的导航装置接收卫星发出的无线电导航信号，计算载体相对于导航卫星的几何关系，并经过具体的算法处理后计算出载体的绝对速度和位置。卫星导航综合了传统导航系统的优点，真正做到在各种天气条件下的全球高精度导航定位，具有较强的抗干扰能力。

3.2.1 卫星导航的发展

3.2.1.1 卫星导航的起源

第一颗人造地球卫星于 1957 年 10 月 4 日由苏联发射，它的成功发射，也打开了导航定位系统的新世界的大门，是人类致力于现代科技发展的结晶。美国约翰斯·霍普金斯大学应用物理实验室的学者在对卫星发射的无线电信号进行观测时发现，多普勒频移和卫星移动轨迹之间关系非常密切，于是就有了通过测量卫星信号多普勒频移来确定卫星位置的定位方法，地面站试验证明这种方法是有效的。根据这一试验结果，同在实验室工作的两位科学家提出了一个设想，即通过测量卫星信号中的多普勒频移来测出地面观测点所处的地理位置，即如果精确地知道了卫星在轨道上的瞬间位置，那么地面测站的位置也可以确定，由此卫星导航定位的理念被提出。

在卫星导航定位的理念的影响下，美国于 1964 年建成了由 6 颗卫星组成星座的国际首个卫星导航系统——“子午仪系统”，用于定位海上军舰。1967 年，“子午仪”解密并提供给民用。1968—1976 年，子午仪系统的定位精度从 70 m 提升到 30 m。由于卫星少、轨道低，每 1～2 h 才可以观测到一次卫星信息，更新频率低，子午仪系统不适合要求频繁的或连续定位的飞机或导弹（图 3－24）。

图 3－24　子午仪系统

美国国防部为应对美苏冷战，急迫地想解决全球性的超高精度定位与导航问题，其他的导航系统存在精度不高、输出频率低等特点，于是新一代卫星导航系统应运而生。为满足海、陆、空三军和民用部门对导航定位越来越高的要求，美国于 20 世纪 60 年代末期开始研制新型卫星导航系统。

3.2.1.2 GPS 的出现及发展

美国海军最早提出的“Timation”计划是通过测量传播时间来实现测距，计划用 12～18 颗卫星组成一个高度约为 1 万 km、轨道呈圆形的全球定位网络。同时，美国空军提出了一项名为“621B”的计划，计划在全球范围内采用 3～4 个星群覆盖，每个星群由 4～5 颗卫星组成，其中 1 颗卫星采用同步定点轨道，其余部分采用倾斜的 24 h 轨道。考虑到这两项计划各有利弊，美国政府无力负担两套系统研制的巨大经费，为满足绝大多数国防和民用领域的需要，1973 年国防部批准了一个由 10 个单位组成的联合计划局，负责研制新系统。因此，导航卫星测时、测距/全球定位系统（navigation satellite timing and ranging/global positioning system，GPS）诞生。

1978 年 2 月，首颗 GPS 卫星（Block－Ⅰ）发射，原型样品卫星 Block－Ⅰ共有 10 颗，在 1978—1985 年发射，用于验证 GPS 的可行性。

GPS 的 21 颗卫星于 1993 年 12 月 8 日进入轨道，具有初始工作的能力。1995 年 4 月，美国空军宣布 GPS 具备完全工作能力。美国在 GPS 设计时设定两种服务：一种是提供给民间和商业用户使用的标准定位服务，现在的 GPS 民用单点定位精度可以达到 25 m、测速精度 0.1 m/s、授时精度 200 ns；另一种是提供给军方和特许用户使用的精密定位服务，定位精度可达 10 m。

由于 GPS 的设计思路和理念在当年已显落后，引发了对 GPS 的现代化要求，第二年 GPS 现代化计划启动，对系统进行全面的升级和更新。1998 年，白宫以副总统的名义宣布计划开启，目标完成期计划是 2013 年，随后实施 GPSⅢ计划。GPS 现代化的作用主要有三个：一是抗干扰、抗攻击能力的提高；二是研究保障部队安全的信号结构和调制新手段；三是加大频次，加大民用领域，提高准确度（图 3－25）。

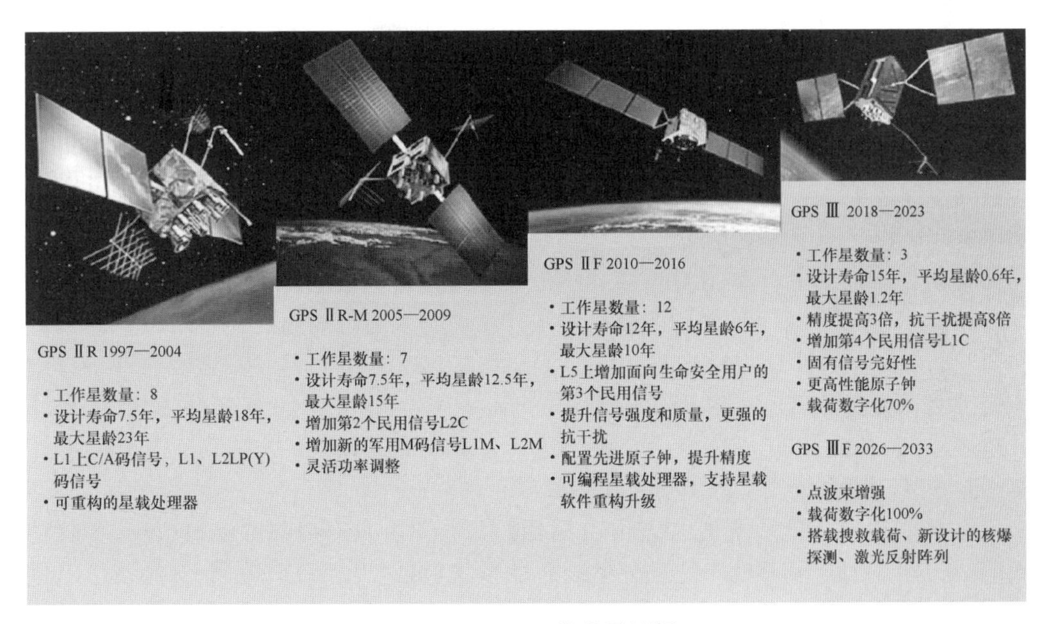

图 3－25 GPS 的发展过程

3.2.2 全球卫星导航系统

全球卫星导航系统（global navigation satellite system，GNSS）是空基无线电导航定位系统，可在地球表面或近地空间的任何地点，为用户提供全天候的三维（3D）坐标和速度，以及时间信息。它包括一个或多个卫星星座和它所需要的增强系统，以支持特定的工作。但是，卫星导航正在经历前所未有的重大变革，真正从单一的 GPS 系统时代向多星座并存的 GNSS 时代转型。四大全球系统分别为美国的 GPS、俄罗斯的 GLONASS（格罗纳斯）、欧洲的 Galileo（伽利略）和中国的北斗卫星导航系统，如图 3－26 所示。

图 3-26　四大卫星导航系统

GLONASS 全球卫星导航系统是继 GPS 之后的第二个全球卫星导航系统，是由苏联国防部独立研制和控制的第二代军用卫星导航系统。由分布在三个轨道平面上的 21 颗工作星和 3 颗备份星组成的 GLONASS，轨道高度为 1.9 万 km，运行周期为 11 h 15 min。20 世纪 70 年代开始研制的 GLONASS，其第一颗入轨卫星于 1984 年发射。然而，该系统的部分卫星一度老化，最严重时仅剩 6 颗卫星运行，俄罗斯应用力学科研生产联合公司研制的新一代卫星于 2003 年 12 月交付美国国家航空航天局（NASA）和国防部试用，并在 2008 年对 GLONASS 进行全面更新。从技术上看，GLONASS 的抗干扰能力优于 GPS，但其单点定位的精确度不及 GPS。2004 年，印俄两国签署长期合作协议，和平利用 GLONASS 全球导航卫星系统，并计划联合发射 18 颗导航卫星，正式加入 GLONASS。2001 年 8 月起，俄罗斯开始计划恢复并进行经济复苏后的 GLONASS 现代化建设工作，在经历了长达 10 年的瘫痪后，GLONASS 导航星座终于在 2011 年年底恢复了全系统运行。2006 年 12 月 25 日，俄罗斯发射 3 颗 GLONASS 卫星，使系统卫星数量达到 17 颗。

Galileo 全球卫星导航系统是 1992 年 2 月由欧洲委员会公布并与欧洲航天局共同负责的，由欧盟研制和建立的全球卫星导航定位系统。该系统包括 27 颗工作星和 3 颗备份卫星，共 30 颗卫星组成。卫星轨道高度为 23 616 km，轨道平面倾角为 56°。2012 年 10 月，Galileo 全球卫星导航系统第二批的两颗卫星成功发射升空，与太空中已有的 4 颗卫星一起正式组成网络——Galileo 卫星网，初步实现了对地精确定位的功能。全球首个基于民用的全球导航卫星定位系统——Galileo 全球卫星导航系统投入运行后，全球用户将使用多制式接收机获得更多导航定位卫星信号，这将在无形中大大提高导航定位精度。

北斗卫星导航系统是中国国家重要的空间基础设施，为全球用户提供全天候、全天时、高精度的定位、导航和授时服务，是我国着眼于国家安全和经济社会发展需要，自主建设、自主运行的卫星导航系统。由 5 颗同步卫星和 30 颗非同步卫星组成的“北斗”二号卫星导航系统在建工程空间段，提供开放服务和授权服务。开放服务的定位精度为 10 m、授时精度为 20 ns、测速精度为 0.2 m/s，可在服务区内免费提供定位、测速、授时服务；授权服务即为授权用户提供更加安全的定位、测速、授时、通信服务，并提供系统完好的信息。

3.2.3　卫星导航在制导武器中的应用

随着全球卫星导航系统的发展，以及现代战争对精确制导武器精确打击能力的要求逐渐提高，卫星导航系统在陆、海、空各种类型的精确制导武器中，以其特有的全球、全天候、连续的精确三维导航定位能力，得到了广泛的应用。

图 3–28 所示为安装了拥有反干扰能力 GPS 接收器的战斧——第四批“战斧”Block Ⅳ巡航导弹，为防止敌方干扰 GPS 信号，安装了可在飞行途中改变攻击目标的双波段卫星特高频（UHF）数据链（图 3–27）。

联合防区外空地导弹（joint air-to-surfaced stand of missile）是美国洛·马公司为美国空军和美国海军在 1994 年取消了 AGM–137“三军”防区外攻击导弹（TSSAM）计划后研制的新一代通用防区外空地导弹，采用 GPS/INS 复合制导，末制导段采用红外成像制导（图 3–28）。安装了防干扰 GPS 轨迹偏差调零控制天线系统，可有效应对窄带和宽频干扰器近距离的强干扰，以提高 GPS 抗干扰能力。

图 3–27　“战斧”Block Ⅳ巡航导弹

图 3–28　联合防区外空地导弹

联合直接攻击弹药（joint direct attack munition，JDAM）是在美国 MK–80 系列激光制导炸弹的基础上加装了 GPS 和惯性装置的精确制导炸弹（图 3–29）。JDAM 可以在不受天气和气象环境影响的情况下，根据美国空军和美国海军的发展需求，在增加卫星导航系统和惯性制导的组合导航后，全天候发射，自动寻物，对目标实施精确打击。JDAM 改装的范围较小，将卫星制导和惯性制导系统部件加在尾部，由于保持原有的外形和尺寸，改装费用较低。在惯性器件、GPS 接收机和制导控制部件的共同作用下，JDAM 投放到预定空域后向预定攻击目标飞行。

图 3–29　联合直接攻击弹药

随着全球卫星导航系统的发展，卫星导航相对于其他导航方式体现出了相当明显的优势：具有全球覆盖的特点，可为制导武器提供全球的作战信号；具有全天候的特点，不受气象和时间段的影响；造价成本低，很多老式制导武器仅装载卫星导航装置就可以实现制导功能，缩减了造价成本。但是，随着制导武器精度性能的要求日益提高，它的一些缺点和局限性也日益显现：卫星信号发射功率小，导航卫星在离地面 20 km 以上的轨道上发射信号，到达地面时信号衰减已经很微弱；抗干扰裕度不大，信号在码元和载波受干扰信号干扰时易丢失，从而影响定位和导航能力；卫星导航信号在高动态环境中会产生较大的多普勒频移和频移变化率，信号容易丢失而且定位精度低。

针对全球卫星导航系统的缺陷，一些改进优化算法如卡尔曼滤波、最小二乘法等可以实现抑制和减少干扰信号。为了弥补卫星导航的不足，通常采用组合导航的方式，取长补短，使精确制导武器能达到更好的命中精度。卫星导航/惯性导航的组合导航方式用于武器制导，能充分发挥两者各自优势，卫星导航的长期稳定性能弥补惯性导航系统的误差随时间增大的缺点，惯性导航的短期高精度可以弥补卫星接收机在受到干扰时误差增大或遮挡时丢失信号的缺点。

3.2.4 卫星导航的原理及构成

以 GPS 为例，卫星导航系统分为三大部分：一是地面控制部分，由主控站（负责整个地面控制系统的管理和协调工作）、注入站（电文信息注入主控站控制下的卫星中）、监测站（数据自动采集中心）、通信辅助系统（资料传输）组成；二是空间星座部分，分布在 6 道平面上，由 24 颗卫星组成；三是主要由 GPS 接收机和卫星天线构成的用户设备部分，如图 3－30 所示，本章中的用户设备称为弹载接收装置。

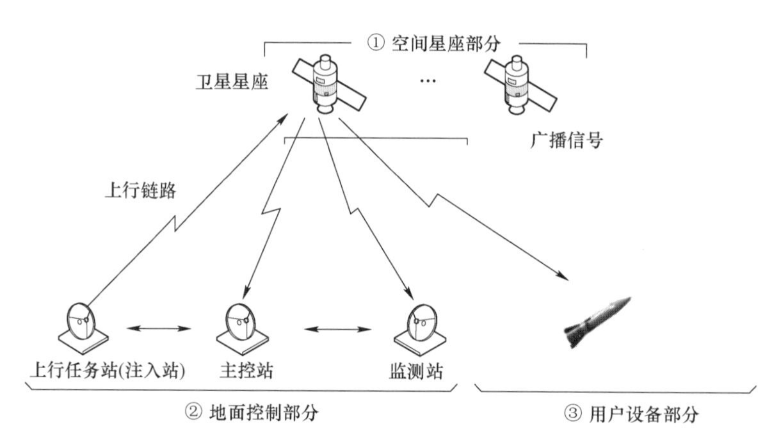

图 3－30　卫星导航系统的组成

3.2.4.1 空间星座

24 颗 GPS 工作卫星组成了 GPS 卫星空间星座部分，其中 21 颗星是可以用来导航的卫星，3 颗星是备用卫星，用于工作卫星损坏时的备用（图 3－31）。这 24 颗卫星分布在倾角为 55°、运行周期约为 11 h 58 min 的轨道上围绕地球运转，相邻轨道之间的卫星要相互交叉 30°，这样就能保证全球范围内的均匀覆盖要求。3 颗备用卫星相间布置在 3 个轨道平面中，根据指令代替发生故障的其他卫星。GPS 空间星座基本参数如表 3－3 所示。

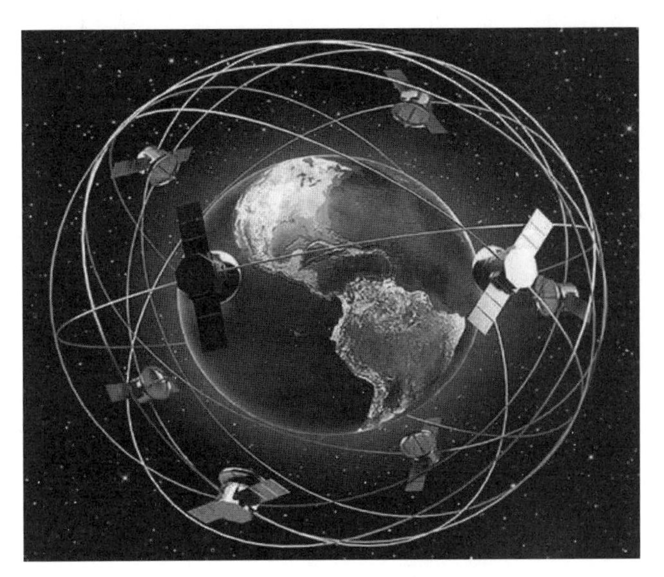

图 3－31　GPS 卫星空间星座

表 3－3　GPS 空间星座基本参数

名称	基本参数
卫星数量	21＋3 颗
轨道倾角	55°
轨道面间距	60°
轨道运行周期	11 h 58 min
轨道离地高度	20 200 km
轨道面数	6

3.2.4.2　弹载接收设备

接收机是一种既具有无线电接收设备的共性，又具有捕获、跟踪、处理微弱卫星信号的特性，能对卫星导航定位信号进行接收、跟踪、变换和测量的设备。其结构主要是分为天线单元和接收单元两个部分，天线单元负责接收来自宇宙非常微弱的卫星信号然后将其转化为电流，并且对于这种信号电流进行放大和变频处理；接收单元的主要作用是对放大和改变频率之后的信号电流进行处理然后接收。

接收天线是接收卫星发射的电磁波信号，便于接收射频前端将卫星信号转换为电流信号的第一个部件。

接收机天线主要有以下几种类型：

（1）单极天线。单极天线形状为直线形，结构简单、体积较小，需要安装在一块基板上，属于单频天线，只能接收一个频段的卫星信号（图 3－32）。

图 3－32　单极天线

（2）四螺旋形天线。四螺旋形天线是由一块底部带有金属刻板的4条金属管道缠绕而成，这种天线能够捕获低高度角卫星的天线频带宽，全圆极化性能好。但是，仅能接收单一频段，抗振性较差（图3-33）。

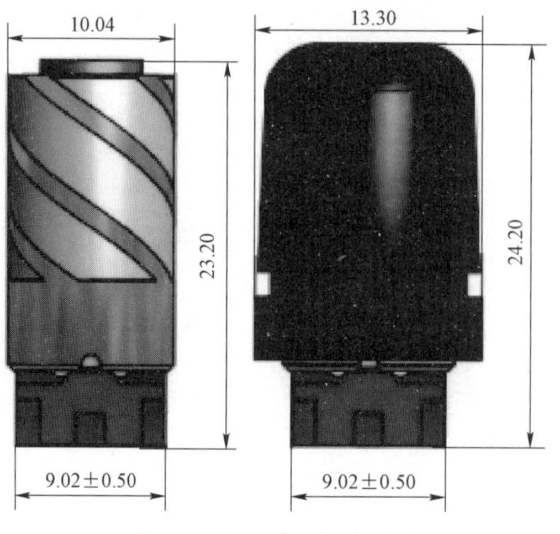

图3-33　四螺旋形天线

（3）微带天线。微带天线具有两片金属片，贴在介质板的两侧：一面是金属底板；另一面做成规则形状，如长方形或圆形。微带天线以轻便、简洁坚固的结构和易于制造为特点，单频机和双频机都可以使用，不足之处在于增益较低（图3-34）。这种天线在高速行驶的飞行器较为常见，如飞机和导弹。

（4）锥形天线。锥形天线是在介质锥体上利用印制电路技术制成的导电的圆锥螺旋面而形成的，又称盘旋螺线天线（图3-35）。这种天线以良好的增益为特征，可以在两种卫星信号频率上同时工作。但是，天线相位中心与几何中心不完全一致，是因为它的天线较高，而且在水平方向上不对称，所以在天线安置时需要补偿。

图3-34　微带天线

图3-35　锥形天线

信号接收机的接收单元主要由射频前端模块、基带处理模块、应用处理模块组成。

信号从天线首先进入射频前端，经过多次混频，得到频率较低的中频模拟信号，继而经过模数转换器转换为数字中频信号，供基带处理模块实现信号的捕获、跟踪。射频前端的原理如图3-36所示。

基带处理模块根据处理射频前端输出的数字中频信号，复制本地载波和本地伪码信号，该信号与接收到的卫星信号一致，实现捕获和追踪信号，并从中得到测量值，解调出导航电文，如伪距和载波相位。

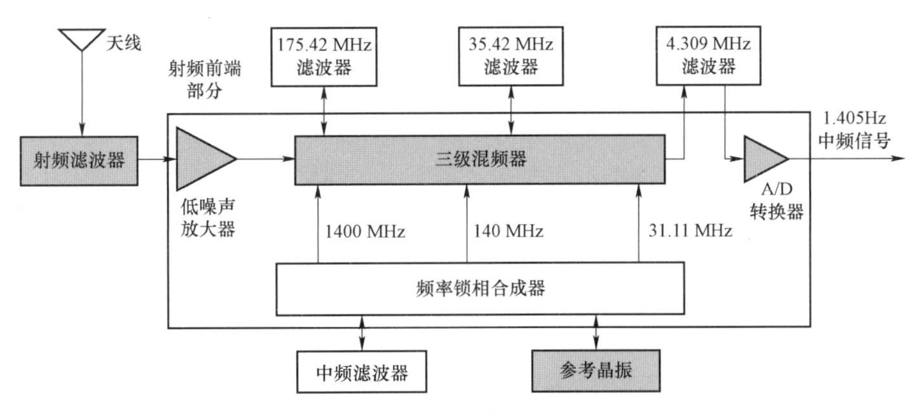

图 3－36　射频前端原理示意图

应用处理模块解码导航电文资料，利用观测值输出导航定位解算的参数。弹载接收设备整体的工作流程如图 3－37 所示。

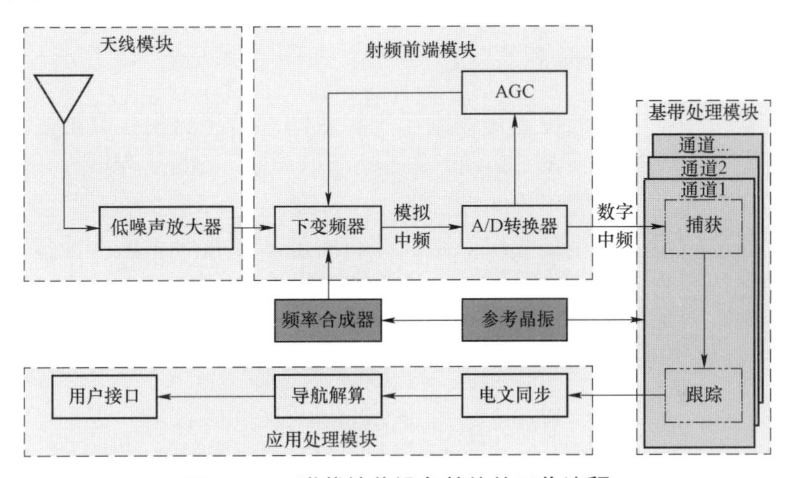

图 3－37　弹载接收设备整体的工作流程

3.2.4.3　地面控制系统

以 GPS 为例，GPS 的地面控制部分主要由分布在全球各地的 6 个地面站组成，包括位于美国科罗拉多、盖茨堡、夏威夷和南大西洋阿松森群岛、印度洋迪戈加西亚和南太平洋卡瓦加兰，包括了卫星监测站、主控站和注入站。

各地面站均在主控站控制下。作为数据自动采集中心的监测站，它的主要功能是收集、存储和传输 GPS 卫星数据以及本地环境数据到主控站。站内设有 GPS 双频接收机和高精度原子钟，并配有计算机及多个环境参数感应器。利用接收机对 GPS 卫星数据进行采集，对卫星工作状态进行监测。时间标准由原子钟提供。环境参数传感器则对当地相关气象资料进行采集。所有数据经过计算机的初步处理后都被存储起来，传输到主控站，再由主控站进行资料的进一步加工。

主控站只有一个，位于美国科罗拉多的施瑞福空军基地，是整个 GPS 的中枢，其主要作用如下：

（1）获取每颗卫星的星历、卫星钟差、大气修正等参数，根据本站和其他监测站的全部观测资料进行推算，并将这些资料传到注入站。

（2）提供全球定位系统的时间基准，将各监测站的原子钟和 GPS 卫星校准，得到的误差整理成导航电文，再送到各注入站。

（3）对偏离轨道的 GPS 卫星进行筛选，下达指令让卫星沿着预定的轨道运行。

（4）对卫星工作状态进行判断，故障卫星转换成备用卫星。

目前共有 4 个注入站，分别位于科罗拉多、阿松森群岛等地。注入站主要设备有大型天线一根、C 频段发射机一台和计算机。它的主要作用是以一定的格式向相应卫星的存储系统注入主控站计算的卫星星历、导航电文、钟差等控制指令，并监测注入信息的准确性。GPS 地面监控部分的大部分工作都可以处于监测站、注入站可以做到 24 h 无人值，并在原子钟和计算机的控制下自动完成。利用专用网络实现各站点间的数据通信，效率高，自动化程度高。

3.2.5 卫星定位的基本原理

3.2.5.1 卫星导航参考坐标系

在卫星导航系统中，卫星的位置是作为已知参数即广播星历向接收机发送的，卫星位置的参考坐标系是世界大地坐标系 WGS－84（world geodetic system）。WGS－84 坐标系统是美国国防部制图局建立的地心地固坐标系统。WGS－84 坐标系，实际上与 3.1.4.1 节定义的地球坐标系一致，通过测量卫星至接收机的距离，可解算得到接收机所在地球坐标系的位置。由于近地表面的载体通常由经纬度与海拔定义位置，下面介绍 WGS－84 坐标与经纬度、海拔之间的关系，其中二者的数学关系如下：

$$\begin{cases} x=(R_N+h)\cos L\cos\varphi \\ y=(R_N+h)\cos L\sin\varphi \\ z=[R_N(1-e^2)+h]\sin L \end{cases} \tag{3-80}$$

首先，当载体所在地不在地球极点时，由式（3－80）中的第二式除以第一式，并求反正切函数可得到经度：

$$\varphi=\arctan2\left(\frac{y}{x}\right) \tag{3-81}$$

对于纬度，不能求得其显式表示，通常采用迭代算法，推导过程如下。

在式（3－80）中对第一式和第二式进行如下操作：

$$(R_N+h)\cos L=\sqrt{x^2+y^2} \tag{3-82}$$

并根据第三式的移项整理可得

$$(R_N+h)\sin L=z+R_N e^2\sin L \tag{3-83}$$

在非地球极点处，由式（3－83）除以式（3－82）可得

$$\tan L=\frac{z+R_N e^2\sin L}{\sqrt{x^2+y^2}} \tag{3-84}$$

又由式（3－84），子午圈半径可写成

$$R_N = \frac{R_e}{\cos L\sqrt{1+(1-e^2)\tan^2 L}} \tag{3-85}$$

则式（3－84）可写为

$$\tan L = \frac{1}{\sqrt{x^2+y^2}}\left[z + \frac{R_e e^2 \tan L}{\sqrt{1+(1-e^2)\tan^2 L}}\right] \tag{3-86}$$

令 $t = \tan L$，可构造出求解纬度的正切值迭代公式：

$$t_{i+1} = \frac{1}{\sqrt{x^2+y^2}}\left[z + \frac{R_e e^2 t_i}{\sqrt{1+(1-e^2)t_i^2}}\right] \tag{3-87}$$

一般令迭代初值 $t_0=0$，经过 5～6 次可达到合适的精度，再求反正切函数可得到纬度。

根据式（3－82）求解海拔高度：

$$h = \frac{\sqrt{x^2+y^2}}{\cos L} - R_N \tag{3-88}$$

3.2.5.2　卫星导航时间系统

信号的传播时间必须精确测定，才能准确确定待观测地点到卫星的距离。如果要求距离误差在 1 cm 以下，则信号传播的时间误差应在 0.03 ns 以下，所以对卫星导航来说，严密的时间系统至关重要。

时间系统可分为恒星时（ST）、平太阳时（MT）、世界时（UT）、历书时（ET）、原子时（TA）、国际原子时（TAI）、协调世界时（UTC）。恒星时以春分点为参考点，由春分点周日视运动确定恒星日。恒星时为地方时，各地在相同时刻的恒星时也有差异。太阳时以真太阳周日视运动的平均速度为基准。19 世纪末，加拿大天文学家西蒙·纽康引入了一个假想参照点：平太阳，它在天球赤道上做匀速运动，其速度与真太阳的平均速度相等，由此定义的时间系统称为平太阳时。太阳时的基本单位是平太阳日，平太阳日包含 24 h。世界时是指以平子夜为零点的格林尼治平太阳时。地球通常以子午线为界划分 24 个时区，各时区以平太阳时的中央子午线为区内时区。因此，零时区的平太阳时就是世界时。描述应用于天体运动方程式中的时间系统或天体星历表中的时间，称为历书时。定义时间测量的基准是地球公转运动。19 世纪末，西蒙·纽康根据地球绕日公转运动编制了太阳星历表，理论上是一种时间尺度均匀、实际测定难度较大、准确度较低、不连续的历表，以此作为定义历书时的基准。原子时是根据物质内部的原子运动特点而产生的，因为地球自转，所以与世界的时间不一致。以 1958 年 1 月 1 日世界时零时的瞬间为原点，与世界时衔接。尺度：位于海平面上的铯 133 原子基态两个超精细能级在零磁场中跃迁辐射的电磁振荡 9 192 631 770 周所持续的时间，为 1 原子秒。国际原子时为国际时间局通过对比国际上 100 多台原子钟（地方原子时）推算出的全世界统一的原子时。协调世界时为以原子时秒长为基础，在时刻上尽量接近于世界时的一种时间测量基准。

GPS 时间系统以 1980 年 1 月 6 日 0 时为原点，即 UTC 原点，其尺度与原子时一致。

GLONASS 时间系统属于原子时系统，属于在莫斯科地区的协调世界时，秒长与原子时一致。这两个时间系统的关系如下：

$$\begin{cases} \mathrm{GPST} = \mathrm{TAI} - 19\mathrm{s} \\ \mathrm{GLONASST} = \mathrm{UTC} + 3\mathrm{h} \end{cases} \tag{3-89}$$

3.2.5.3 导航电文的构成

卫星导航电文是由导航卫星播发给用户的描述导航卫星运行状态参数的电文，包括导航卫星的系统时间、星历、历书、修正参数、卫星时钟、延时模型参数、测距码信息等内容。电文的参数为用户提供了时间信息，利用电文参数可以对用户的位置坐标和速度进行计算。

以 GPS 卫星为例，卫星向各接收设备发送的导航电文是一种不归零二进制码所组成的编码脉冲，称为数据码或 D 码，其码率 $f_{\mathrm{d}} = 50\ \mathrm{Hz}$。D 码包含卫星星历信息、卫星钟差信息、测距时间标记信息、大气折射修正参数。GPS 采用两种测距码，即 P 码和 C/A 码：C/A 码是粗捕获码，P 码是精密测距码，难于捕获但易于保密且精度高；易于捕获但测距精度较低，一般提供给民用。

二级调制方法应用于将数据码发送给用户的过程。

第一级调制：将数据码调制在两个伪随机码上即测距码，形成组合码。组合频率分别为精码 10.23 MHz，粗码 1.023 MHz。组合码的作用是将数据码的频率拓展，使信号深埋在噪声中，节省电能并增强信号干扰能力。

第二级调制：将一级调制组合码调制在两个 L 波段的载波上，形成两个调制波。调制后的信号可表示为

$$\begin{cases} S_{\mathrm{L}_1}^i(t) = A_{\mathrm{p}} P_i(t) D_i(t) \cos(\omega_{\mathrm{L}_1} t + \varphi_1) + A_{\mathrm{c}} C_i(t) D_i(t) \sin(\omega_{\mathrm{L}_1} t + \varphi_1) \\ S_{\mathrm{L}_2}^i(t) = B_{\mathrm{p}} P_i(t) D_i(t) \cos(\omega_{\mathrm{L}_2} t + \varphi_2) \end{cases} \tag{3-90}$$

式中：A_{p}、B_{p}、A_{c} 分别为 P 码和 C/A 码的振幅；$P_i(t)$、$C_i(t)$ 分别为精码和粗码信号；ω_{L_1}、ω_{L_2} 为载波 L 的两个角频率；φ_1、φ_2 为信号的初相。

3.2.5.4 卫星导航动态的绝对定位

根据卫星对接收机发送的导航电文，可计算在卫星与接收机之间的距离，也称伪距，进而根据卫星自身位置求得接收机的速度位置信息。各自的时钟环境下，同时产生相同的测距码。由于卫星时钟存在误差，使得测距码存在时间偏差。

假设卫星时钟快于真实时钟 δt^p，接收机时钟同理，提前 δt_k。由于卫星信号向接收机发送的过程中消耗时间，接收机将接收到的卫星测距码与自身产生的测距码对比，可获取码元差 M_k^p，如图 3-38 所示。根据码元宽度可转化为时间差即信号传时间，测量传输时间与真实传输时间如下：

$$\tau_k^p = t_k^p + \delta t_k - \delta t^p \tag{3-91}$$

将式（3-91）两侧同时乘光速 c，可得计算伪距：

$$\tilde{\rho}_k^p = \rho_k^p + c\delta t_k - c\delta t^p \tag{3-92}$$

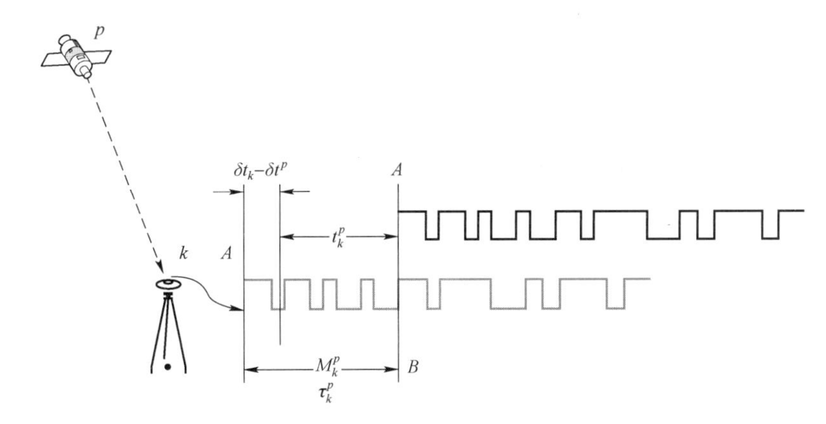

图 3－38　码元差计算方法

在信号传输的过程中，需要穿过电离层和对流层，此时光速已不再是标准真空光速，可将计算伪距拆分为真实伪距、电离层误差 δI_k^p、对流层误差 δT_k^p 和时钟误差：

$$\tilde{\rho}_k^p = \rho_k^p + \delta I_k^p + \delta T_k^p + c\delta t_k - c\delta t^p \tag{3-93}$$

卫星自身可以进行钟差、信号传输速度修正，经误差修正后，伪距输出为

$$\tilde{\rho}_k^p = \rho_k^p + c\delta t_k \tag{3-94}$$

确定运动载体瞬间绝对位置的定位方法，称为动态绝对定位。目前，动态定位所依据的观测量都是所测卫星至观测站之间的伪距。

接收机与卫星的真实距离为

$$\rho_k^p = \left|\boldsymbol{X}^p - \boldsymbol{x}_k\right| = \sqrt{(X^p - x_k)^2 + (Y^p - y_k)^2 + (Z^p - z_k)^2} \tag{3-95}$$

式中：$\boldsymbol{X}^p$、$\boldsymbol{x}_k$ 分别代表卫星和载体的绝对位置，则测量伪距与真实距离的关系为

$$\tilde{\rho}_k^p = \left|\boldsymbol{X}^p - \boldsymbol{x}_k\right| + c\delta t_k \tag{3-96}$$

由于在实际计算的过程中，不仅有三维位置参数，还有时间变量参数，受到每 10^{-6} s 的时间影响下的位置误差超过 300 m，而人们使用的 GPS 接收机的时钟是靠精度远低于原子时钟的石英晶体振荡器实现的，时钟差不可忽略，需要第 4 颗卫星进行定位。因此，接收机三维位置与接收机钟差为未知量，需要至少 4 颗卫星来解算接收机绝对位置，解算过程如下。

定义定位改正数为

$$\mathrm{d}\boldsymbol{Z} = [\delta X_k \quad \delta Y_k \quad \delta Z_k \quad \delta t_k(t)]^{\mathrm{T}} \tag{3-97}$$

在给定初始位置 $\hat{\boldsymbol{x}}_k = [\hat{x}_k, \hat{y}_k, \hat{z}_k]^{\mathrm{T}}$ 的条件下，对定位改正数在初始位置处进行线性化，并忽略二次以上高次项，可得

$$\begin{pmatrix} \tilde{\rho}_k^1(t) \\ \tilde{\rho}_k^2(t) \\ \tilde{\rho}_k^3(t) \\ \tilde{\rho}_k^4(t) \end{pmatrix} = \begin{pmatrix} \rho_{k0}^1(t) \\ \rho_{k0}^2(t) \\ \rho_{k0}^3(t) \\ \rho_{k0}^4(t) \end{pmatrix} - \begin{pmatrix} l_k^1(t) & m_k^1(t) & n_k^1(t) & -c \\ l_k^2(t) & m_k^2(t) & n_k^2(t) & -c \\ l_k^3(t) & m_k^3(t) & n_k^3(t) & -c \\ l_k^4(t) & m_k^4(t) & n_k^4(t) & -c \end{pmatrix} \begin{pmatrix} \delta X_k \\ \delta Y_k \\ \delta Z_k \\ \delta t_k(t) \end{pmatrix} \tag{3-98}$$

式中：$\tilde{\rho}_k^1(t)$、$\rho_{k0}^i(t)$ 分别代表当前实际测量伪距、载体初始位置与卫星的距离，并有如下关系：

$$\begin{cases} l_k^i(t) = -\dfrac{1}{\rho_{k0}^i(t)}(X^i - \hat{x}_k) \\ m_k^i(t) = -\dfrac{1}{\rho_{k0}^i(t)}(Y^i - \hat{y}_k) \\ n_k^i(t) = -\dfrac{1}{\rho_{k0}^i(t)}(Z^i - \hat{z}_k) \end{cases} \tag{3-99}$$

将上述四元一次方程组（3－98）改写为

$$a_k(t)\mathrm{d}Z + f_k(t) = 0 \tag{3-100}$$

$$a_k(t) = \begin{pmatrix} l_k^1(t) & m_k^1(t) & n_k^1(t) & -c \\ l_k^2(t) & m_k^2(t) & n_k^2(t) & -c \\ l_k^3(t) & m_k^3(t) & n_k^3(t) & -c \\ l_k^4(t) & m_k^4(t) & n_k^4(t) & -c \end{pmatrix} \tag{3-101}$$

$$f_k(t) = \left[\tilde{\rho}_k^1(t) - \rho_{k0}^1(t) \quad \tilde{\rho}_k^2(t) - \rho_{k0}^2(t) \quad \tilde{\rho}_k^3(t) - \rho_{k0}^3(t) \quad \tilde{\rho}_k^4(t) - \rho_{k0}^4(t)\right]^{\mathrm{T}}$$

当同时观测 $n\,(n \geqslant 4)$ 颗卫星时，根据最小二乘法，可得观测误差结果：

$$\begin{cases} \mathrm{d}\boldsymbol{Z} = -a_k(t)^{-1} f_k(t), \; n = 4 \\ \mathrm{d}\boldsymbol{Z} = -(a_k(t)^{\mathrm{T}} a_k(t))^{-1} a_k(t)^{\mathrm{T}} f_k(t), \; n > 4 \end{cases} \tag{3-102}$$

最终定位结果为

$$\boldsymbol{x}_k = \hat{\boldsymbol{x}}_k + \mathrm{d}\boldsymbol{Z} \tag{3-103}$$

在动态定位中，平差前需获得待定点的初始坐标，一般可将前一时刻的载体坐标作为当前时刻点位的初始坐标，所以确定第一坐标的精确数值才是关键。由于难以更精确地求得该点的坐标初始值，需要通过一定的算法，对第一点精确的三维坐标进行多次迭代求得，并为后续的解算提供初始坐标值，这种对初始位置坐标值进行迭代计算的过程又称为动态定位初始化过程。

除了定位能力外，卫星导航还具有速度测量功能，测速的理论基础为多普勒频移。当振动源与观测者具有一定相对速度时，观测者收到的振动频率 f_r 与振动源发出的频率 f 有所不同。多普勒频移可表示为

$$f_{\mathrm{d}} = f_r - f \tag{3-104}$$

用相对速度表示多普勒频移：

$$f_{\mathrm{d}} = -\frac{(\boldsymbol{v}_k - \boldsymbol{v}^p)\boldsymbol{\cdot}\boldsymbol{l}}{\lambda} = \frac{-\dot{\rho}}{\lambda} \tag{3-105}$$

式中：$\boldsymbol{v}_k$、$\boldsymbol{v}^p$ 分别为接收机和卫星的速度；$\boldsymbol{l}$ 为卫星与接收机连线的单位矢量；λ 为信号波长。

由式（3－105）可知在接收机定位后，根据卫星信号波长可求解接收机速度相对于卫星的速度即伪距率。

与定位原理类似，伪距率表达方式如下：

$$\dot{\tilde{\rho}}_k^p = \dot{\rho}_k^p + c\delta \dot{t}_k \tag{3-106}$$

将式（3－106）线性化可得

$$\dot{\rho}_k^p=(l_k^i \quad m_k^i \quad n_k^i)\left\{\begin{bmatrix}\dot{X}^p\\\dot{Y}^p\\\dot{Z}^p\end{bmatrix}-\begin{bmatrix}\dot{x}_k\\\dot{y}_k\\\dot{z}_k\end{bmatrix}\right\}+c\delta\dot{t}_k \tag{3-107}$$

在观测到 4 颗及以上卫星且卫星速度 $\boldsymbol{V}^p=[\dot{X}^p \quad \dot{Y}^p \quad \dot{Z}^p]^{\mathrm{T}}$ 已知的条件下，可根据式（3－107）求解载体速度。

3.2.6　卫星导航的定位误差

3.2.6.1　卫星定位精度的表示

卫星导航系统中，最重要的指标是定位精度，定位精度是指一个参量的估算值或者测量值与该量的真值间的统计差距（图 3－39）。对于 GPS 性能标准和空间信号而言，这些参量是指伪距、伪距变化率和伪距加速度。统计误差可以用 95%条件下的误差，或者用均方根误差表示。

精度几何因子 GDOP 代表了由于 GPS 测距误差造成的接收机和空间卫星之间的距离矢量放大因子，是衡量定位精度的重要系数。根据式（3－100），GDOP 可由误差方程得到，即

$$\begin{cases}\boldsymbol{Q}=(a_k^{\mathrm{T}} \quad a_k)^{-1}\\ \mathrm{GDOP}=\sqrt{q_x+q_y+q_z+q_t}\end{cases} \tag{3-108}$$

式中：q_x、q_y、q_z、q_t 分别为矩阵 $\boldsymbol{Q}$ 的对角线元素。

GDOP 数值越大，即接收机至每个空间卫星的角度十分相似，这会导致定位精度变差。好的精度几何因子实际上是指卫星在空间分布不集中于一个区域，同时能在不同方位区域均匀分布。

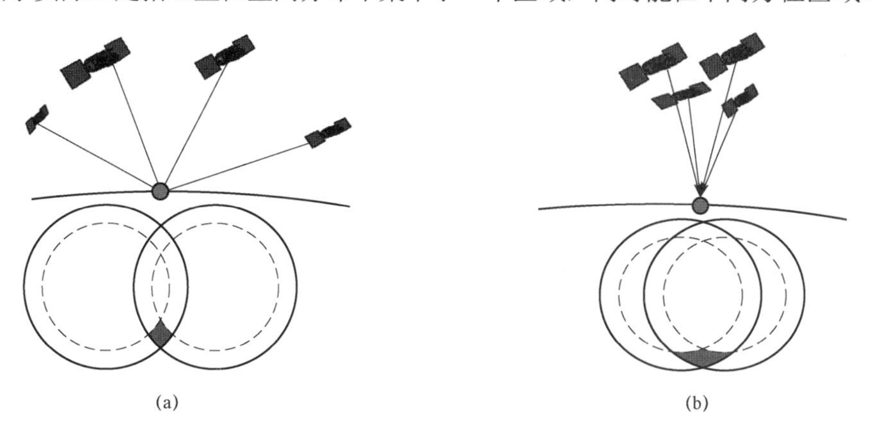

图 3－39　定位精度判断

（a）定位精度高；（b）定位精度低

3.2.6.2　卫星定位误差的来源及解决

卫星定位误差可以分为系统误差与偶然误差。系统误差又分为与卫星有关的误差、与信号传播有关的误差、与用户有关的误差；偶然误差又分为系统误差改正后的残差及观测和数

据处理中的偶然误差。

卫星本身具有时钟误差及星历误差。卫星时钟误差是指卫星时钟与标准时间之间的差值。虽然 GPS 卫星使用了高精度的原子钟来确保时钟的精确性，具有相对长期的稳定性，但由于原子钟仍然存在频率偏移和老化的问题，导致这些偏移总量可达 1 ms 的钟差会产生 300 km 的等效距离误差。因此，通过卫星钟差模型可以修正这个误差，使等效距离偏差在 6 m 以下。

卫星在空间运行时，其轨道会受到各种因素的影响，如地球质量不均匀引起的作用力、潮汐影响、大气阻力、太阳光压等，这些因素会造成卫星轨道复杂且不规则。所以，通过星历计算出的卫星位置与卫星实际位置总会有偏差，我们把这个误差称为卫星星历误差。目前，星历误差已降低到分米级，精密星历精度可达 5 cm。

由于相对论的影响，卫星上的时钟相对于地面速度更快，假设卫星时钟要求频率为 10.23 MHz，将实际卫星时钟频率降至 10.229 999 545 MHz，卫星时钟受到相对论影响后的频率就会变回 10.23 MHz。

导航卫星的导航信号要从距离地球几万千米的轨道上传输到地面，而在这个路径上首先有大气层，大气层不同的地方密度不同。卫星信号通过电离层时，信号的路径会发生弯曲，传播速度也会发生变化，此项误差称为电离层折射误差。一般有双频观测和模型改正两种解决对策。双频观测即利用两个频率的相位观测值求出免受电离层折射影响的相位观测值，适合与双频接收机组合使用。模型改正即采用导航电文中提供的电离层折射改正模型加以改正，可消除 75%左右的误差。

卫星信号通过对流层时，由于对流层密度比电离层大，对 GPS 信号产生的折射影响更为严重，此项误差称为对流层折射误差，通常避免观测高度角低于 15° 的卫星可以减弱对流层折射的影响。

在信号到达陆地后，测站周围的反射信号和直接信号混合后产生干涉造成的误差称为多路径效应误差，该误差对载波相位测量的影响可达厘米级，严重时还会使卫星信号失锁，可采用抗多路径的天线和接收机来抑制多路径误差。

除此之外，接收机的石英钟之所以会出现误差，是因为接收机的石英钟的各种性能与卫星上的原子钟相差甚远。理论上，天线相位中心应与其几何中心保持一致，但实际天线相位中心会随着信号输入的强度和方向不同而发生变化，从而偏离几何中心。使用低延迟器件、低噪声器件、射频干扰抑制技术可以解决接收机的热噪声、延时误差等。

3.3 地磁导航

3.3.1 地磁导航概述

地磁场作为天然物理坐标系，和重力场具有类似的属性，都是属于地球的基本物理场。在经度、纬度以及高度各异的情况下，地磁场所指示的磁场大小和方向也不同。另外，磁场的特征信息非常多，有磁场强度、三轴分量等 7 个变量，为导航匹配提供了丰富的信息。地磁导航具有无源、无辐射、全天时、全天候、全地域、能耗低的优良特征，其原理是通过地磁传感器测得的实时地磁数据与存储在计算机中的地磁基准图进行匹配来定位。由于地磁场为矢量场，在地球近地空间内任意一点的地磁矢量都不同于其他地点的矢量，而且与该地点的经纬度存在一一对应的关系。因此，理论上只要确定该点的地磁场矢量即可实现全球定位。

地磁场是基于空间位置的一种函数、矢量场。从原理上来说，磁场矢量与近地空间中每一点具有唯一对应性，所以为地磁导航提供了充分的理论依据。与其他辅助导航方式相比，地磁导航方式的优势在于：无论在任何季节、气候、地理位置，都不会影响地磁场，可以在全天候、全域的条件下导航；地磁导航属于无源导航，不会把任何信息暴露到外界，所以载体隐蔽性很好；与惯性导航相反，其误差不会随着时间而累积。

3.3.2 地磁传感器

地磁传感器（又称磁力计）是地磁导航中的核心部件，利用被测物体在地磁场中运动状态的不同，对其所在磁场分布变化进行指示的一类测量装置，进而得到被测物体的姿态、位置等信息（图 3－40）。

图 3－40 地磁传感器

3.3.2.1 地磁传感器的基本原理

地磁传感器一般利用以下几种物理现象制作。

（1）磁阻效应：某些金属或半导体的电阻值随外加磁场变化而变化的现象。

（2）霍尔效应：半导体在垂直电流方向的磁场作用下，在与电流和磁场垂直的方向上形成电势差。

（3）电磁感应：线圈切割地磁场的磁力线将在线圈两端产生感应电动势。

（4）磁阻（AMR，Anisotropy of Magnetoresistance）材料：作为一种磁阻材料，AMR 可以观察电阻独立于电流方向和磁场方向之间的角度。

（5）巨磁电阻（GMR，Giant Magnetoresistance）材料：GMR 磁性材料的电阻率在有外磁场作用时存在巨大变化。

3.3.2.2 地磁传感器的误差分类

与惯性传感器类似，地磁传感器的理论输出与实际输出存在一定偏差。其误差来源为传感器结构、材料和电路引起的误差，如非正交误差、标度因数误差和零偏误差等；或受外部干扰磁场的叠加影响产生的误差，分为硬磁干扰和软磁干扰。

其中，硬磁干扰包含零点漂移、椭球现象、外部电路干扰。传感器内部电路本身产生的近似恒定磁场干扰，使拟合的椭球球心偏离坐标原点的现象称为零点漂移；椭球现象指传感器因本身制作工艺导致三轴的敏感度不同，进而导致测量半径不同；外部电路干扰指外部固定位置的大小不变的硬磁干扰。软磁干扰来源于温度和外部电路的特性：一方面传感器电路的温度变化会导致灵敏度与电路产生的磁场变化；另一方面外部电路走线产生的电流变化也会引起磁场干扰。

3.3.3 地磁测姿原理

地磁导航技术具有重大研究意义，其研究成果可以很好地应用于各种制导武器领域。通过地磁导航可以测量飞行中导弹的旋转角速率；卫星、地磁组合导航可以解算姿态角；地磁、陀螺信息融合可以解算姿态角。在旋转体制下的战术导弹中，针对滚转角难以获取的问题，地磁测姿成为主流方式，地磁测姿具有硬件体积小、抗高过载、响应快、误差不随时间累积的优势。

地磁场与当地导航坐标系之间的关系如图 3－41 所示。

图中：$\boldsymbol{M}$ 为当地磁场强度矢量；I 为磁倾角，代表磁场强度与水平面之间的夹角，向下偏为正；D 作为磁偏角，代表磁场强度在水平面的投影与北向的夹角，北偏东为正。

定义发射坐标系 $Oxyz$，x 轴指向导弹发射方位，y 轴与导航坐标系天向重合，发射坐标系与地磁场之间的关系如图 3－42 所示。

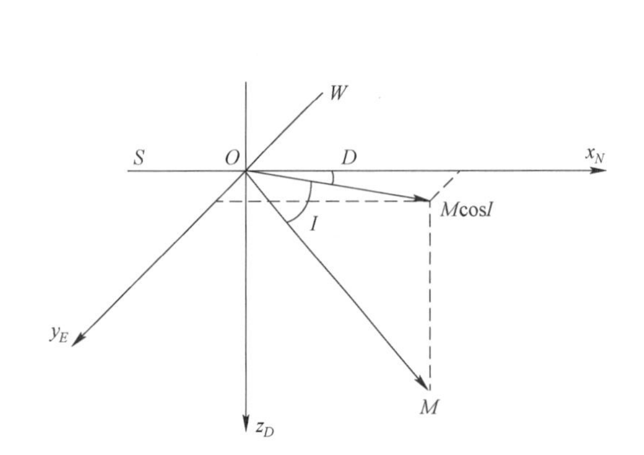

图 3－41　地磁场与当地导航坐标系之间的关系

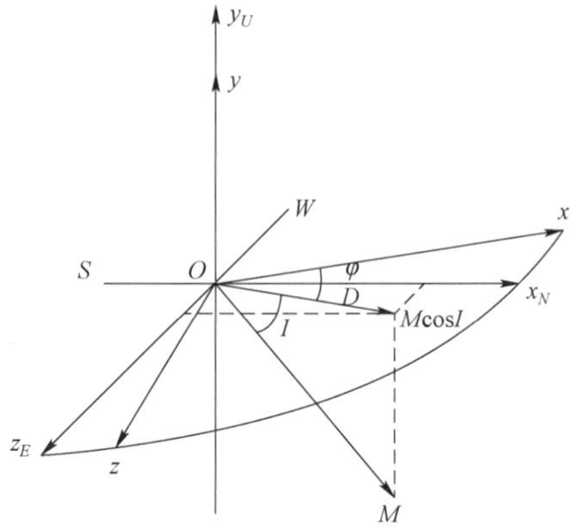

图 3－42　发射坐标系与地磁场之间的关系

图中：φ 代表发射方向，北偏西为正。地磁总量 $\boldsymbol{M}$ 在发射坐标系的投影分量如下：

$$\begin{bmatrix} M_x \\ M_y \\ M_z \end{bmatrix} = \begin{bmatrix} M\cos I\cos(D+\varphi) \\ -M\sin I \\ M\cos I\sin(D+\varphi) \end{bmatrix} \tag{3-109}$$

地磁场总量 $\boldsymbol{M}$ 在弹体坐标系下的投影分量如下：

$$\begin{bmatrix} M_{x1} \\ M_{y1} \\ M_{z1} \end{bmatrix} = L(\gamma)L(\vartheta)L(\psi)\begin{bmatrix} M_x \\ M_y \\ M_z \end{bmatrix} \tag{3-110}$$

式中：$L(\gamma)$、$L(\vartheta)$、$L(\psi)$ 分别为发射坐标系到弹体坐标系的方向余弦矩阵。

结合式（3－109）与式（3－110）并展开可得

$$\begin{bmatrix} M_{x_1} \\ \sqrt{{M_{y_1}}^2+{M_{z_1}}^2}\cos\left[\gamma+\arctan\left(\dfrac{M_{z_1}}{M_{y_1}}\right)\right] \\ \sqrt{{M_{y_1}}^2+{M_{z_1}}^2}\sin\left[\gamma+\arctan\left(\dfrac{M_{z_1}}{M_{y_1}}\right)\right] \end{bmatrix} = M\begin{bmatrix} \cos I\cos\vartheta\cos\varphi_m-\sin I\sin\vartheta \\ -\cos I\sin\vartheta\cos\varphi_m-\sin I\cos\vartheta \\ \cos I\sin\varphi_m \end{bmatrix} \tag{3-111}$$

由于式（3–111）为超越方程，三个姿态角至少需要有一个作为已知量，进而求解另两个量。假设偏航角已知，求解式（3–111）可得

$$\begin{cases} \vartheta = \arcsin\left(\dfrac{\cos\varphi_m}{\lambda}\right) - \arcsin\left(\dfrac{M_{x_1}}{\lambda M \cos I}\right) \\ \gamma = -\arctan\left(\dfrac{M_{z_1}}{M_{y_1}}\right) - \arctan\left(\dfrac{\sin\varphi_m}{\cos\vartheta \tan I + \sin\vartheta \cos\varphi_m}\right) \end{cases} \tag{3–112}$$

地磁方法测量滚转角的精度主要受到以下两方面影响：在某些姿态下，弹体横截面上磁场强度分量过小，地磁传感器较难准确测量磁场；在某些射向和俯仰角的情况下，俯仰角误差对滚转角解算精度会有不同程度的影响。

3.3.4　地磁导航的发展方向

虽然相对于其他导航方式，地磁导航在军事应用上具有不可比拟的优势，但地磁导航面临着以下问题，并从以下几个方面阐述地磁导航的未来：

（1）地磁导航需要创建地磁图，需要耗费大量的人力、物力、财力才能建立起地磁导航的参考坐标系，这是短期内很难做到的。

（2）易受载体本身磁场影响，尤其不利于水下测量的开展。

（3）地磁导航的测量值与 GPS 的参考坐标系相比，没有唯一对应性，需要进行匹配过程。

（4）地磁图的成图和处理技术有待更新，通常用于矿产勘查的地磁图是通过正常场校正的异常图，校正需要载体位置坐标，这对于坐标未知的载体来说是难以实现的，如果采用未校正的地磁图，受地球偶极子场的影响，异常的局部特征不明显，很难进行特征匹配。因此，地磁图校正技术的研究是未来地磁导航的一个主流方向。

（5）地磁场幅度随高度衰减，当载体达到一定高度时，地磁场异常衰减殆尽，无法进行匹配定位。

（6）地磁场虽然时变性不强，但若两个位置高度相差过大，会影响匹配效果。在现实中，参考地磁图的测量高度与载体所在高度不可能完全在同一高度，这就需要更先进、智能的地磁图辨别算法。

3.4　卡尔曼滤波

单一的导航系统可能不能满足导航精度或可靠性的要求，这就需要同时使用多种导航系统来测量导航信息，在综合处理所有测量值后，才能得出更精确的导航结果。其中，卫星导航与惯性导航两种性能互补性非常强，惯性、卫星组合导航被认为是组合导航方案中最好的一种组合方式，而卡尔曼滤波器则是组合导航的算法基础。

3.4.1　卡尔曼滤波概述

卡尔曼滤波（Kalman filtering）是利用线性系统状态方程及外部量测对线性系统状态进行最优估计的算法，即通过一系列包含“杂质”的观测信息估计同样包含“杂质”的系统状态。卡尔曼滤波器的特点是：它的处理对象为随机信号；估计过程中所需的先验信息为系统

噪声和量测噪声统计特性；它所使用的信息是时域内的量。

3.4.2 卡尔曼滤波的基本方程

3.4.2.1 随机系统状态空间

卡尔曼滤波的基本目标为根据量测信息估计动态系统的状态量，其实现的前提为给定系统的状态空间模型如下：

$$\begin{cases}\boldsymbol{X}_k=\boldsymbol{\Phi}_{k/k-1}\boldsymbol{X}_{k-1}+\boldsymbol{\Gamma}_{k/k-1}\boldsymbol{W}_{k-1}\\ \boldsymbol{Z}_k=\boldsymbol{H}_k\boldsymbol{X}_k+\boldsymbol{V}_k\end{cases} \tag{3-113}$$

式中：$\boldsymbol{X}_k$ 为 n 维的状态矢量作为待估计量；$\boldsymbol{Z}_k$ 为 m 维的量测矢量；$\boldsymbol{\Phi}_{k/k-1}$、$\boldsymbol{\Gamma}_{k/k-1}$、$\boldsymbol{H}_k$ 为已知的系统结构参数，分别称为系统的状态一步转移矩阵、系统噪声分配矩阵、量测矩阵；$\boldsymbol{W}_{k-1}$ 为系统噪声矢量；$\boldsymbol{V}_k$ 是量测噪声矢量，两者都是零均值的高斯白噪声矢量序列，它们之间互不相关，并满足

$$\begin{cases}E[\boldsymbol{W}_k]=\boldsymbol{0}, & E[\boldsymbol{W}_k\boldsymbol{W}_j^{\mathrm{T}}]=\boldsymbol{Q}_k\delta_{kj}\\ E[\boldsymbol{V}_k]=\boldsymbol{0}, & E[\boldsymbol{V}_k\boldsymbol{V}_j^{\mathrm{T}}]=\boldsymbol{R}_k\delta_{kj}\\ E[\boldsymbol{W}_k\boldsymbol{V}_j^{\mathrm{T}}]=\boldsymbol{0}\end{cases} \tag{3-114}$$

在卡尔曼滤波中，要求 $\boldsymbol{Q}_k$ 是非负定的且 $\boldsymbol{R}_k$ 是正定的，即 $\boldsymbol{Q}_k\geqslant 0$ 且 $\boldsymbol{R}_k>0$。

3.4.2.2 滤波方程的推导

设定前一时刻 $k-1$ 的状态最优估计为 $\hat{\boldsymbol{X}}_{k-1}$，状态估计误差为 $\tilde{\boldsymbol{X}}_{k-1}$，状态估计的均方误差阵为 $\boldsymbol{P}_{k-1}$，可表示如下：

$$\begin{cases}\tilde{\boldsymbol{X}}_{k-1}=\boldsymbol{X}_{k-1}-\hat{\boldsymbol{X}}_{k-1}\\ \boldsymbol{P}_{k-1}=E[\tilde{\boldsymbol{X}}_{k-1}\tilde{\boldsymbol{X}}_{k-1}^{\mathrm{T}}]\end{cases} \tag{3-115}$$

根据前一时刻的状态估计量和估计误差，通过状态方程预测当前时刻的状态量 $\hat{\boldsymbol{X}}_{k/k-1}$。由于预测过程无法预知系统噪声大小，在本质上预测状态由前一时刻状态通过状态转移矩阵递推，可得

$$\hat{\boldsymbol{X}}_{k/k-1}=E[\boldsymbol{\Phi}_{k/k-1}\hat{\boldsymbol{X}}_{k-1}+\boldsymbol{\Gamma}_{k-1}\boldsymbol{W}_{k-1}]=\boldsymbol{\Phi}_{k/k-1}\hat{\boldsymbol{X}}_{k-1} \tag{3-116}$$

记状态一步预测误差为

$$\tilde{\boldsymbol{X}}_{k/k-1}=\boldsymbol{X}_k-\hat{\boldsymbol{X}}_{k/k-1} \tag{3-117}$$

将式（3-117）代入（3-116）可得

$$\begin{aligned}\tilde{\boldsymbol{X}}_{k/k-1}&=(\boldsymbol{\Phi}_{k/k-1}\boldsymbol{X}_{k-1}+\boldsymbol{\Gamma}_{k-1}\boldsymbol{W}_{k-1})-\boldsymbol{\Phi}_{k/k-1}\hat{\boldsymbol{X}}_{k-1}\\ &=\boldsymbol{\Phi}_{k/k-1}(\boldsymbol{X}_{k-1}-\hat{\boldsymbol{X}}_{k-1})+\boldsymbol{\Gamma}_{k-1}\boldsymbol{W}_{k-1}=\boldsymbol{\Phi}_{k/k-1}\tilde{\boldsymbol{X}}_{k-1}+\boldsymbol{\Gamma}_{k-1}\boldsymbol{W}_{k-1}\end{aligned} \tag{3-118}$$

由于系统状态和系统噪声不相关，即 $E[\tilde{\boldsymbol{X}}_{k-1}\boldsymbol{W}_{k-1}^{\mathrm{T}}]=\boldsymbol{0}$，可得状态一步预测均方误差阵 $\boldsymbol{P}_{k/k-1}$：

$$
\begin{aligned}
\boldsymbol{P}_{k/k-1} &= E[\tilde{\boldsymbol{X}}_{k/k-1}\tilde{\boldsymbol{X}}_{k/k-1}^{\mathrm{T}}] \\
&= E[(\boldsymbol{\Phi}_{k/k-1}\tilde{\boldsymbol{X}}_{k-1}+\boldsymbol{\Gamma}_{k-1}\boldsymbol{W}_{k-1})(\boldsymbol{\Phi}_{k/k-1}\tilde{\boldsymbol{X}}_{k-1}+\boldsymbol{\Gamma}_{k-1}\boldsymbol{W}_{k-1})^{\mathrm{T}}] \\
&= \boldsymbol{\Phi}_{k/k-1}E[\tilde{\boldsymbol{X}}_{k-1}\tilde{\boldsymbol{X}}_{k-1}^{\mathrm{T}}]\boldsymbol{\Phi}_{k/k-1}^{\mathrm{T}}+\boldsymbol{\Gamma}_{k-1}E[\boldsymbol{W}_{k-1}\boldsymbol{W}_{k-1}^{\mathrm{T}}]\boldsymbol{\Gamma}_{k-1}^{\mathrm{T}} \\
&= \boldsymbol{\Phi}_{k/k-1}\boldsymbol{P}_{k-1}\boldsymbol{\Phi}_{k/k-1}^{\mathrm{T}}+\boldsymbol{\Gamma}_{k-1}\boldsymbol{Q}_{k-1}\boldsymbol{\Gamma}_{k-1}^{\mathrm{T}}
\end{aligned} \tag{3-119}
$$

根据量测方程与预测得到的状态量，可得到预测的量测值：

$$
\hat{\boldsymbol{Z}}_{k/k-1} = E[\boldsymbol{H}_k\hat{\boldsymbol{X}}_{k/k-1}+\boldsymbol{V}_k] = \boldsymbol{H}_k\hat{\boldsymbol{X}}_{k/k-1} \tag{3-120}
$$

但是由于量测噪声的存在，真实量测值与预测量测值之间存在误差，可建模如下：

$$
\tilde{\boldsymbol{Z}}_{k/k-1} = \boldsymbol{Z}_k - \hat{\boldsymbol{Z}}_{k/k-1} \tag{3-121}
$$

将式（3－113）中的量测方程和式（3－120）代入式（3－121），可得

$$
\begin{aligned}
\tilde{\boldsymbol{Z}}_{k/k-1} &= (\boldsymbol{H}_k\boldsymbol{X}_k+\boldsymbol{V}_k)-\boldsymbol{H}_k\hat{\boldsymbol{X}}_{k/k-1} \\
&= \boldsymbol{H}_k\tilde{\boldsymbol{X}}_{k/k-1}+\boldsymbol{V}_k
\end{aligned} \tag{3-122}
$$

设量测预测均方误差阵 $\boldsymbol{P}_{ZZ,k/k-1}$、状态预测与量测预测之间的均方误差阵 $\boldsymbol{P}_{XZ,k/k-1}$，则有

$$
\begin{aligned}
\boldsymbol{P}_{ZZ,k/k-1} &= E[\tilde{\boldsymbol{Z}}_{k/k-1}\tilde{\boldsymbol{Z}}_{k/k-1}^{\mathrm{T}}] \\
&= E[(\boldsymbol{H}_k\tilde{\boldsymbol{X}}_{k/k-1}+\boldsymbol{V}_k)(\boldsymbol{H}_k\tilde{\boldsymbol{X}}_{k/k-1}+\boldsymbol{V}_k)^{\mathrm{T}}] \\
&= \boldsymbol{H}_kE[\tilde{\boldsymbol{X}}_{k/k-1}\tilde{\boldsymbol{X}}_{k/k-1}^{\mathrm{T}}]\boldsymbol{H}_k^{\mathrm{T}}+E[\boldsymbol{V}_k\boldsymbol{V}_k^{\mathrm{T}}] \\
&= \boldsymbol{H}_k\boldsymbol{P}_{k/k-1}\boldsymbol{H}_k^{\mathrm{T}}+\boldsymbol{R}_k
\end{aligned} \tag{3-123}
$$

$$
\begin{aligned}
\boldsymbol{P}_{XZ,k/k-1} &= E[\tilde{\boldsymbol{X}}_{k/k-1}\tilde{\boldsymbol{Z}}_{k/k-1}^{\mathrm{T}}] \\
&= E[\tilde{\boldsymbol{X}}_{k/k-1}(\boldsymbol{H}_k\tilde{\boldsymbol{X}}_{k/k-1}+\boldsymbol{V}_k)^{\mathrm{T}}] \\
&= \boldsymbol{P}_{k/k-1}\boldsymbol{H}_k^{\mathrm{T}}
\end{aligned} \tag{3-124}
$$

卡尔曼滤波的思想在于通过外部引入的量测信息，修正预测的状态量，从而在使用系统量测方程计算的量测预测误差 $\tilde{\boldsymbol{Z}}_{k/k-1}$ 中也包含状态一步预测 $\hat{\boldsymbol{X}}_{k/k-1}$ 的信息。卡尔曼滤波的修正过程则是利用 $\tilde{\boldsymbol{Z}}_{k/k-1}$ 修正 $\hat{\boldsymbol{X}}_{k/k-1}$ 之后，再作为 $\boldsymbol{X}_k$ 的估计，进而进入下一步的递推过程，令 $\boldsymbol{X}_k$ 的最优估计为

$$
\hat{\boldsymbol{X}}_k = \hat{\boldsymbol{X}}_{k/k-1}+\boldsymbol{K}_k\tilde{\boldsymbol{Z}}_{k/k-1} \tag{3-125}
$$

式中：$\boldsymbol{K}_k$ 为滤波增益。

将式（3－120）和式（3－121）代入式（3－125）可得

$$
\begin{aligned}
\hat{\boldsymbol{X}}_k &= \hat{\boldsymbol{X}}_{k/k-1}+\boldsymbol{K}_k(\boldsymbol{Z}_k-\boldsymbol{H}_k\hat{\boldsymbol{X}}_{k/k-1}) \\
&= (\boldsymbol{I}-\boldsymbol{K}_k\boldsymbol{H}_k)\hat{\boldsymbol{X}}_{k/k-1}+\boldsymbol{K}_k\boldsymbol{Z}_k \\
&= (\boldsymbol{I}-\boldsymbol{K}_k\boldsymbol{H}_k)\boldsymbol{\Phi}_{k/k-1}\hat{\boldsymbol{X}}_{k-1}+\boldsymbol{K}_k\boldsymbol{Z}_k
\end{aligned} \tag{3-126}
$$

最终得到的最优估计 $\hat{\boldsymbol{X}}_k$ 是前一时刻状态估计 $\hat{\boldsymbol{X}}_{k-1}$ 和当前量测 $\boldsymbol{Z}_k$ 的线性组合（加权估计），在卡尔曼滤波理论中，一般将量测预测误差 $\tilde{\boldsymbol{Z}}_{k/k-1}$ 称为新息，它表示量测预测误差中携带的有关于状态估计的新信息。

得到滤波方程的基本构造后，需要求得滤波增益的具体表达形式。卡尔曼滤波本质上也是一种最小方差估计，即通过使估计误差方差最小来求解增益。

记当前k时刻的状态估计误差为

$$\tilde{\boldsymbol{X}}_k = \boldsymbol{X}_k - \hat{\boldsymbol{X}}_k \tag{3-127}$$

将式（3－126）代入式（3－127），可得

$$\begin{aligned}\tilde{\boldsymbol{X}}_k &= \boldsymbol{X}_k - \left[\hat{\boldsymbol{X}}_{k/k-1} + \boldsymbol{K}_k(\boldsymbol{Z}_k - \boldsymbol{H}_k\hat{\boldsymbol{X}}_{k/k-1})\right] \\ &= \tilde{\boldsymbol{X}}_{k/k-1} - \boldsymbol{K}_k(\boldsymbol{H}_k\boldsymbol{X}_k + \boldsymbol{V}_k - \boldsymbol{H}_k\hat{\boldsymbol{X}}_{k/k-1}) \\ &= (\boldsymbol{I} - \boldsymbol{K}_k\boldsymbol{H}_k)\tilde{\boldsymbol{X}}_{k/k-1} - \boldsymbol{K}_k\boldsymbol{V}_k\end{aligned} \tag{3-128}$$

则k时刻状态估计$\hat{\boldsymbol{X}}_k$的均方误差阵为

$$\begin{aligned}\boldsymbol{P}_k &= E[\tilde{\boldsymbol{X}}_k\tilde{\boldsymbol{X}}_k^{\mathrm{T}}] \\ &= E\{[(\boldsymbol{I} - \boldsymbol{K}_k\boldsymbol{H}_k)\tilde{\boldsymbol{X}}_{k/k-1} - \boldsymbol{K}_k\boldsymbol{V}_k][(\boldsymbol{I} - \boldsymbol{K}_k\boldsymbol{H}_k)\tilde{\boldsymbol{X}}_{k/k-1} - \boldsymbol{K}_k\boldsymbol{V}_k]^{\mathrm{T}}\} \\ &= (\boldsymbol{I} - \boldsymbol{K}_k\boldsymbol{H}_k)E[\tilde{\boldsymbol{X}}_{k/k-1}\tilde{\boldsymbol{X}}_{k/k-1}^{\mathrm{T}}](\boldsymbol{I} - \boldsymbol{K}_k\boldsymbol{H}_k)^{\mathrm{T}} + \boldsymbol{K}_kE[\boldsymbol{V}_k\boldsymbol{V}_k^{\mathrm{T}}]\boldsymbol{K}_k^{\mathrm{T}} \\ &= (\boldsymbol{I} - \boldsymbol{K}_k\boldsymbol{H}_k)\boldsymbol{P}_{k/k-1}(\boldsymbol{I} - \boldsymbol{K}_k\boldsymbol{H}_k)^{\mathrm{T}} + \boldsymbol{K}_k\boldsymbol{R}_k\boldsymbol{K}_k^{\mathrm{T}}\end{aligned} \tag{3-129}$$

“误差最小”的含义规定为使各分量的均方误差之和最小，即等价于

$$\mathrm{tr}\,(\boldsymbol{P}_k) = \mathrm{tr}\,(E[\tilde{\boldsymbol{X}}_k\tilde{\boldsymbol{X}}_k^{\mathrm{T}}]) = \min \tag{3-130}$$

将式（3－129）展开为

$$\boldsymbol{P}_k = \boldsymbol{P}_{k/k-1} - \boldsymbol{K}_k\boldsymbol{H}_k\boldsymbol{P}_{k/k-1} - (\boldsymbol{K}_k\boldsymbol{H}_k\boldsymbol{P}_{k/k-1})^{\mathrm{T}} + \boldsymbol{K}_k(\boldsymbol{H}_k\boldsymbol{P}_{k/k-1}\boldsymbol{H}_k^{\mathrm{T}} + \boldsymbol{R}_k)\boldsymbol{K}_k^{\mathrm{T}} \tag{3-131}$$

对式（3－131）两边同时求迹运算，可得

$$\begin{aligned}\mathrm{tr}(\boldsymbol{P}_k) = {}&\mathrm{tr}(\boldsymbol{P}_{k/k-1}) - \mathrm{tr}(\boldsymbol{K}_k\boldsymbol{H}_k\boldsymbol{P}_{k/k-1}) - \mathrm{tr}\,((\boldsymbol{K}_k\boldsymbol{H}_k\boldsymbol{P}_{k/k-1})^{\mathrm{T}}) \\ &+\mathrm{tr}\,(\boldsymbol{K}_k(\boldsymbol{H}_k\boldsymbol{P}_{k/k-1}\boldsymbol{H}_k^{\mathrm{T}} + \boldsymbol{R}_k)\boldsymbol{K}_k^{\mathrm{T}})\end{aligned} \tag{3-132}$$

由式（3－132）可知$(\boldsymbol{H}_k\boldsymbol{P}_{k/k-1}\boldsymbol{H}_k^{\mathrm{T}} + \boldsymbol{R}_k)$项为预测量测均方误差阵，为正定矩阵，因而式（3－132）为关于增益$\boldsymbol{K}_k$的二次函数且存在极小值。根据函数极值原理，式（3－132）的导数为0，最终可解得

$$\boldsymbol{K}_k = \boldsymbol{P}_{k/k-1}\boldsymbol{H}_k^{\mathrm{T}}(\boldsymbol{H}_k\boldsymbol{P}_{k/k-1}\boldsymbol{H}_k^{\mathrm{T}} + \boldsymbol{R}_k)^{-1} \tag{3-133}$$

将式（3－133）代入式（3－131），求得$\boldsymbol{P}_k = (\boldsymbol{I} - \boldsymbol{K}_k\boldsymbol{H}_k)\boldsymbol{P}_{k/k-1}$。至此，已经得到卡尔曼滤波的全部算法，并可划分为如下5个基本公式。

（1）状态一步预测：

$$\hat{\boldsymbol{X}}_{k/k-1} = \boldsymbol{\Phi}_{k/k-1}\hat{\boldsymbol{X}}_{k-1} \tag{3-134}$$

（2）状态一步预测均方误差阵：

$$\boldsymbol{P}_{k/k-1} = \boldsymbol{\Phi}_{k/k-1}\boldsymbol{P}_{k-1}\boldsymbol{\Phi}_{k/k-1}^{\mathrm{T}} + \boldsymbol{\Gamma}_{k-1}\boldsymbol{Q}_{k-1}\boldsymbol{\Gamma}_{k-1}^{\mathrm{T}} \tag{3-135}$$

（3）滤波增益：

$$\boldsymbol{K}_k = \boldsymbol{P}_{k/k-1}\boldsymbol{H}_k^{\mathrm{T}}(\boldsymbol{H}_k\boldsymbol{P}_{k/k-1}\boldsymbol{H}_k^{\mathrm{T}} + \boldsymbol{R}_k)^{-1} \tag{3-136}$$

（4）状态估计：

$$\hat{\boldsymbol{X}}_k = \hat{\boldsymbol{X}}_{k/k-1} + \boldsymbol{K}_k(\boldsymbol{Z}_k - \boldsymbol{H}_k\hat{\boldsymbol{X}}_{k/k-1}) \tag{3-137}$$

（5）状态估计均方误差阵：

$$\boldsymbol{P}_k = (\boldsymbol{I} - \boldsymbol{K}_k\boldsymbol{H}_k)\boldsymbol{P}_{k/k-1} \tag{3-138}$$

3.4.3　卡尔曼滤波的直观解释

为使读者直观地理解卡尔曼滤波的原理，本节利用实例解释其中的奥秘。我们考虑轨道上的一个小车，它在当前时刻的状态矢量 $\boldsymbol{x}(t)$（速度、位置）只与前一时刻的状态相关：

$$\boldsymbol{x}(t)=\boldsymbol{F}\boldsymbol{x}(t-1) \tag{3-139}$$

这个递推函数可能会受到各种不确定因素的影响，如路面不平、风的干扰、小车结构不紧密等。假设每个状态分量受到的不确定因素都服从正态分布，不确定性越大即标准差越大，分布越宽，如图 3－43 所示。

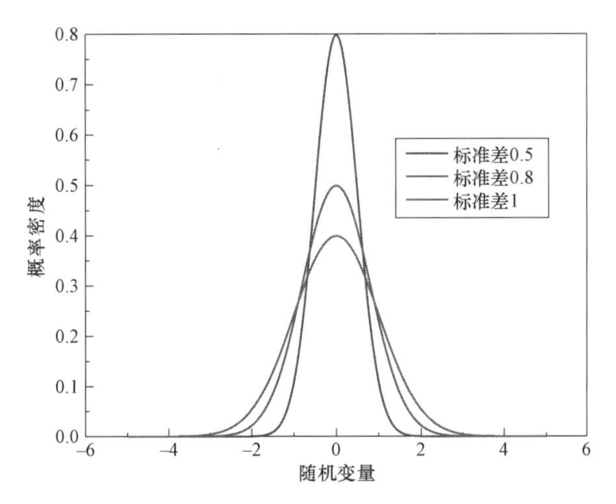

图 3－43　状态概率密度分布（附彩插）

假设前一时刻小车的位置服从某一方差的正态分布如图 3－44 所示；预测的小车的正态分布如图 3－45 所示，由于系统噪声的作用，正态分布的不确定性变大。

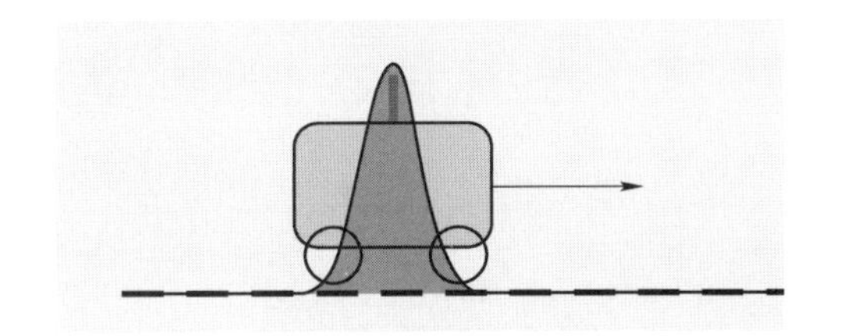

图 3－44　前一时刻小车的正态分布（附彩插）

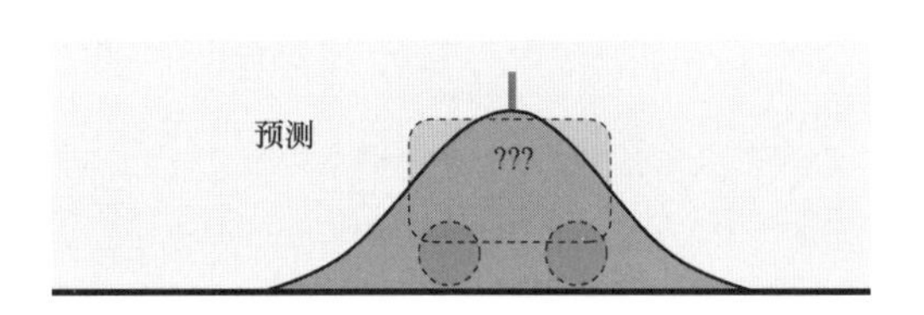

图 3－45　预测的小车的正态分布（附彩插）

为了避免预测带来的偏差，在当前时刻对小车的位置坐标进行一次雷达测量，雷达对小车距离的测量也会受到各种噪声因素的影响，如图 3－46 所示。

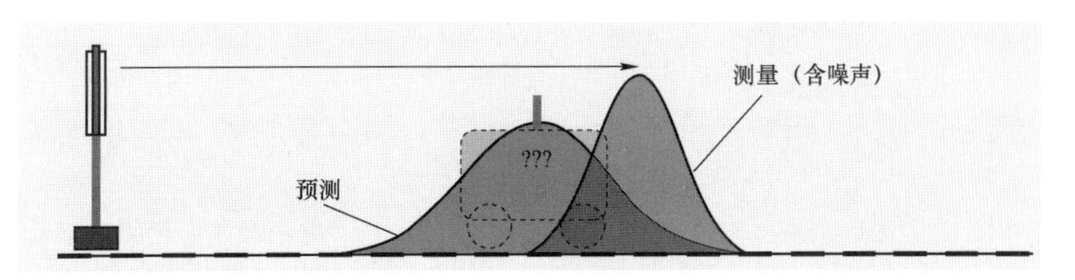

图 3－46　引入量测值后小车的正态分布变化（附彩插）

卡尔曼滤波的关键就在于找到使小车位置误差的均方误差最小的相应权值，使红、蓝分布合并为绿色的正态分布，绿色分布均值位置在红、蓝均值间的比例称为增益（图 3－47）。

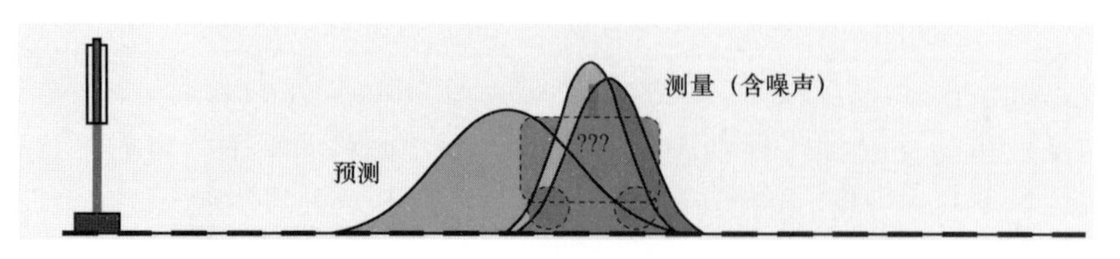

图 3－47　卡尔曼滤波后小车的正态分布变化（附彩插）

绿色分布既保证了小车的落点处于在给定条件下的最大概率，又保证了落点的概率密度为可以持续递推的正态分布，从小车的示例可以直观地理解卡尔曼滤波对状态估计的效果。

3.4.4　卡尔曼滤波示例及拓展

在卡尔曼滤波应用时，需要输入系统噪声、测量噪声的统计特性。本节通过示例解释这两项如何影响滤波器的性能，便于读者理解卡尔曼滤波的原理。

假设根据经验了解房间为恒温 25 ℃，但由于外部干扰，房间的真实温度具有一定的波动，于是引入温度计来辅助我们预测房间的实时温度。设房间温度的系统噪声标准差为 0.5 ℃、温度计测量噪声标准差为 0.5 ℃，对 100 s 的房间温度进行估计。

如图 3－48 所示，通过与只靠经验预测的温度对比，引入温度计后卡尔曼滤波的估计结果要更贴近于真实温度，体现了卡尔曼滤波的最优估计效果。

为探究系统噪声和量测噪声对估计结果的影响，用控制变量法进行试验。

在系统噪声 Q 强度相同的条件下，均为 0.5 ℃，变化量测噪声 R，增益结果如图 3－49 所示。由图可以看出，在过程噪声不变的情况下，若增大测量噪声，增益逐渐减小，并且收敛得更慢。这说明估计值接近预期值，量测值作用较小。

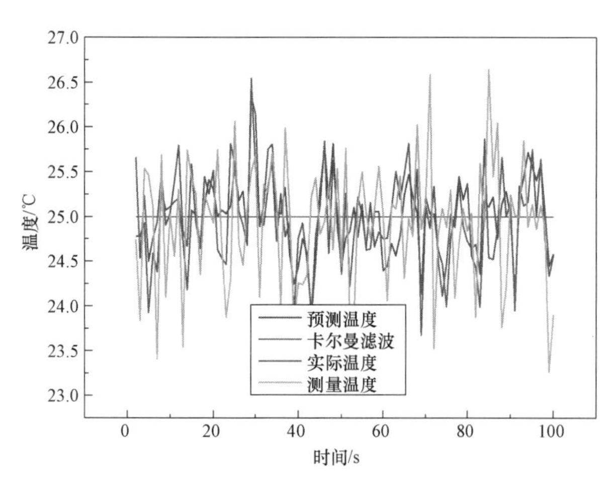

图 3－48　温度估计结果（附彩插）

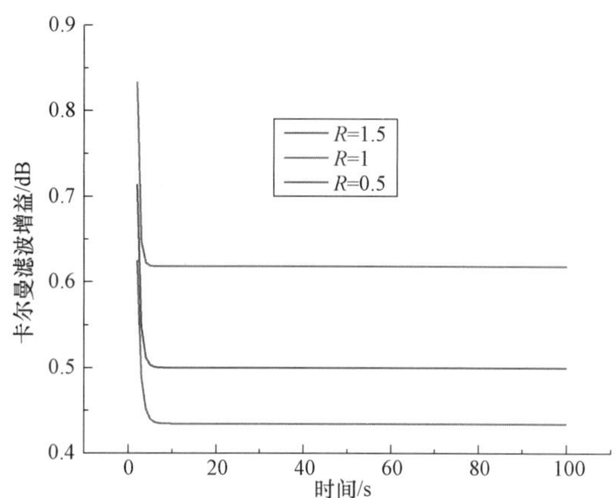

图 3－49　量测噪声变化时的增益变化（附彩插）

通过对比图 3－50、图 3－51 与图 3－52 可看出，随着量测噪声的增大，温度计测量值不确定性越大，卡尔曼滤波估计值仍然与实际温度较吻合，估计值选择更加相信预测温度，从而自动调节测量与预测的比例。

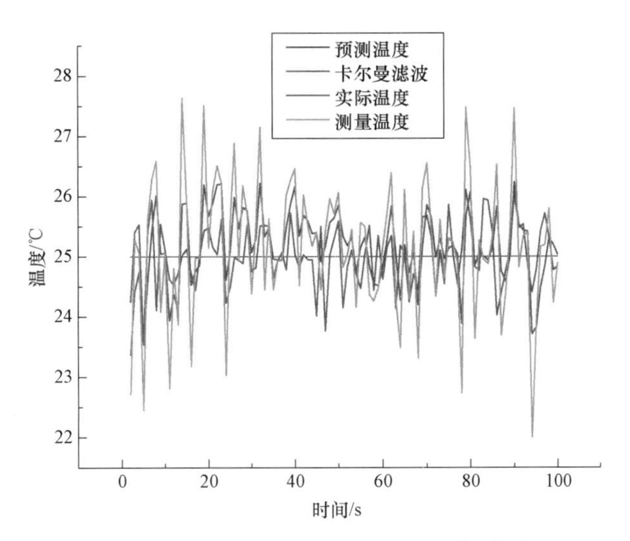

图 3－50　量测噪声标准差 1 ℃（附彩插）

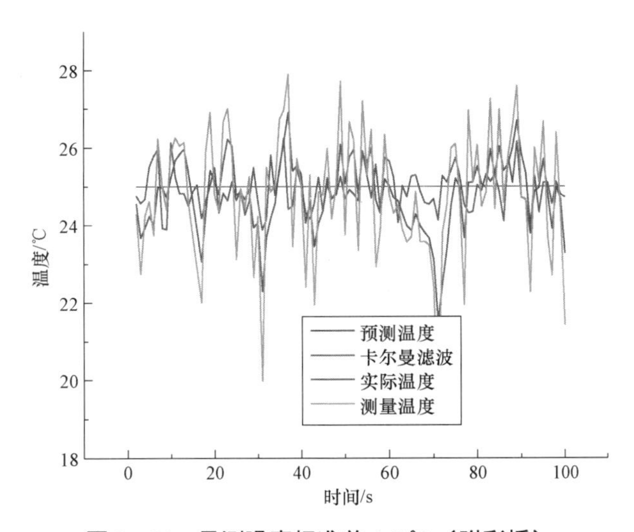

图 3－51　量测噪声标准差 1.5 ℃（附彩插）

在系统噪声 R 强度相同的条件下，均为 0.5 ℃，变化系统噪声 Q，增益和估计结果如图 3－52 所示。随着系统噪声的增大，滤波增益的稳态值逐渐增大，这说明滤波器不再选择相信预测值，从而放大增益，使估计值更贴近真实值（图 3－53、图 3－54）。

结果表明，无论如何变化噪声强度，经过卡尔曼滤波的估计温度都更贴近真实值，噪声强度改变的只是测量信息和预测信息的不确定性，体现了卡尔曼滤波作为一个最优估计的优良性能。

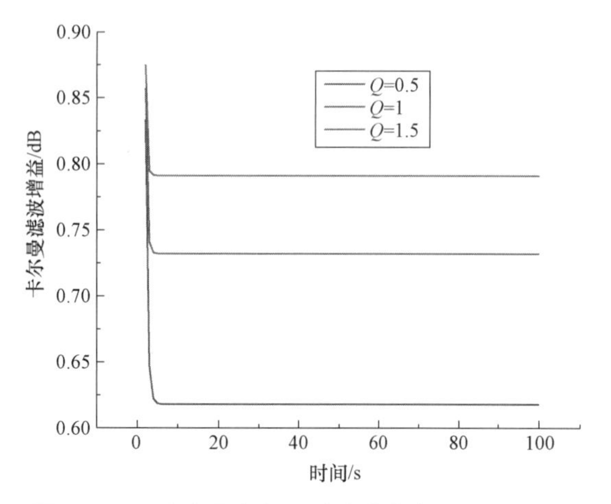

图 3-52　系统噪声变化时的增益变化（附彩插）

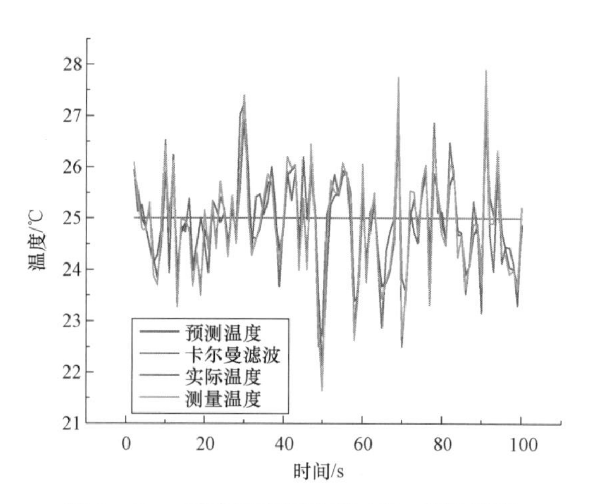

图 3-53　系统噪声标准差 1 ℃（附彩插）

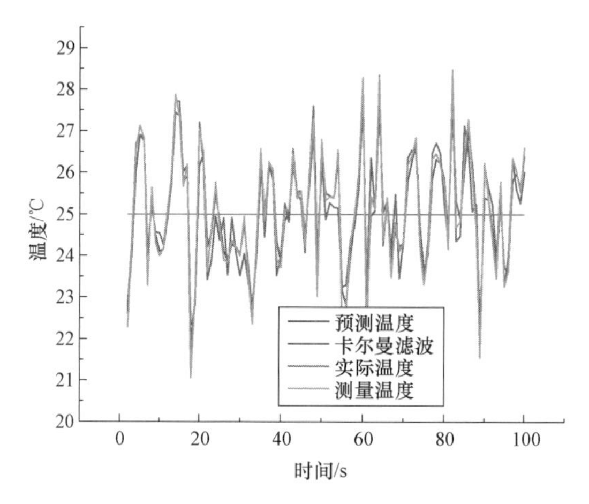

图 3-54　系统噪声标准差 1.5 ℃（附彩插）

3.5　组 合 导 航

3.5.1　组合导航概述

组合导航技术是应对各种导航系统单独使用时难以满足导航性能要求的有效方法，是提高导航系统整体性能的有效方法。组合导航即通过卡尔曼滤波技术将两种或两种以上的非同类导航系统的测量信息综合，从而得出更精确的导航参数。参与组合的各种导航系统称为子系统，采用组合导航技术的系统称为组合导航系统。其中，惯性导航、卫星导航由于优缺点互补，使惯性/卫星组合导航被广泛应用。

惯性/卫星组合导航的优势是能抑制惯性导航的误差累积，减少系统对惯性器件高精度的依赖性，进而减少系统整体费用；可以提高导航信息获取的频率；提高卫星导航载波相位模糊度的检测速度，提高导航系统的可靠性；接收机捕获信号的能力将得到提高，导航的效率也将得到提高；对异常误差的监控能力，以及系统容错能力提高，可以增加观测的冗余度；

提高了导航系统的抗干扰性和抗欺骗性，使系统的完好性得到提高。惯性/卫星组合导航主要构成如图 3－55 所示。

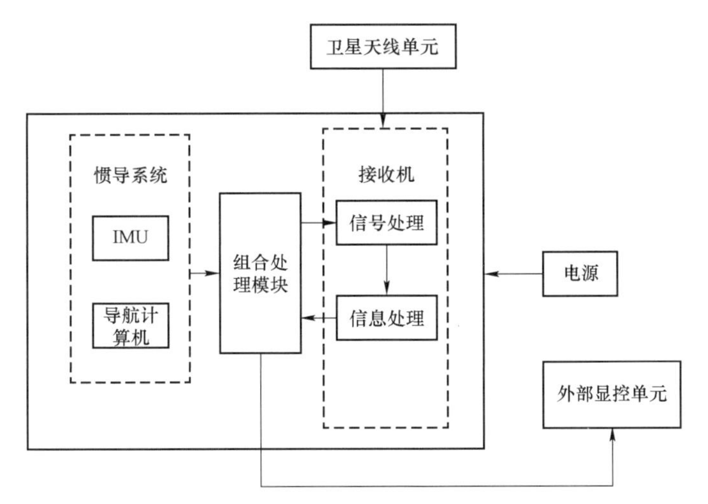

图 3－55　惯性/卫星组合导航主要构成

3.5.2　惯性/卫星组合导航的原理

3.5.2.1　惯性/卫星组合导航的分类

一般来说，可以根据反馈方式、状态变量的选取、组合方式对组合导航进行分类。

根据反馈方式，可将组合导航分为输出校正与反馈校正两种。直接通过组合系统的输出参数对惯性导航输出结果进行修正为输出校正，并不反馈至惯性导航算法编排及惯性器件测量值中，计算量小，组合系统出现故障时仍可以继续工作，但随着惯性导航误差逐渐增大，线性假设失效；将估计值反馈到惯性导航系统和其余子系统中的方式为反馈校正，估计精度高但计算较复杂，组合系统失效后无法继续进行导航，传感器误差可在一定程度上被抑制。

根据状态变量的选取，可分为直接法与间接法。直接法的状态变量为导航直接输出的姿态、速度、位置，该方法准确反映系统真实状态，但系统方程非线性，线性化误差大（图 3－56）；间接法的状态变量为导航误差量，该方法模型具有近似性，系统方程为线性方程，且各状态量间无数量级差距，便于数值计算（图 3－57）。间接法组合导航的独有优势使其被广泛应用。

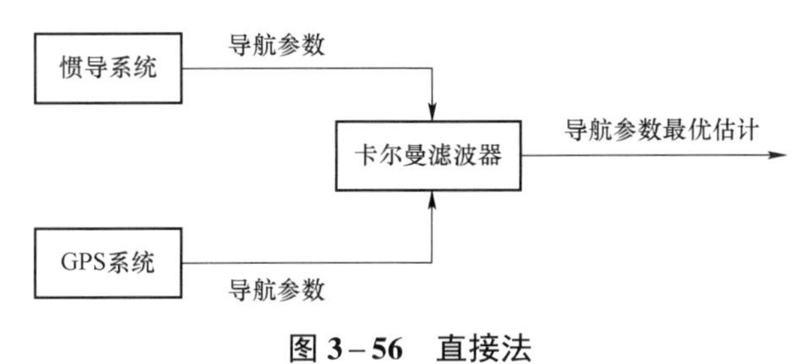

图 3－56　直接法

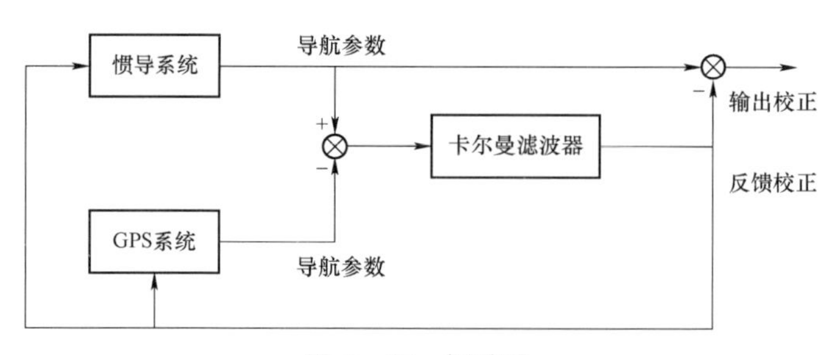

图 3-57　间接法

根据组合方式，可分为松耦合、紧耦合、深耦合三种。松耦合中卫星导航与惯性导航均独立工作并各自提供导航参数的结果，二者输出的差值作为观测量，估计惯性导航的误差。根据估计的误差对惯性导航结果进行修正，原理与间接法相同，结构易于实现，并且比较稳定。但当卫星数量低于最低数量时，卫星导航会暂时失效。紧耦合中卫星的伪距以及伪距速率的测量与惯性导航计算伪距做差作为观测值，用来估计惯性导航系统的误差估计值用来修正惯性导航结果（图 3-58）。接收卫星少于 4 颗时，紧耦合的组合模式依然可以使用，但结构更加复杂，计算量较大。深耦合中卫星接收机采用了回环校正的结构（图 3-59）。惯性导航输出信息作为 GPS 接收机的一个组成部分，并需要接入内部 GPS 硬件。卫星信号拒止的情况下依然能够得到导航解，精度高，抗干扰性强，但实现起来比较复杂。其中，松耦合组合导航原理简单，在制导武器中广泛应用。

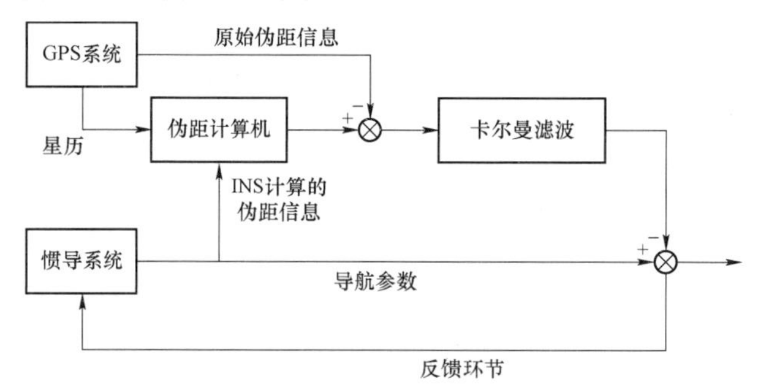

图 3-58　紧耦合组合导航原理

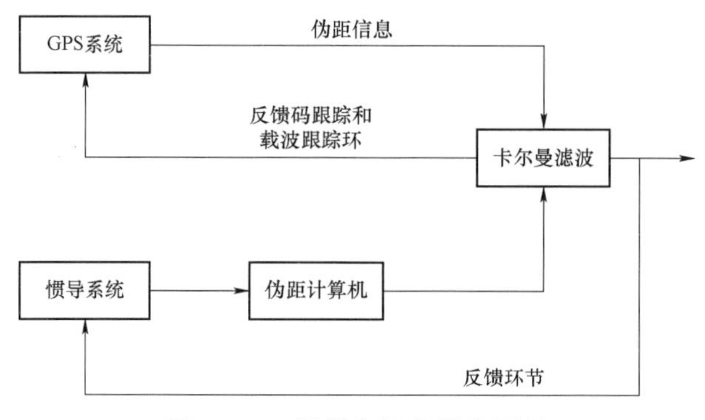

图 3-59　深耦合组合导航原理

3.5.2.2　惯性/卫星松耦合组合导航算法

以惯性导航为主系统建立状态空间模型如下：

$$\dot{\boldsymbol{X}}(t)=\boldsymbol{F}(t)\boldsymbol{X}(t)+\boldsymbol{G}(t)\boldsymbol{w}(t) \tag{3-140}$$

式中：$\boldsymbol{F}(t)$ 和 $\boldsymbol{G}(t)$ 为关于时间参数 t 的确定性时变矩阵，分别代表状态转移矩阵和噪声驱动矩阵；$\boldsymbol{w}(t)$ 为零均值高斯白噪声矢量，它满足统计特性：

$$E[\boldsymbol{w}(t)]=\boldsymbol{0},\qquad E[\boldsymbol{w}(t)\boldsymbol{w}^{\mathrm{T}}(\tau)]=\boldsymbol{q}(t)\delta(t-\tau) \tag{3-141}$$

状态变量 $\boldsymbol{X}(t)$ 为姿态、速度、位置误差及陀螺仪、加速度计的零偏误差。矩阵 $\boldsymbol{F}(t)$ 由惯性导航误差传播方程展开得到，即

$$\boldsymbol{F}(t)=\begin{bmatrix} \boldsymbol{F}_{aa} & \boldsymbol{F}_{av} & \boldsymbol{F}_{ap} & -\boldsymbol{C}_b^n & \boldsymbol{0}_{3\times3} \\ \boldsymbol{F}_{va} & \boldsymbol{F}_{vv} & \boldsymbol{F}_{vp} & \boldsymbol{0}_{3\times3} & \boldsymbol{C}_b^n \\ \boldsymbol{0}_{3\times3} & \boldsymbol{F}_{pv} & \boldsymbol{F}_{pp} & \boldsymbol{0}_{3\times3} & \boldsymbol{0}_{3\times3} \\ \boldsymbol{0}_{3\times3} & \boldsymbol{0}_{3\times3} & \boldsymbol{0}_{3\times3} & \boldsymbol{0}_{3\times3} & \boldsymbol{0}_{3\times3} \\ \boldsymbol{0}_{3\times3} & \boldsymbol{0}_{3\times3} & \boldsymbol{0}_{3\times3} & \boldsymbol{0}_{3\times3} & \boldsymbol{0}_{3\times3} \end{bmatrix} \tag{3-142}$$

矩阵 $\boldsymbol{G}(t)$ 的目的是将传感器白噪声分量转移到导航坐标系下，即

$$\boldsymbol{G}(t)=\begin{bmatrix} -\boldsymbol{C}_b^n & \boldsymbol{0}_{3\times3} \\ \boldsymbol{0}_{3\times3} & \boldsymbol{C}_b^n \\ \multicolumn{2}{c}{\boldsymbol{0}_{9\times6}} \end{bmatrix} \tag{3-143}$$

引入卫星信息后，以惯性导航、卫星导航输出数据之差作为组合导航系统的量测值，量测模型如下：

$$\begin{cases} \boldsymbol{Z}_v=\boldsymbol{V}_{\mathrm{SINS}}-\boldsymbol{V}_{\mathrm{GNSS}}=\boldsymbol{H}_v\boldsymbol{X}+\boldsymbol{V}_v \\ \boldsymbol{Z}_p=\boldsymbol{P}_{\mathrm{SINS}}-\boldsymbol{P}_{\mathrm{GNSS}}=\boldsymbol{H}_p\boldsymbol{X}+\boldsymbol{V}_p \\ \boldsymbol{H}_v=[\boldsymbol{0}_{3\times3}\quad \mathrm{diag}(1,1,1)\quad \boldsymbol{0}_{3\times9}] \\ \boldsymbol{H}_p=[\boldsymbol{0}_{3\times6}\quad \mathrm{diag}(R_M+h,(R_N+h)\cos\phi,1)\quad \boldsymbol{0}_{3\times6}] \end{cases} \tag{3-144}$$

根据惯性导航输出信息及卫星输出的速度、位置信息，可以建立组合导航卡尔曼滤波系统及量测方程，从而获得导航参数误差的最优估计，反馈至惯性导航输出数据中或机械编排中（输出校正或反馈校正）。

3.5.2.3　惯性/卫星紧耦合组合导航算法

紧耦合组合导航相对于松耦合，增加了卫星导航的误差模型，误差模型如下：

$$\begin{cases} \dot{b}_r=\delta d_r+w_b \\ \delta\dot{d}_r=w_d \end{cases} \tag{3-145}$$

状态矢量分别为接收机时钟差、漂移，完整的系统模型写成状态空间的形式：

$$\begin{bmatrix} \delta\dot{b}_r \\ \delta\dot{d}_r \end{bmatrix}=\begin{bmatrix} 0 & 1 \\ 0 & 0 \end{bmatrix}\begin{bmatrix} \delta b_r \\ \delta d_r \end{bmatrix}+\begin{bmatrix} \sigma_b \\ \sigma_d \end{bmatrix}w_G \tag{3-146}$$

式中：σ_b、σ_d 为代表时钟偏差的白噪声标准差和时钟漂移的白噪声标准差。

结合惯性导航系统误差模型，在松耦合的状态变量的基础上添加卫星导航误差项，I、G 下标代表惯性导航和卫星导航：

$$\begin{bmatrix} \delta\dot{\boldsymbol{x}}_{\mathrm{I}} \\ \delta\dot{\boldsymbol{x}}_{\mathrm{G}} \end{bmatrix} = \begin{bmatrix} F_{\mathrm{I}} & 0 \\ 0 & F_{\mathrm{G}} \end{bmatrix} \begin{bmatrix} \delta x_{\mathrm{I}} \\ \delta x_{\mathrm{G}} \end{bmatrix} + \begin{bmatrix} G_{\mathrm{I}} \\ G_{\mathrm{G}} \end{bmatrix} w \tag{3-147}$$

将惯性导航计算的伪距（率）与卫星输出伪距（率）之差作为紧耦合组合导航的量测信息：

$$\delta \boldsymbol{z} = \begin{bmatrix} \delta \boldsymbol{z}_{\rho} \\ \delta \boldsymbol{z}_{\dot{\rho}} \end{bmatrix} = \begin{bmatrix} \boldsymbol{\rho}_{\mathrm{INS}} - \boldsymbol{\rho}_{\mathrm{GPS}} \\ \dot{\boldsymbol{\rho}}_{\mathrm{INS}} - \dot{\boldsymbol{\rho}}_{\mathrm{GPS}} \end{bmatrix} \tag{3-148}$$

GPS 接收机获得第 m 个卫星的信号，可以通过以下模型表示：

$$\rho_{\mathrm{GPS}}^{m} = r^{m} + c\delta t_{r} + \tilde{\varepsilon}_{\rho}^{m} \tag{3-149}$$

式中：r^{m}、δt_{r}、$\tilde{\varepsilon}_{\rho}^{m}$ 分别为真实伪距、时钟误差和噪声。

量测信息可表示为（线性化过程省略）

$$\rho_{\mathrm{INS}}^{m} - \rho_{\mathrm{GPS}}^{m} = -\frac{(x_{\mathrm{INS}} - x^{m})(x - x_{\mathrm{INS}}) + (y_{\mathrm{INS}} - y^{m})(y - y_{\mathrm{INS}}) + (z_{\mathrm{INS}} - z^{m})(z - z_{\mathrm{INS}})}{\sqrt{(x_{\mathrm{INS}} - x^{m})^{2} + (y_{\mathrm{INS}} - y^{m})^{2} + (z_{\mathrm{INS}} - z^{m})^{2}}} - \delta b_{r} + \tilde{\varepsilon}_{\rho}^{m} \tag{3-150}$$

将式（3-150）写成矩阵形式为

$$\boldsymbol{l}_{\mathrm{INS}}^{m} = \begin{bmatrix} l_{x,\mathrm{INS}}^{m} \\ l_{y,\mathrm{INS}}^{m} \\ l_{z,\mathrm{INS}}^{m} \end{bmatrix} = \begin{bmatrix} \dfrac{x_{\mathrm{INS}} - x^{m}}{\sqrt{(x_{\mathrm{INS}} - x^{m})^{2} + (y_{\mathrm{INS}} - y^{m})^{2} + (z_{\mathrm{INS}} - z^{m})^{2}}} \\ \dfrac{y_{\mathrm{INS}} - y^{m}}{\sqrt{(x_{\mathrm{INS}} - x^{m})^{2} + (y_{\mathrm{INS}} - y^{m})^{2} + (z_{\mathrm{INS}} - z^{m})^{2}}} \\ \dfrac{z_{\mathrm{INS}} - z^{m}}{\sqrt{(x_{\mathrm{INS}} - x^{m})^{2} + (y_{\mathrm{INS}} - y^{m})^{2} + (z_{\mathrm{INS}} - z^{m})^{2}}} \end{bmatrix} \tag{3-151}$$

δz_{ρ}^{m} 可表示为

$$\delta z_{\rho}^{m} = [l_{x,\mathrm{INS}}^{m} \quad l_{y,\mathrm{INS}}^{m} \quad l_{z,\mathrm{INS}}^{m}] \begin{bmatrix} \delta x \\ \delta y \\ \delta z \end{bmatrix} - \delta b_{r} + \tilde{\varepsilon}_{\rho}^{m} \tag{3-152}$$

卫星和接收机运动产生的多普勒频移是二者相对速度在连线上的投影，与发射频率成正比，与光速成反比，可表示为

$$D^{m} = \frac{[(\boldsymbol{v}^{m} - \boldsymbol{v})\,\boldsymbol{l}^{m}]\,L_{1}}{c} \tag{3-153}$$

式中：$\boldsymbol{v}^{m}$ 为卫星速度；$\boldsymbol{v}$ 为接收机速度；L_{1} 为卫星频率；$\boldsymbol{l}^{m}$ 为二者连线的单位矢量，可表示为

$$\boldsymbol{l}^{m} = \frac{[(x - x^{m}),(y - y^{m}),(z - z^{m})]^{\mathrm{T}}}{\sqrt{(x - x^{m})^{2} + (y - y^{m})^{2} + (z - z^{m})^{2}}} = [l_{x}^{m} \quad l_{y}^{m} \quad l_{z}^{m}]^{\mathrm{T}} \tag{3-154}$$

伪距率量测信息可表示为

$$\delta z_{\dot{\rho}}^{m} = [l_{x,\mathrm{INS}}^{m} \quad l_{y,\mathrm{INS}}^{m} \quad l_{z,\mathrm{INS}}^{m}] \begin{bmatrix} \delta v_{x} \\ \delta v_{y} \\ \delta v_{z} \end{bmatrix} - \delta d_{r} + \varepsilon_{\dot{\rho}}^{m} \tag{3-155}$$

紧耦合组合导航的特点在于引入原始卫星信息，将卫星钟差、噪声等误差项引入系统模型与量测模型，提高了组合系统的精度。

3.6 小　　结

战术导弹作为精确制导武器的重要组成部分，导航技术是能否精确命中目标的关键技术之一。近年来，战术导弹导航技术已取得了突破性进展。

（1）惯性导航。微机电技术、光纤陀螺技术、原子钟技术、量子技术的不断进步，推动了陀螺仪向小型化、模块化、高稳定、高精度发展，使战术导弹更加轻便、高效；在微电子和量子技术的助推下，加速度计正朝着高精度、高重复性、小尺寸、低功耗、强抗冲击性进一步发展。

（2）卫星导航。美国为提升卫星资源的服务能力，将 GPS 卫星导航体系划归为导航层，并将其整合到下一代七层小型卫星网络中，与传输层、侦察层、监视层、避障层、任务规划层、支撑层的卫星和设备协同工作；除 GPS 之外，各国陆续推进自己的新一代卫星导航系统，形成世界范围内的现代化卫星导航网络。

（3）组合导航。随着传感器集成技术和融合算法的进步，在高精度惯性导航基础上的多传感器组合导航技术也得到了推进；为满足各种实际条件的约束，卡尔曼滤波算法从最初的线性滤波，已经拓展到各种非线性滤波以及各种抗干扰的自适应滤波算法，使战术导弹可靠性更高、抗干扰能力更强。

（4）其他导航技术。为了弥补卫星导航的缺点，在不断提高惯性导航性能的同时，各国正积极发展不依赖卫星的自主导航技术，向多源信息融合、机器视觉辅助方向发展。

参 考 文 献

［1］杨雁宇. 基于 IMU/GPS 的微型航姿参考系统设计［D］. 太原：中北大学，2018.

［2］柳明. 基于 SINS/北斗的小型无人机组合导航研究［J］. 滨州学院学报，2016，32（02）：5-9.

［3］王星. 基于 Q_t 平台的惯导对准模拟仿真系统的设计与实现［D］. 哈尔滨：哈尔滨工程大学，2018.

［4］李莹莹. GNSS 接收机的射频电路设计与应用［J］. 电子技术与软件工程，2014（21）：127-128.

［5］熊爱成. GNSS 时间系统及其术语的正确表达［J］. 导航定位学报，2018，6（04）：24-28.

［6］毛家俊. 卫星导航系统导航电文设计技术研究［D］. 长沙：国防科学技术大学，2011.

［7］李龙鸣. 地磁导航算法研究［D］. 哈尔滨：哈尔滨工业大学，2013.

［8］郭才发，胡正东，张士峰，等. 地磁导航综述［J］. 宇航学报，2009，30（4）：1314-1319，1389.

第4章
红外导引头

4.1 红外导引头概述

红外导引头是一种接收波长为0.75～1 000 μm电磁辐射的自动寻的装置。它的任务是完成对目标红外特征的搜索、识别、捕获和跟踪，给出目标位置信息，并引导导弹攻击目标。红外导引头所探测的目标本身能辐射红外线，无须外部照射。然而，多数军事目标（如军舰、飞机、坦克等）都是良好的热辐射源，因此红外导引头广泛应用于军事任务中。

4.1.1 红外光简介

红外线是众多不可见光线中的一种，频率介于微波与可见光之间的电磁波，是电磁波谱中频率为0.3～400 THz，对应真空中波长为1～750 nm辐射的总称，是频率比红光低的不可见光。若物质温度高于绝对零度，则能产生红外线，这种物理现象称为热辐射。

红外线可分为三个波段：近红外线（高频红外线，能量较高），波长为（3～2.5）μm～（1～0.75）μm；中红外线（中频红外线，能量适中），波长为（40～25）μm～（3～2.5）μm；远红外线（低频红外线，能量较低），波长为1 500 μm～（40～25）μm，如图4－1所示。远红外线在科研中又称为“太赫兹射线”或“太赫兹光”，与微波频段相邻，具有红外线和微波的双重性质，广泛应用于生物、化学、分子光谱学、有机合成等学科领域中。

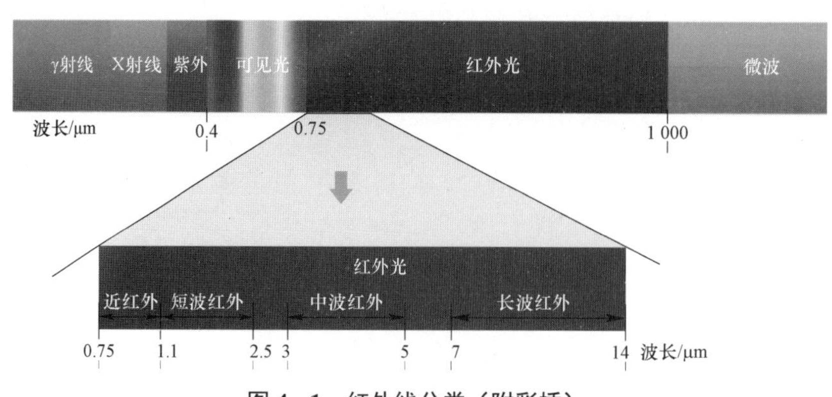

图4－1 红外线分类（附彩插）

不同波段成像的方式与机理方面均存在差异，短波主要靠反射光的辐射进行成像，而中长波则靠自身辐射。

4.1.2　红外导引头的特点

红外导引头具有导引精度高、体积和质量小、结构相对简单等优点。更重要的是，红外导引头提供了一种被动无源探测手段，隐蔽性良好。然而，红外导引头缺点也较为明显：不具备全天候使用能力、对目标的测速/测距能力以及气动加热限制了导弹速度等。

按获取信息分类，可将红外导引头分为红外点源和红外成像导引头。相比于点源导引头，红外成像导引头能够获取丰富的目标信息，还具有以下特点：

（1）可实现目标自主检测与识别。作战环境日益复杂，要求精确制导弹药可自主检测与识别目标，而不必依赖射手锁定，同时需要弹上制导系统不仅能区分目标类型，而且能区别目标与干扰，实现“发射后不管”，逐步具备智能特征。

（2）获取了目标尺寸、能量等特征，进一步提升了抗光电与红外干扰的能力。红外成像导引头灵敏性很高，在复杂场景下也能对目标进行精准识别。

（3）根据获取的丰富的目标外形或基本结构等目标信息，能自主选择目标和目标薄弱部位进行命中和攻击，增强导弹的毁伤效能。

4.1.3　红外导引头的发展历程

第一代红外导引头典型代表为 AIM－9B 空空导弹（图 4－2），具有以下特点：

（1）响应波长较短。

（2）探测系统工作体制为单元调制盘式调幅系统，采用模拟电路实现信号处理功能。

（3）非制冷硫化铅探测器的灵敏度较低，仅能对飞机尾喷口进行探测，最大作用距离为 5 km 左右。

（4）采用动力陀螺仪式跟踪稳定平台，跟踪范围只有±12°，跟踪角速度约为 11°/s。

（5）只能定轴瞄准，不具备与机载雷达等设备随动来扩大搜索范围的能力。

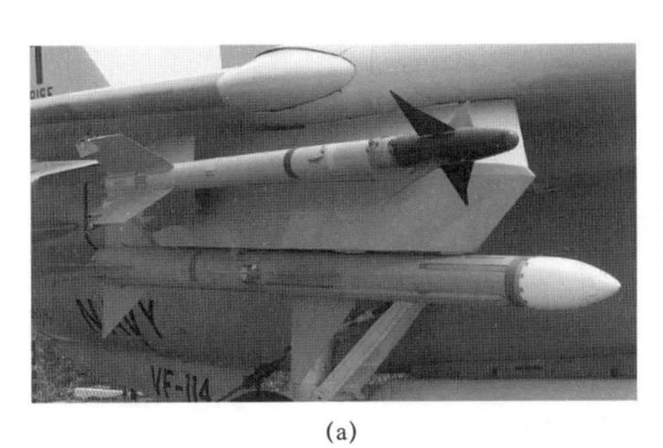

(a)

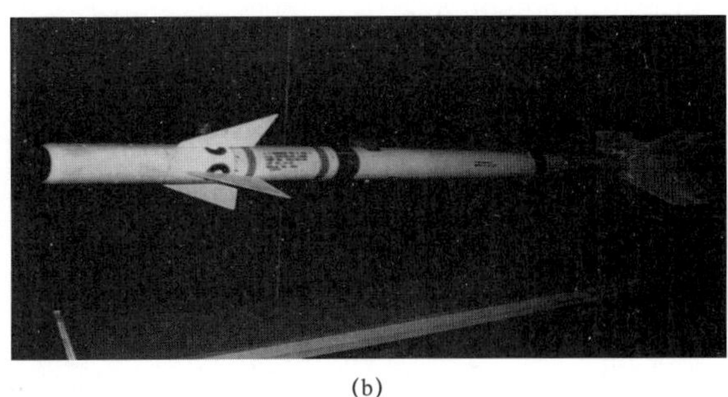

(b)

图 4－2　AIM－9B 空空导弹

第二代红外导引头典型代表为 AIM－9D 空空导弹，其响应波长依旧较短，但探测系统工作体制为单元调制盘式调幅系统或调频系统（图 4－3）。信号处理虽然仍采用模拟电路，但已由电子管电路过渡到晶体管电路。相对于上一代红外导引头，第二代红外导引头大幅提升了探测灵敏度，对飞机的尾后作用距离可达 8～10 km。此外，由于跟踪稳定平台性能有所改善，跟踪范围提升到±20°。导引头体积也显著减少，气动外形明显改善。

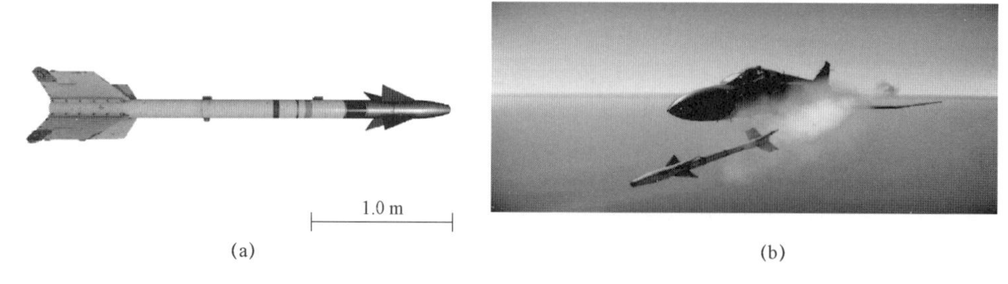

(a) (b)

图 4-3　AIM-9D 空空导弹

第三代红外导引头典型代表为 AIM-9L 空空导弹，其响应波长为中波，减少了探测器光敏元尺寸，探测系统更为先进，信号处理硬件也普遍采用集成电路等，初步具备了抗人工干扰能力（图 4-4）。第三代导引头探测灵敏度进一步提高，基本实现了对飞机的全向探测，最大作用距离可达 20 km 以上。跟踪稳定平台的跟踪范围提升到±（30°～60°），跟踪角速度提升至 30°～40°/s，导引头可实现与机载雷达、头盔随动。

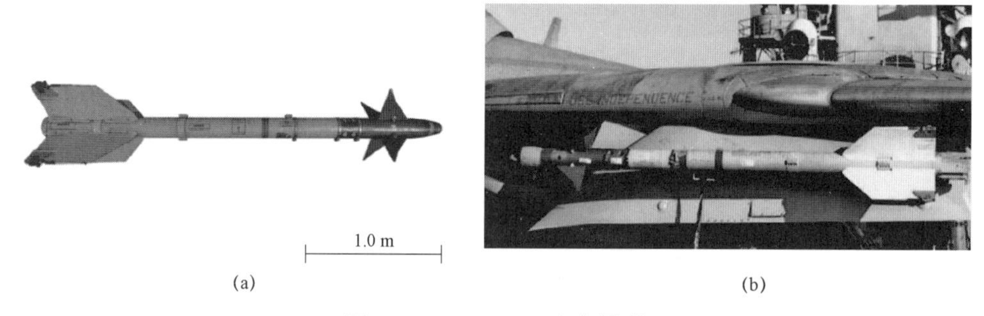

(a) (b)

图 4-4　AIM-9L 空空导弹

第四代红外导引头典型代表为 AIM-9X 空空导弹，其处理能力已大大提高。该类导引头具有更高的灵敏度和空间分辨能力，对飞机的迎头探测能力和抗人工干扰能力有很大提高（图 4-5）。跟踪稳定平台改为速率陀螺仪式或捷联稳定式，位标器的跟踪范围提升到±（60°～90°），跟踪角速度为 60°～90°/s，能对载机前半球范围内的目标进行探测，头盔随动范围进一步加大，导弹具备了“可视即可射”的能力。

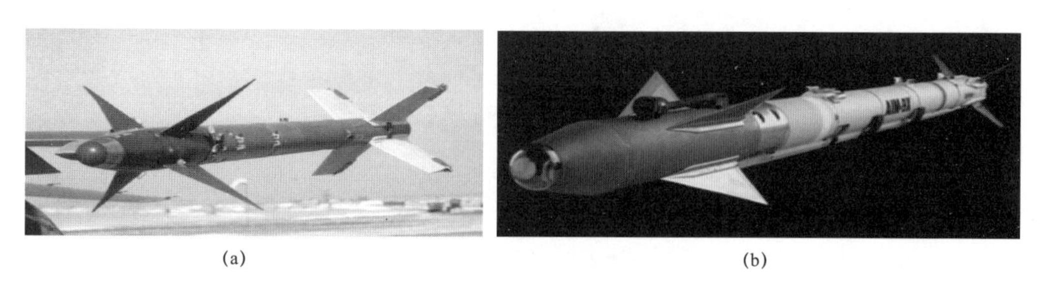

(a) (b)

图 4-5　AIM-9X 空空导弹

4.2　红外导引头的技术指标

红外导引头主要技术指标如表 4－1 所示。

表 4－1　红外导引头主要技术指标

技术指标	范围值
信号处理时间	10～120 ms
导引头视场	1°～5° 选取
截获概率	0.95～0.99
虚警时间	平均≥5 min
跟踪角速度	上限＞0.2 rad/s；下限＜0.08 rad/s
探测器制冷时间	5 s，10 s，30 s，60 s，90 s
失控距离	＜150 m
寿命	使用寿命≥70 h，储存寿命＞5 年
红外作用距离	≥2 km（能见度为 6 km 时）

除表 4－1 列出的技术指标外，还包含人为因素、耗能、电磁兼容性、外形尺寸等。在进行红外导引头总体设计时，总体设计人员应关注以下设计参数：

（1）典型目标及其特性，包括目标类型、目标温度特性和辐射特性、目标运动规律等；

（2）工作波段选择和探测器选择；

（3）视场；

（4）跟踪角范围、最大跟踪角速度、最小跟踪角速度；

（5）所需空间分辨率；

（6）作用距离；

（7）背景：背景类型，辐射特性和分布；

（8）搜索角范围、搜索方式、搜索周期；

（9）系统反应时间；

（10）输出信号参数；

（11）抗干扰要求；

（12）尺寸、质量、可靠性要求等。

4.3　红外探测器

4.3.1　红外探测器的分类

红外探测器是将光学系统接收到的目标辐射的连续热能信号转换成电信号的器件。红外探测器按响应波长可分为近红外探测器、中红外探测器、远红外探测器及极远红外探测器；按结构可分为单元红外探测器、线阵红外探测器及焦平面红外探测器；按工作温度、制冷需求可分为制冷红外探测器和非制冷红外探测器；按工作方式可分为光子红外探测器和热红外探测器，分别如图 4-6 和图 4-7 所示。

图 4-6　光子红外探测器

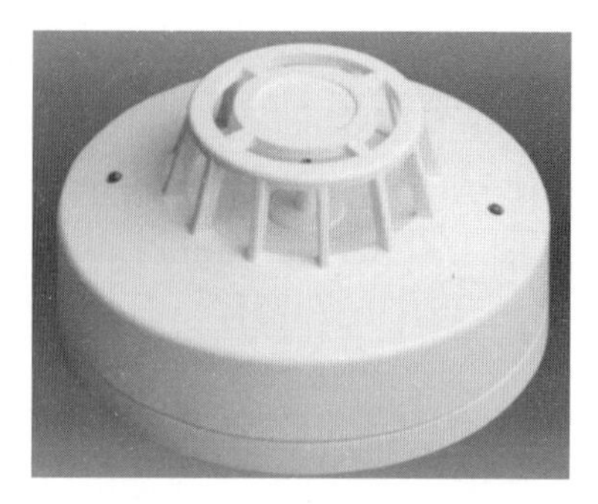

图 4-7　热红外探测器

以光子红外探测器和热红外探测器为例，前者的工作原理是利用内光电效应，激发能逸出表面的自由传导电子，以此来探测红外线；后者工作原理是当红外线辐射到热探测器上后，当温度发生变化时，物体的物理特性发生改变，利用改变程度确定强弱。

光子红外探测器可分为光导型探测器、光伏型探测器、光电发射型探测器及光磁电型探测器，其工作原理分别如图 4-8 和图 4-9 所示。

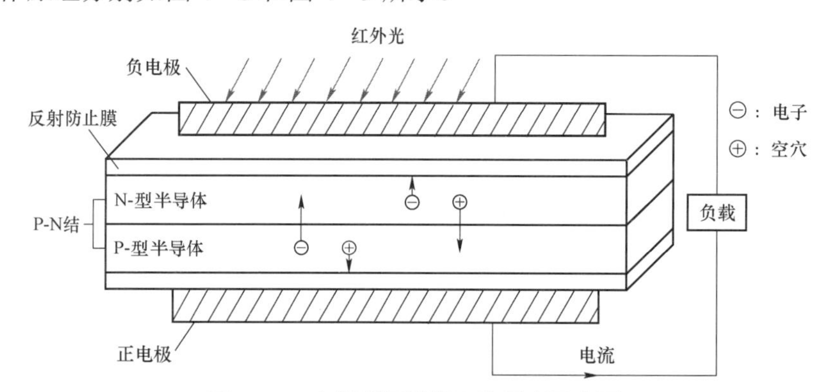

图 4-8　光伏型探测器工作原理示意图

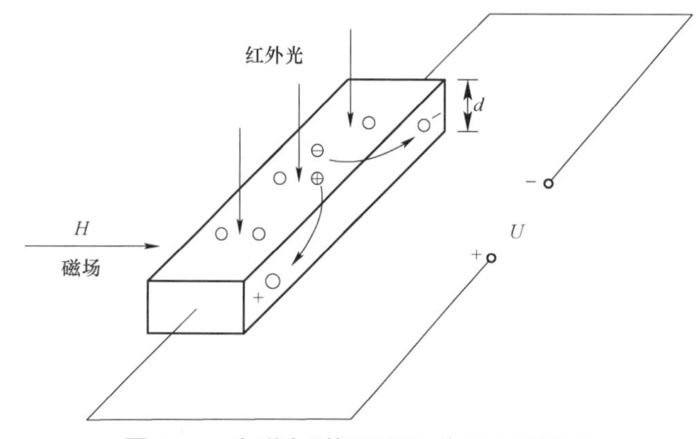

图 4-9　光磁电型探测器工作原理示意图

（1）光导型探测器是利用光电导现象制成的探测器。通过连接外电路，获取光学敏感器件的电导率变化，来反映红外特性强弱。应用场景主要有水分分析、火焰探测、红外光谱仪、火车轴温检测、安防、军事等。

（2）光伏型探测器是利用光生电动势效应制成的探测器。当有连接外电路时，就会有电信号输出。应用场景主要有光功率计、光纤通信、气体检测、水分检测、血液分析等。

（3）光电发射型探测器是利用光电子发射效应制成的探测器。应用场景主要有红外辐射强度测试和激光定位等。

（4）光磁电型探测器是利用光磁电效应制成的探测器。应用场景主要有红外辐射强度测试、气体检测和激光脉冲测试。

热红外探测器可分为热敏电阻探测器、热释电型探测器、气体型探测器及电热偶和热电堆探测器。

（1）热敏电阻探测器是通过热敏电阻值变化判断产生红外物体的温度。应用场景主要有工业流程温度测试、家用温度传感、电源电池温度监控等。

（2）热释电型探测器是利用热释电效应制成的探测器。应用场景主要有气体探测、人流量监测、安防等。

（3）气体型探测器是利用气体吸收红外辐射温度升高的特性制成的探测器。主要的探测器为高莱气动型探测器。应用场景主要有红外和太赫兹辐射探测器等。

（4）电热偶和热电堆探测器是利用温差电效应制成的探测器。温差电效应是由温差而引起电动势以及由电流而引起吸热和放热的现象。应用场景主要有温度测量、运动感应、存在检测等。

4.3.2　红外探测器的特点

红外制冷/红外非制冷探测器的特点如表 4－2 所示。

表 4－2　红外制冷/红外非制冷探测器的特点

类型	优点	缺点	适用范围
红外制冷探测器	成像效果好 灵敏度高 反应时间短	价格昂贵 体积较大 启动时间较长	只适用于一定的波长范围（10 μm 左右）
红外非制冷探测器	价格便宜 体积小 无须冷却	灵敏度低 反应时间长	全波段有平坦响应

传统制冷探测器性能的确优良，但存在很多问题，如使用条件苛刻、可靠性不足等导致其应用受到很大的限制。而红外非制冷探测技术发展迅速使其成为具有技术竞争力、低风险和成本竞争力的红外导引头导弹和弹药应用候选者，在技术竞争力上，灵敏度、帧速率等均能满足任务要求；在风险上，技术成熟度较高、焦平面器件可量产；在产品竞争力上，拥有大型商业市场基地，无须制冷器件及其相关器件。

分析红外非制冷探测器的性能指标主要有以下几个方面：

（1）噪声等效温差（NETD）可粗略估计系统的灵敏度，表征系统在噪声中分辨小信号的能力，计算公式如下：

$$\mathrm{NETD} = \frac{1}{\tau C \eta \sqrt{N_w}} \tag{4-1}$$

式中：τ 为光学透过率；C 为热对比度；η 为光子噪声与复合噪声之比；N_w 为一个积分周期内收集到的电子数。目前，红外非制冷 NETD 可达到 0.1 K 以下，甚至可达到 0.04 K。

（2）与红外制冷探测器的信噪比相比要低 1 个数量级，但其性能已经足够。

（3）像元数高达几百万，大大提高了热像仪的空间分辨率。

（4）信噪比和热灵敏度较高。

（5）通过增加像素大小提高了最小解析温差，目前制冷与非制冷的差异仅在于探测器的像素大小有区别。

红外非制冷探测器主要有以下特点：结构上，不需要制冷装置，体积和质量小，功耗小，整机工作寿命长，生产步骤简化，省略了调校、加工等复杂环节；制作上，不需要昂贵的特殊材料，制作工艺可以全部采用已成熟的半导体微细加工技术，有很好的热绝缘，可以批量生产，大大降低成本。但是还存在一些不足：不适合高速和瞬态现象的测量、噪声等效温差较低等。

4.3.3 红外非制冷探测器

红外非制冷探测器在军事领域有广泛的应用。20 世纪 90 年代初，美国国防部开始注重红外非制冷探测去的发展，美国德州 TI 仪器公司于 1994 年就已研制出第一台红外非制冷热像仪。目前，红外非制冷探测器在导弹寻的器、单兵携带手提式和头盔式热像仪、火炮、步枪、单人夜间瞄准器、自动武器及坦克车辆驾驶员的视觉增强器等方面均已得到应用。表 4－3 列出了红外非制冷探测器在部分导弹上的应用。

表 4－3　红外非制冷探测器在部分导弹上的应用

导弹名称	制导模式	研制国家/地区
精确攻击导弹	红外非制冷＋激光	美国
近程－长钉	红外非制冷＋CCD	以色列
迷你－长钉	红外非制冷＋CMOS	以色列
MMP 中程	红外非制冷＋电视	法国
新型“轻马特”	红外非制冷	日本
“红箭”－12	红外非制冷或电视	中国
小直径炸弹	红外非制冷＋毫米波＋半主动激光	美国
联合空地导弹	红外非制冷＋毫米波＋半主动激光	美国
MASTER 隐身巡航导弹	红外非制冷＋雷达	美国
FASGW 反舰导弹	红外非制冷	欧洲

红外非制冷探测器在军事应用中还应发展如下性能：相同性能条件下进一步减小像素尺寸；响应时间短，满足目标搜索需要；发展大阵列；高分辨率；低功耗及进一步缩小系统体积等。

4.3.4　红外制冷探测器

与红外非制冷探测器相比，响应时间为微秒或纳秒级，探测率一般比热红外探测器大 1～2 个数量级，响应速度快、可靠性高。因此，红外制冷探测器用于对灵敏度要求非常高的军事领域和部分工业领域中。

（1）外形尺寸、质量。部分红外制导应用受空间限制，对红外探测器组件外形尺寸和质量要求十分严格。旋转集成式制冷器具有体积和质量小、结构紧凑的特点。

（2）工作温度。以华北光电技术研究所生产的 320×256 中波红外探测器组件为例，表 4－4 列出了红外制冷探测器的主要性能指标。

表 4－4　红外制冷探测器的主要性能指标

技术指标	单位	工作温度	
		77 K	90 K
设计规格	—	320×256	320×256
像素大小	μm	30×30	30×30
响应不均匀性	%	4.72	4.67
平均峰值检测率	cm·$Hz^{1/2}$/W	3.84×10^{11}	3.52×10^{11}
NETD	mK	10.2	10.7
有效像元率	%	99.92	99.81
制冷时间	—	4 min48 s	4 min22 s
最大输入功率	W	12.72	11.28
稳态功率	W	6.24	5.28

（3）输入功率。红外探测器组件向低功耗方向发展，如果要降低红外探测器组件输入功率，则需要进一步提高制冷机制冷效率、降低杜瓦组件热负载和红外探测器电功耗、提高红外探测器工作温度。

（4）机械噪声。在制冷机工作过程中，不可避免地会发出一些噪声。可通过优化设计制冷机运动部件配合间隙，同时选用径向承载能力更大的轴承，制冷机噪声明显降低。

4.4　红外导引头的分类

红外导引头作用原理：首先，光学系统接收目标红外辐射，经调制器处理成具有目标信息的光信号；其次，红外探测器将光信号转换成易处理的电信号，再经电子线路进行信号的滤波、放大，检出目标位置误差信息；最后，输出给陀螺仪跟踪系统，驱动陀螺仪带动光学系统进动，使光轴向着目标位置误差方向运动，构成导引系统的角跟踪回路，实现导引系统跟踪目标（图 4–10）。

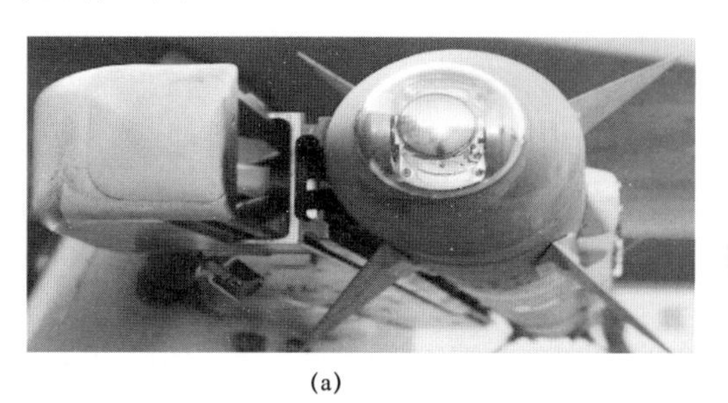

(a)

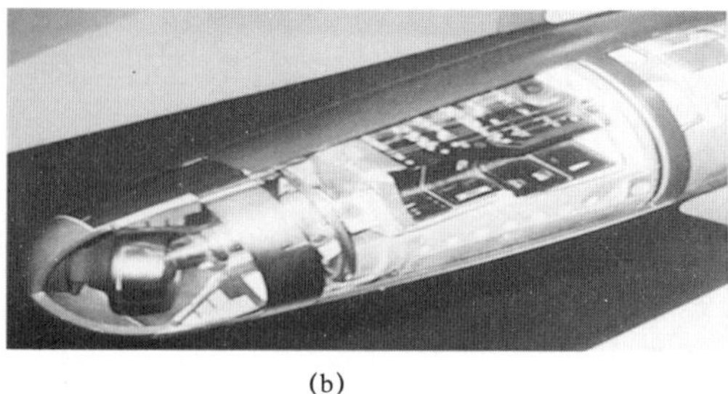

(b)

图 4–10　红外导引头实物

4.4.1　红外点源导引头

4.4.1.1　工作过程

红外导引头具体工作过程：① 开机后，伺服随动机构驱动红外光学接收器在一定角度范围进行搜索；② 光学接收器不断将红外辐射接收并汇聚起来给调制器，光学调制器将红外辐射信号进行调制，并进行光谱、空间滤波；③ 将信号传给探测器；④ 探测器把红外信号转换成电信号，经由前置放大器和捕获电路后，根据目标与背景噪声及内部噪声在频域上和时域上的差别，鉴别出目标。

4.4.1.2　系统组成

如图 4–11 所示，红外点源导引头组成主要包括红外光学系统（光学接收器）、调制盘、红外探测器（及其制冷装置）、信号处理及角跟踪系统等。光学系统将红外辐射传递给调制盘进行滤波，即可对辐射进行调制编码；红外探测器（及其制冷装置）的作用是将经汇聚、调制或扫描的红外辐射转变为相应的电信号（光电转换器）；信号处理的作用是提取出经过编码的目标信息；角跟踪系统的作用是实现对目标的搜捕与跟踪。

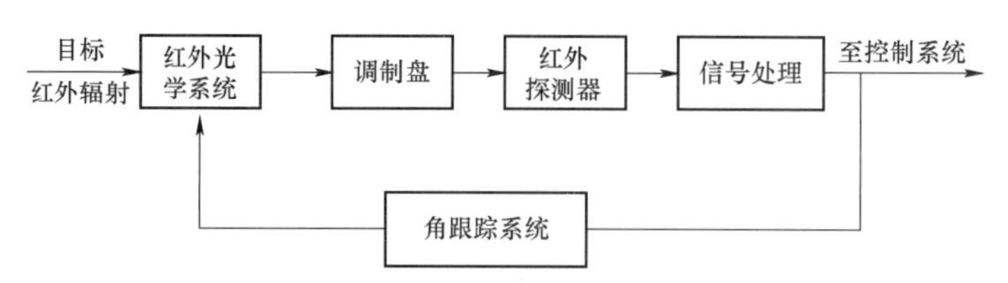

图 4–11　红外点源导引头组成部分

1. 红外光学系统

红外光学系统主要包括整流罩、主反射镜、次反射镜、探测器及提高性能组件（图 4–12）。整流罩为半球形的同心球面透镜，为导弹的头部外壳，有着良好的空气动力特性，能投射红外线；主反射镜的作用是汇聚光能，是光学系统的主镜，一般为球面镜式抛物面镜；次反射镜的作用是主反射镜汇聚的红外光束，经次反射镜反射回来，大大缩短了光学系统的轴向尺寸；提高性能组件的作用是校正透镜、滤光片、浸没透镜、伞形光阑。

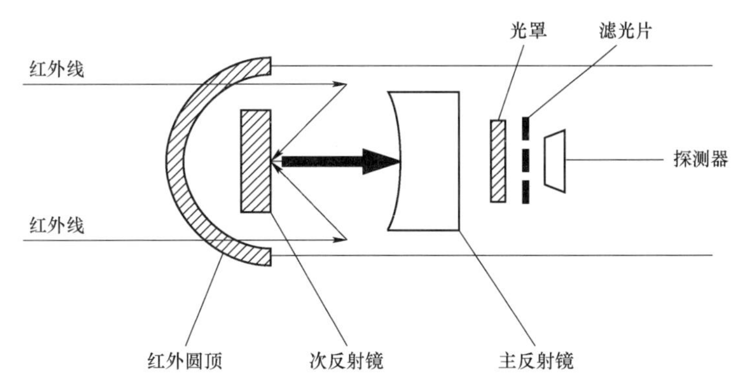

图 4－12 红外光学系统

用一个等效凸透镜代表光学系统，目标视线与光轴夹角为$\Delta\varphi$。当$\Delta\varphi=0°$时，目标像点落在 O 点；当$\Delta\varphi\neq0°$时，目标像点 M 偏离 O 点，设距离偏差 $OM=\rho$，由于$\Delta\varphi$很小，则$\rho=f\tan\Delta\varphi\approx f\Delta\varphi$、$\theta=\theta'$，即距离$\rho$表示了误差$\Delta\varphi$的大小，$f$为光学系统的焦距。坐标 YOZ 与 $Y'OZ'$ 相差 180°，目标 M' 位置与 OZ' 轴的夹角为θ'，像点 M 与 OZ 轴的夹角为θ（像点方位角），由图 4－13 可得$\theta=\theta'$，即像点 M 的方位角反映了目标偏离光轴的方位角θ'。因此，光学系统焦平面上的目标像点 M 位置参数ρ、θ 表示了目标 M' 偏离光轴的误差角$\Delta\varphi$的大小和方位。

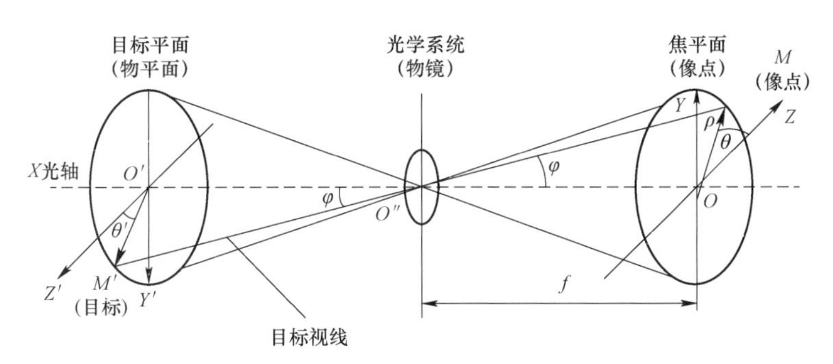

图 4－13 目标和像点的位置关系

如果放在焦平面上的调制盘的直径为 d，与光轴的角α范围内的斜束光均可聚焦到调制盘上，比角α更大的斜光就落到调制盘外边。如图 4－14 所示，这部分能量就不能被系统所接收。

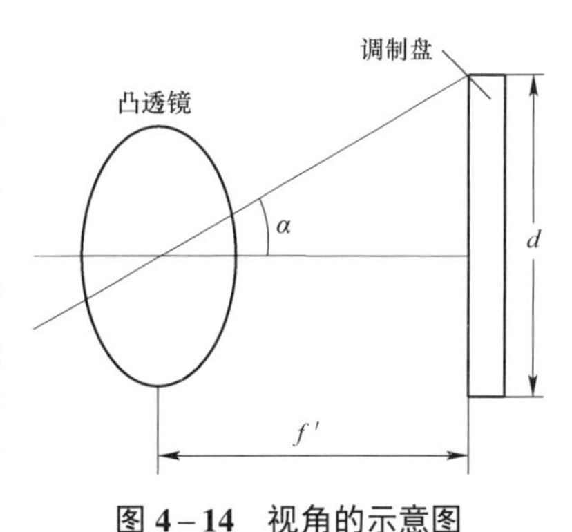

图 4－14 视角的示意图

因此，角α决定了这个系统所能观察到的有效空间范围大小。称α为光学系统的视角（瞬时视场）。调制盘对称于光轴，所以光学系统全部视场角为 2α，视场角大，导引头观察空间就大，但视场角大，背景干扰就大，需要导引头的横向尺寸也大。综合考虑，导引头的视场角不能设计得太大。

2. 调制盘

目标在不同位置，输出的信号各不相同。图 4－15 所示为目标偏差不同时的像点位置。

（1）目标位于光轴上，失调角$\Delta q_1 = 0°$，此时调制盘两半盘的平均透过率相等，故光敏电阻输出的是一常值的电流信号。电容隔直流，信号输出u'_{F1}为零，误差信号$u_{\Delta 1}$为零。

（2）栅极弧长较小，目标像点大于一个格子（像点不能全部透过白色格子，也不能全部被黑格挡住），所获得脉冲信号幅度值较小。信号经过滤波以后为u'_{F2}，经信号放大、检波后为$u_{\Delta 2}$，其幅值与目标偏差角Δq_2成正比：

$$u_{\Delta 2} = k\Delta q_2 \sin 2\pi f_b t = U_{m2} \sin \Omega t \tag{4-2}$$

式中：k为比例系数；$\Omega = 2\pi f_b$，为调制盘的旋转角速度。

（3）目标像点刚好等于一个格子，获得的电脉冲信号幅度值最大。计算公式与式（4－2）相同。

（4）当目标像点落在调制盘上的位置④时，此时脉冲信号幅度值也为最大。但是，由于弧度较长，目标像点透过和被挡住的时间也比较长，所以电脉冲信号的前后沿变得陡直些，并且最大幅度值保持一定时间。

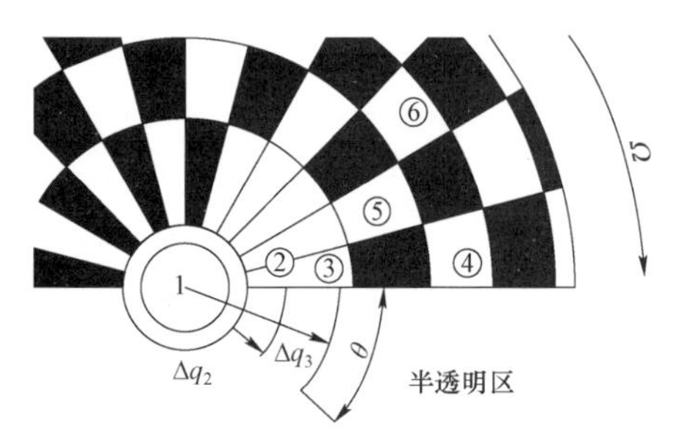

图 4－15　目标偏差不同时的像点位置

（5）若像点落在调制盘上的位置⑤时，此处的特点是格子的弧度更长了，但格子的宽度却小于目标像点的直径，因此，电脉冲的幅度开始减小，而脉冲信号的宽度增加。

（6）当目标像点落在调制盘上的位置⑥时，则透过的热辐射通量始终为 50%，即与位置①的情况相同，光敏电阻输出的直流信号经耦合电容后为零。因为目标机动，偏差信号在不断变化，像点不可能始终位于调制盘上的位置⑥。

3. 信号处理单元

红外点源导引头中信号处理电路主要是对目标误差信号进行电流、电压放大，对误差信号进行解调和变换，保证跟踪系统的工作不受弹—目相对距离变化的影响，保证导弹在发射前陀螺仪转子轴与弹轴相重合。图 4－16 所示为误差信号处理电路流程。

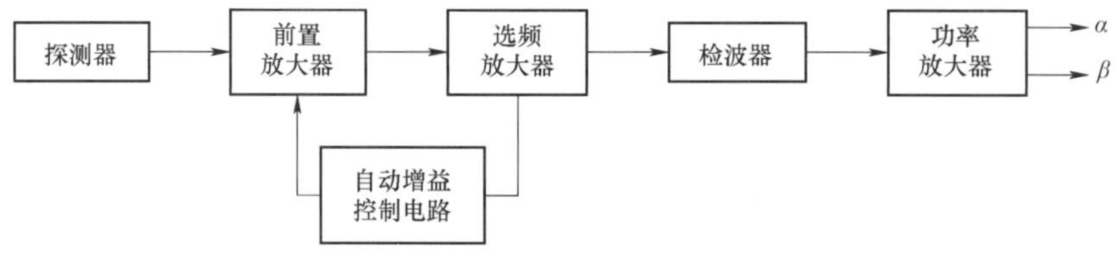

图 4－16　误差信号处理电路流程

信号处理电路工作过程为目标的辐射经过调制盘的调制，照射到探测器上。探测器输出的是一个包含目标方位信息的微弱的电压信号，通常为微伏或毫伏量级，这样微弱的信号必须经过信号处理电路进行放大、解调和变换后，通过伺服系统控制导弹跟踪目标。

4.4.2　红外成像导引头

与红外点源导引头相比，红外成像导引头具有抗干扰能力强、制导精度高、空间分辨率和灵敏度高及探测距离大，以及具有环境适应性、具有准全天候功能等优点。

4.4.2.1　工作过程

红外成像导引头的基本组成如图 4－17 所示。

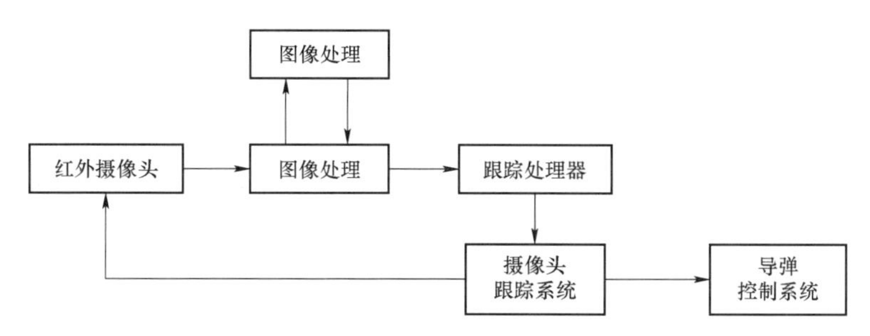

图 4－17　红外成像导引头的基本组成

红外成像导引头的具体工作过程：首先，在导弹发射之前，由制导站的红外前视装置搜索和捕获目标，根据视场内各种物体热辐射的差别在制导站显示器上显示出图像。然后，目标的位置被确定之后，导引头便跟踪目标。导弹发射后，摄像头摄取目标的红外图像并进行处理，得到数字化的目标图像，经过图像处理和图像识别，区分出目标、背景信号，识别出真假目标并抑制假目标。最后，跟踪装置按预定的跟踪方式跟踪目标，送出摄像头的瞄准指令和制导系统的导引指令，引导导弹飞向预定目标。

4.4.2.2　系统组成

红外导引头由红外成像器、视频信号处理器、信号预处理部分等组成。

（1）红外成像器。红外成像器的基本组成如图 4－18 所示。红外成像器可分为光学装置、稳速装置、红外探测器、信号放大器、信号处理器及扫描变换器等。

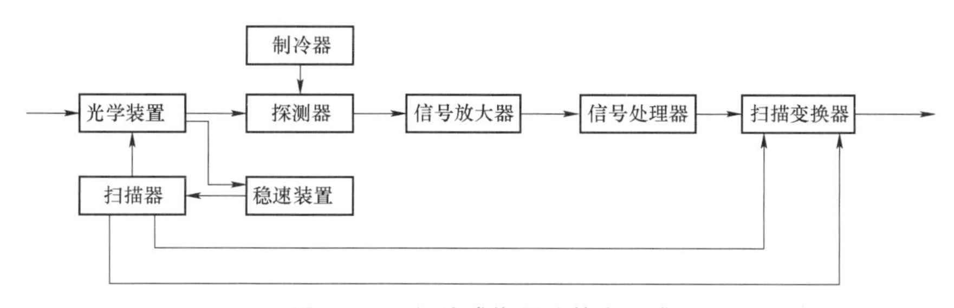

图 4－18　红外成像器的基本组成

（2）信号视频预处理。信号视频预处理的主要作用是进行图像分割、滤波、增强、阈值检测、自适应量化及 A/D 转换等。

4.5　红外导引头的关键技术

红外导引头在成像制导方面提升明显，其中，红外探测技术、自动识别技术、图像实时处理技术为红外导引头的关键技术。

1. 红外探测技术

红外探测技术可分为非成像探测技术和成像探测技术。非成像探测技术已经相当成熟，成像探测技术在未来将进一步向基于空间几何特征、多光谱特征、偏振特征等构成的多维空间综合识别方向发展。

2. 自动识别技术

如何对目标实行自动识别是精确制导武器所面临的巨大瓶颈技术之一。传统的方法是应用统计模式识别，随着目标识别与跟踪算法的不断进步而提高。目前，主流的方法是基于视觉的知识模式，但是随着战场环境复杂等问题会使自动识别技术迎来新的挑战。

3. 图像实时处理技术

图像实时处理技术可分为红外图像预处理、红外图像实时检测及目标图像实时跟踪三个部分。对于目标图像实时跟踪部分传统算法主要有模板匹配、光流法及卡尔曼滤波法等。

参考文献

［1］赵善彪，张天孝，李晓钟. 红外导引头综述［J］. 飞航导弹，2006（08）：42－45. DOI：10.16 338/j.issn.1009－1319.2006.08.008.

［2］张家斌. 捷联式导引头视线角速率提取研究［D］. 北京：北京理工大学，2016.

［3］赵永亮，张天孝. 红外成像导引头抗干扰技术研究［J］. 航天电子对抗，2009，2 5（01）：14－16+61.

第5章
激光导引头

5.1　激光导引头概述

激光导引头用激光作为跟踪或传输信息的手段解算导弹偏离目标位置的角误差量形成制导指令修正导弹飞行轨迹。激光制导武器具有精度高、抗干扰能力强、结构简单、成本低等特点，易于与其他制导系统兼容。目前，激光导引头已广泛应用于各种武器装备中，并在近年来的世界局部战争和冲突中发挥了越来越重要的作用。同时，激光制导技术还与其他新技术相结合，拓展了其应用领域，产生了许多新型武器装备，具有巨大的发展潜力。

5.1.1　激光简介

1. 激光特性与激光测量

1917 年，爱因斯坦提出了“光与物质相互作用”，即高能级上电子受到某种光子的激发从高能级跃迁到低能级上，同时辐射出与激发它的光相同性质的光。在某种状态下能出现一个弱光激发出一个强光的现象称为“受激辐射的光放大”，简称激光（图 5－1）。

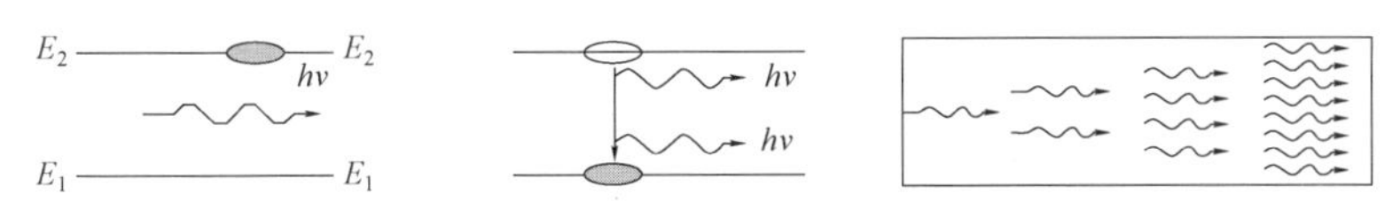

图 5－1　激光原理示意图

2. 激光器

世界上第一台激光器于 1960 年由美国科学家梅曼研制，其工作过程为高强闪光灯激发红宝石，在红宝石表面镀上反光镜得到一条集中而纤细的光柱，使红宝石发出一种红光，在红宝石上钻一个孔，红光可以从此孔中溢出（图 5－2）。

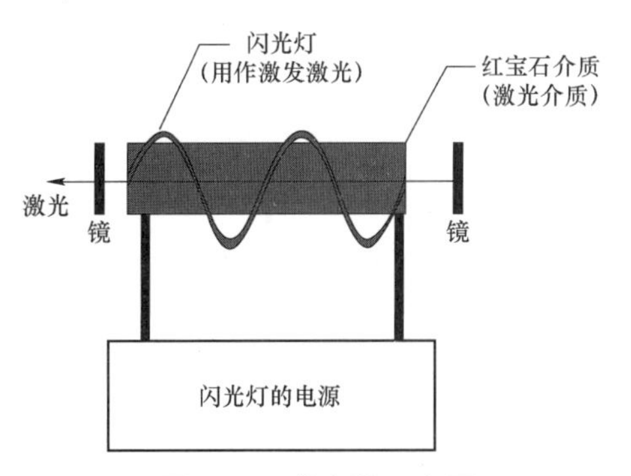

图 5－2　激光器示意图

3. 激光的特性

激光具有方向性好、亮度高、单色性好及相干性好等性质。在方向性好方面，光束发散角越小，方向性越好，发散角一般在 1 mrad 量级以内，常被用来远距离瞄准或探测；在亮度高方面，1 mW 氦氖激光器比太阳亮 100 倍，大型激光器比太阳亮 100 亿倍，用于精密打孔、焊接、切割；在单色性好方面，谱线宽度越窄，光束单色性越好，单色性好则相干度和亮度高，有利于精确距离和速度测量；在相干性好方面，相干性与方向性、单色性密切相关，方向性、单色性越好，相干性越好，典型应用有激光全息照相。

5.1.2 激光导引头的发展历程

自 1960 年激光问世以来，激光半主动寻的制导弹药得到了迅速发展。美国于 1965 年开始研究激光半主动寻的制导炸弹，激光半主动寻的制导炸弹实际上是在普通炸弹的基础上增加了激光制导部件。1965 年年初，美国空军评估了激光半主动寻的制导系统应用于普通炸弹的可行性。1965 年 4 月，美国德州仪器公司研制的激光制导炸弹在埃格林空军基地成功空投。后来，激光半主动制导炸弹因为被空军列入“宝石路计划”而得到全面研制。

1972 年，“宝石路计划”Ⅱ之前研制生产的激光半主动制导炸弹，统称为“宝石路”Ⅰ系列激光制导炸弹，其主要的优点是命中精度比普通炸弹提高了约 100 倍，增大了射程范围。其研制始于 1974 年，1977 年生产并装备部队，采用了更为先进的技术。

2003 年 12 月开始正式研制“宝石路计划”Ⅳ，其最大的提升是变成全天候制导武器，采用了先进的 GPS 信号接收器，具备了精度更加提升、可打击移动目标等特点。

5.1.3 典型激光制导武器

经过半个多世纪的不断发展，激光制导武器涵盖多个领域，主动式激光制导武器作战效能高，“可发射后不管”。但是，由于技术发展还不够成熟，激光半主动制导武器则是当前发展的主流。下面对典型的激光制导炸弹及导弹进行介绍。

1. “宝石路”（Paveway）系列激光制导炸弹

美国的“宝石路”系列激光制导炸弹是世界上种类最多、应用最广的系列精确制导炸弹。“宝石路”Ⅰ型和“宝石路”Ⅱ型是前两种型号。“宝石路”Ⅲ型于 1980 年开发，采用模块化设计（图 5-3）。通过使用自适应数字自动驾驶仪、大视野和高灵敏度导引头，具有最大的操作灵活性。它的射程更远，可以从低空投掷。它具有远距离和全天候作战能力。1999 年，它在“沙漠之狐”行动中扮演了重要角色。

2. “铁锤”（AASM Hammer）激光制导炸弹

“铁锤”激光制导炸弹包括制导装置、动力增程组件和标准炸弹，可集成不同类型的制导装置和炸弹。锤式炸弹的制导系统包括 GPS/INS 组合制导、INS/GPS+红外成像制导或 INS/GPS+激光半主动制导。“铁锤”激光制导炸弹于 2013 年通过鉴定，其性能和可靠性已经通过海外实战得到验证，打击高价值目标的能力已经得到证明（图 5-4）。

图 5-3 “宝石路”Ⅲ型的激光导引头

图 5-4 “铁锤”激光制导炸弹的激光导引头

3. “圣火”（Pyros）小型战术弹药

随着大量无人机投入实战，无人机（UAV）机载武器发展迅速。近年来，战场上对高精度、低附带损伤和低成本的小型精确制导弹药的需求急剧增加，促进了无人机携带微型弹药的发展。

这种用于“圣火”的小型战术弹药由雷西昂公司研发，用于无人机平台，是目前最小的空射制导炸弹。该弹药的质量只有 6.12 kg，长度为 55.8 cm，具有高机动性，是美国雷神公司产品库中最小的空射武器。2012 年 8 月初，雷神公司完成了第一次闭环测试，并于 2014 年7月18日进行了第一次实弹射击测试。这两次测试的目标是安装爆炸装置的模拟叛乱分子，该弹药使用爆炸高度传感器，弹头在预定高度引爆（图 5–5）。

图 5–5　雷神公司研制的“圣火”弹药

4. 美国 AGM–114“海尔法”反坦克导弹

美国 AGM–114“海尔法”空地导弹是最具代表性的激光半主动制导导弹，它在 1985 年具备了初始作战能力（图 5–6）。经过不断改进和发展，它已经形成了一个导弹家族，最新型号是 AGM–114R。发射平台已从最初的直升机扩展到固定翼飞机、无人机、车辆、船舶等。它具有多种作战能力，可应对多种目标，用户遍布全球。

AGM–114“海尔法”反坦克导弹采用模块化设计，在不断发展和改进的过程中，新技术不断应用于制导系统。例如，导引头作为制导系统的核心部件，经历了许多改进，包括改进了原型激光导引头的性能，并采用了新型导引头。

图 5–6　AGM–114“海尔法”反坦克导弹的激光导引头

5. “矛头”（Pike）微型导弹

“矛头”微型导弹是雷神公司开发的便携式精确制导微型导弹，由安装在步枪上的榴弹发射器发射，射程为2 km。它是一种用于步兵和其他地面部队的远程精确制导武器（图5－7）。“矛头”微型导弹可以放在手掌上，精度与一些大口径弹药相同。该导弹使用无烟火箭发动机，可在导引头工作前飞行15 s。当发现目标时，它进入控制飞行。

6. APKWS Ⅱ 70 mm制导火箭弹

APKWS Ⅱ 70 mm制导火箭弹是美国陆军开发的一种低成本制导武器，它在70 mm“九头蛇”无控火箭和武装直升机或固定翼飞机的基础上配备了制导系统，填补了70 mm“九头蛇”无控火箭和“海尔法”反坦克导弹之间的空白（图5－8）。APKWS Ⅱ 70 mm制导火箭弹已在美国及其盟国服役，命中率超过93%。

图5－7 “矛头”微型导弹

图5－8 APKWS Ⅱ 70 mm制导火箭弹

激光半主动制导武器以其成熟的技术和独特的优势，在现代战场上得到了广泛的应用。随着现代战场对抗手段的不断升级，精确制导武器正逐步从单一制导模式向多模复合制导发展。

5.2 激光导引头的性能要求

激光导引头的主要技术指标要求如下：

（1）工作波段为（1 064±2.5）nm。

（2）瞬时视场角为±15°，可偏置±0.5°，线性区不小于±5°。

（3）作用距离不小于3.5 km（能见度不小于10 km，照射距离5 km，激光单脉冲能量不小于60 mJ，照射角度不大于30°，目标漫反射系数不小于0.2）。

（4）工作方式为单四象限。

（5）光敏面大小为ϕ10 mm。

（6）接收通光口径为ϕ32 mm。

（7）系统畸变不大于1%。

主要技术指标要求中指出，系统视场为±（15±0.5）°，系统的入瞳为ϕ32 mm，代入焦距临界值18.66 mm时，相对孔径的像方数不小于0.58。由这些外部参数可得出结论：所设计的光学系统是一个大视场、大相对孔径、短焦距的近红外接收系统。

5.3 激光导引头的分类

激光导引头可分为半主动寻的制导和主动寻的制导。在半主动寻的制导方式下，首先位于飞机上或地面上的激光器发射的激光束照射目标，弹载导引头光学系统接收目标反射的激光回波信号；然后通过弹载计算控制部分引导武器命中目标。主动激光制导模式中的激光位于导弹本体上，导弹发射后，可以主动发射并接收激光回波信号，发现并攻击目标。

5.3.1 半主动式激光导引头

如图 5－9 所示，半主动寻的制导方式是由位于飞机上或地面上的激光器发射的激光束照射目标，半主动激光导引头光学系统接收目标反射的激光回波信号，根据探测器上光斑的位置计算出导弹的视线夹角，并通过弹载计算机生成制导和控制指令，引导武器命中目标。

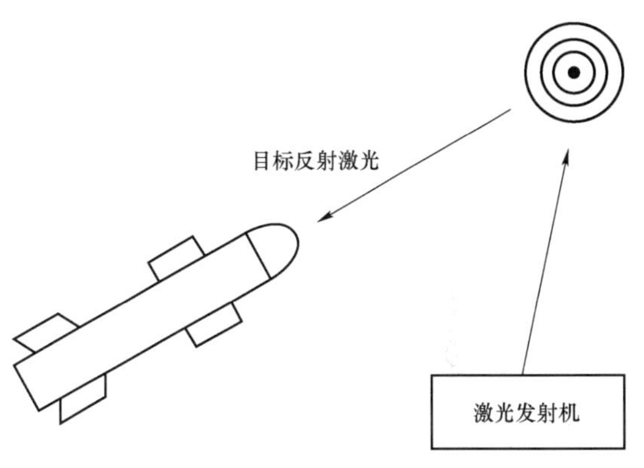

图 5－9 半主动寻的制导示意图

位标器包括修正系统的陀螺仪和带光学接收装置的物镜。转子本身旋转轴的角状态用定宽调幅电流脉冲进行修正，每次对目标的照射都由光学接收装置进行接收并在电子部件内形成修正脉冲。

光学接收装置用来接收通过滤光镜的球面整流罩和物镜的目标反射的激光脉冲信号。光学接收装置由双四象限光电二极管和 8 个内装式放大器组成。电子部件的作用是：对光照射脉冲进行时间选择和处理，接收和处理重力补偿；形成自动导引头控制炮弹的输出信号。

激光半主动寻的制导是指导弹外的激光目标指示器向目标发送激光脉冲编码信号，导弹上的激光导引头通过处理被探测目标的漫反射激光获得目标方位信息，从而形成制导控制指令，使导弹上的控制系统及时修正导弹飞行轨迹，直至准确命中目标的一种制导方法，如图 5－10 所示。

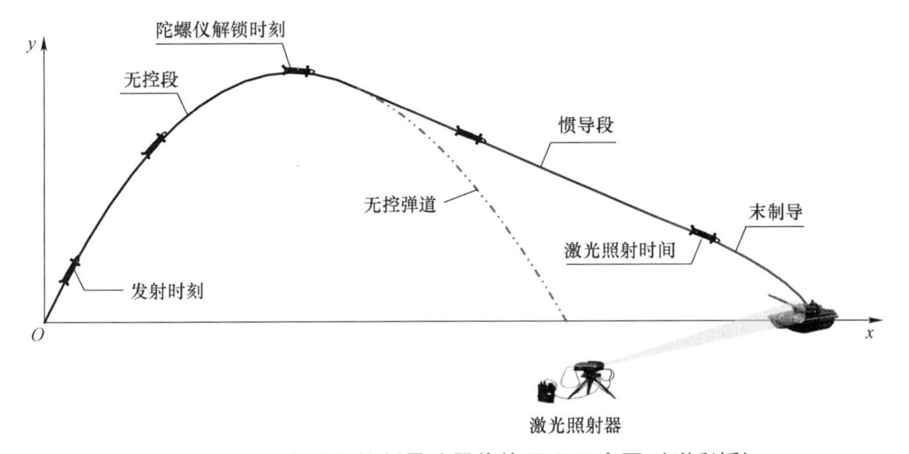

图 5－10 半主动寻的制导武器作战原理示意图（附彩插）

一般地，导引头都装有前端保护体，称为鼻锥部，在弹道上选择合适时机，启动电爆管，抛掉鼻锥部，导引头即可接收目标信号。

5.3.1.1 工作原理

导引头一般采用双四象限光电探测器，对来自不同区域的信号采用不同的模式处理。对外围区的信号可以采用开关电路进行处理；对中心区四象限的信号采用线性电路进行处理，从而调节导引头的跟踪视场。在目标捕捉阶段，双四象限均可接收目标信号，跟踪视场角为$-15°$～$15°$，便于发现和捕捉目标（图 5－11）。然而，在自动导引阶段（线性跟踪阶段），外围信号通道被关断，导引头跟踪视场缩小到$-3°$～$+3°$，从而降低了外部干扰的概率。

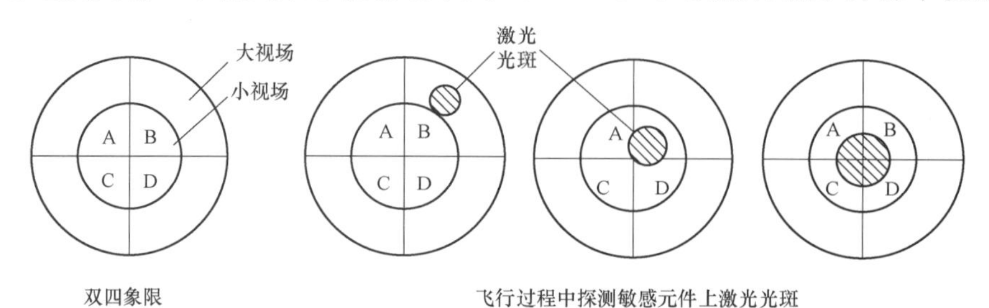

图 5－11　双四象限激光探测敏感元件

导引头是一个陀螺仪跟踪装置，能接收来自目标反射的激光脉冲，当目标偏移光轴时，激光能量在四象限上分布不等，经和差运算后可得出偏移量的大小，如图 5－12 所示，它的线性范围取决于光斑的大小和四象限元件的离焦量等因素。根据偏移量的大小和方向得到误差角，并给出相应的控制信号。控制信号与导弹－目标视线的角速度成比例，这个误差信号反映了陀螺仪轴偏离导弹目标视线的方位角和幅度。在此控制信号的作用下，导引头会产生一个修正力矩，使陀螺仪向目标方向运动，并使误差角接近于 0°，半主动激光导引头跟踪回路原理如图 5－13 所示。在制导过程中，同时向舵舱发送控制信号，以保证导弹能够稳定跟踪目标。

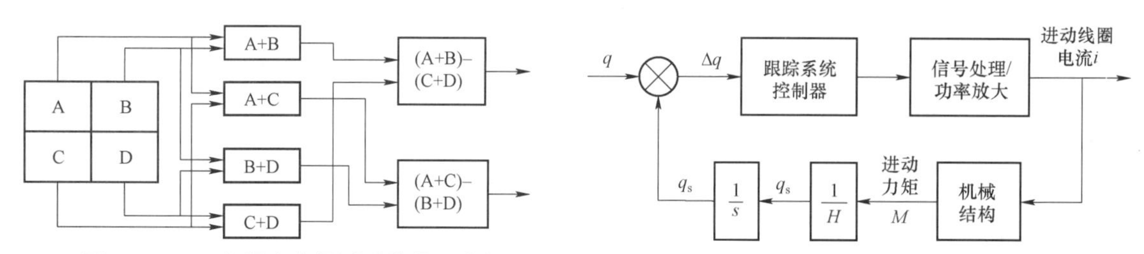

图 5－12　四象限光电探测系统处理流程　　**图 5－13　半主动激光导引头跟踪回路原理示意图**

半主动式激光导引头具有结构简单、成本低廉、精度高、易实现等优点。半主动寻的制导武器实物如图 5－14 所示。

图 5－14　半主动寻的制导武器实物

5.3.1.2 导引头的结构组成

1. 结构组成

半主动式激光导引头在结构上主要由位标器和电子组件组成。位标器由探测器、光学系统和陀螺仪组成，主要有陀螺仪光学耦合式和陀螺仪稳定光学系统式两种结构类型。如图 5－15 所示，美国陆军研制的 155 mm“铜斑蛇”激光制导炮弹导引头，采用的即为陀螺仪光学耦合式位标器，其探测器与弹体固连，光学系统装在陀螺仪上，陀螺仪起稳定光学系统探测轴的作用。这种位标器的特点是结构简单，易于实现，但动态视场小。

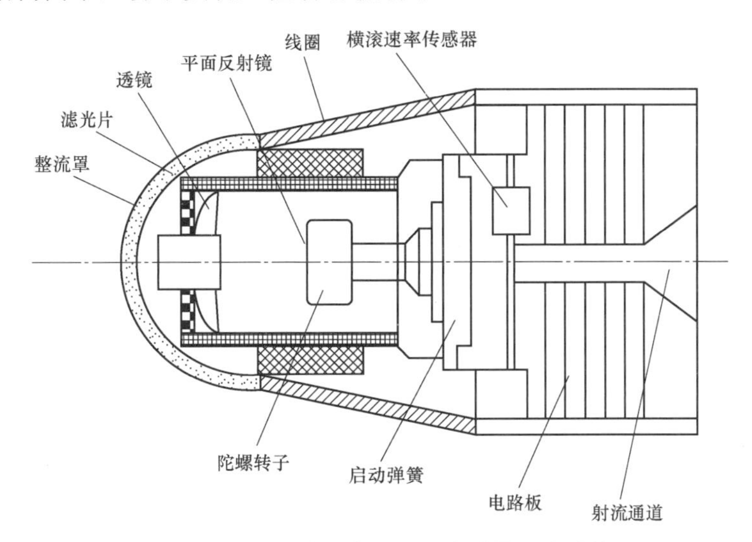

图 5-15　“铜斑蛇”激光制导炮弹导引头结构图

如图 5-16 所示，美军武装直升机上装备的“海尔法”反坦克导弹导引头采用陀螺仪稳定光学系统型协调器，其探测器和光学系统安装在光学系统光轴稳定的陀螺仪上。该陀螺仪结构相对复杂，但对光轴稳定性好，动态视场大。

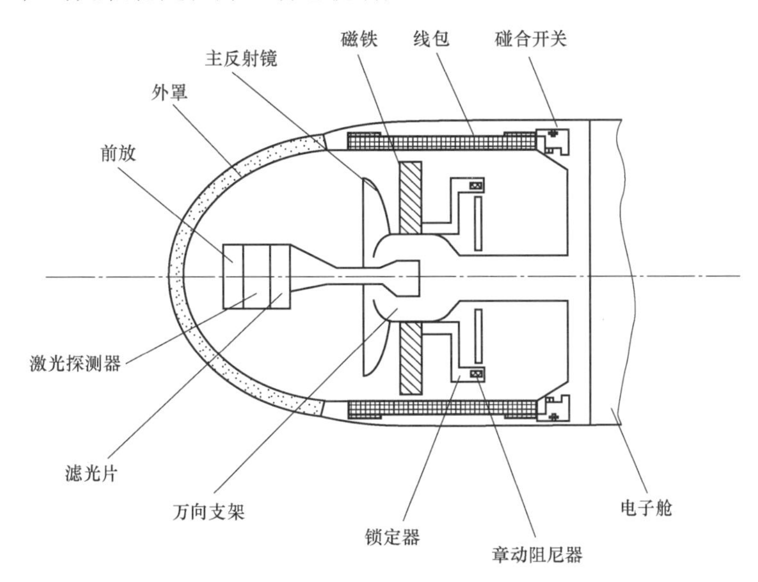

图 5-16　“海尔法”反坦克导弹导引头结构图

2. 激光寻的系统

1）概述

在制导过程中，导弹外的激光目标指示器照射目标，导弹上的激光导引头接收目标反射的激光束能量作为制导信息，形成控制指令，发送给导弹自动驾驶仪，使导弹实时瞄准目标，直至命中或导弹自毁。激光寻的制导系统由一个激光导引头和一个激光目标指示器组成。

激光寻的制导系统的工作原理：① 发射前，载机火控雷达搜索并锁定目标后，雷达使激光导引头位标器的光轴对准目标，位标器与雷达随动。机上截获程序控制指令送给激光发射编码控制电路开启激光器，发射编码激光，导引头按载机截获程序围绕雷达指示的瞄准线进行扫描搜索。激光接收机接收目标反射激光能量，经过四象限光电探测器和预处理后，送到信息处理系统进行解码识别、距离识别和阈值判定。当判别是要攻击的目标信号时，截获逻辑系统发出捕获指令，位标器即自动截获目标，并自动跟踪该目标，位标器同时自动脱离雷达随动。这时飞行员得到目标截获信号，可以发射导弹。② 发射后，导弹飞行中有两种情况需要导引头自动截获目标：一是目标受干扰而暂时消失，需重新截获目标；二是激光主动末制导情况，发射前未跟踪目标。中制导可能采用惯性制导、半主动制导或程序制导。中制导转向激光主动末制导交班期间，激光主动导引头需要按中制导指向，进行搜索扫描，并自动截获目标。

2）激光测距目标指示器

（1）工作原理。激光测距目标指示器一般由光学瞄准、激光发射、激光接收等系统组成。光学瞄准可以通过白光、电荷耦合器件、热成像等光学手段实现对白天和夜间目标的侦察，目标反射的回波信号通过发射单脉冲激光到达激光接收系统。激光测距目标指示器通过时间/数字转换技术获得与目标之间的距离，结合自身坐标、高低方位角和目标与北向的夹角，计算出目标坐标，并将其发送给火控单元进行发射数据计算；激光测距目标指示器会根据密码手动或自动绑定激光代码，在指定时间启动激光指示命令，发送编码后的激光照射目标，引导制导弹药命中目标。配置激光测距目标指示器的跟踪装置可以解决运动目标的跟踪问题。

激光测距目标指示器的工作原理框图如图 5-17 所示。

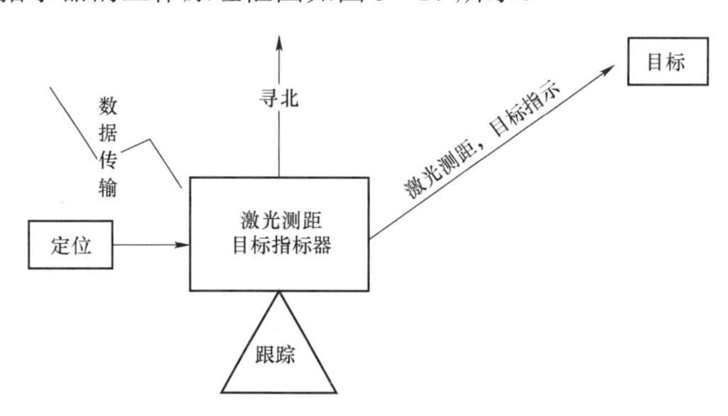

图 5-17　激光测距目标指示器的工作原理框图

（2）发展历程。1960 年 7 月，美国休斯飞机公司实验室的研究人员梅曼成功演示了世界上第一台红宝石固体激光器，继而全世界一批批发明家陆续发明了各种类型的激光器，激光诞生后第一项成熟的应用就是用于军事目的。世界上最早将激光技术用于精确打击的是美国“宝石路”激光制导炸弹，20 世纪 70 年代开始试用并装备部队，在越南战争后期曾投入战场。

苏联于 20 世纪 80 年代，将“红土地”激光制导炮弹武器系统装备部队，无论是激光制导炸弹还是激光制导炮弹武器系统，都配备了地面激光测距目标指示器。早期的激光测距目标指示器采用的是氙灯抽运激光技术，其体积较大、功耗较高、可靠性差，随着工艺技术水平的提升，现在已经基本上完成了半导体抽运激光技术的升级换代，缩小了体积，减轻了质量，提高了可靠性；使用平台也由单一的炮兵地面向车载、机载、舰载等多平台发展。部分国外地面激光测距目标指示器主要性能指标如表 5－1 所示。

表 5－1　部分国外地面激光测距目标指示器主要性能指标

指示器产品名称	PLLD	LLDR	DHY307	PLDRII	Director－M
抽运模式	二极管抽运	二极管抽运	二极管抽运	二极管抽运	二极管抽运
激光波长/nm	1 064	1 064	1 064	1 064	1 064
能量/mJ	130	80	80	—	30
发散角/mrad	0.13	0.3	—	—	0.5
制导距离/km	10	10	10	10	6
跟踪角测量	固定或移动目标	固定或移动目标	固定或移动目标	固定或移动目标	固定或移动目标
定位	内置	外置	外置	内置	外置
现场监测	是	否	是	是	否
热成像接口	是	是	是	是	是
点火方式	手动或遥控	手动或遥控	手动或遥控	手动或遥控	手动或遥控
主机质量/kg	8	5.2	4.5	6.7	1.76

5.3.1.3　关键技术

半主动式激光导引头在低成本的前提下，大幅提高了炸弹的命中精度，具有较高的战场灵活性与战术选择性。半主动式激光导引头关键技术主要包括激光脉冲编码和光电探测器。

1. 激光脉冲编码

激光编码激光脉冲，可以提高激光制导武器的抗干扰能力，避免重复杀伤和意外伤害。重复频率、能源、激光脉冲的宽度和偏振方向是设计导引头时需要考虑的有限的使用条件，这也限制了编码方案的选择。常用的编码方案通常包括脉冲间隔编码、有限位随机周期脉冲序列和低比特伪随机代码。

2. 光电探测器

导引头上光电探测器是一个重要的传感器，用于获取目标的空间坐标信息。光电探测器的设计要求高感光区域、光谱灵敏度、频率敏感性、噪声等效功率等。大多数光电探测器的激光半主动寻的器主要用于 1.06 μm 波长检测，常见的四象限或八象限光电探测器，宽广的视野可以获得更高精度的偏差角和高角分辨率。

5.3.2 主动式激光导引头

从 1972 年首次将激光制导炸弹应用在实战后，激光制导武器便拉开了发展的序幕，经历了 50 多年的进步与发展，激光制导武器已在导弹、炮弹等多种型号上进行了覆盖，应用范围较广，且在现代战争中得到广泛应用。相较于半主动式激光制导，主动式激光制导最大的特点是可以实现“发射后不管”，也是与其他制导方式最根本的区别。这一特点也是提高制导武器作战效能及生存能力的重要保障。因此，发展基于主动式激光制导的全主动、高制导精度的制导方式成为激光制导系统发展趋势。主动式与半主动式激光制导方式在实现方式、系统体积等方面的比较如表 5－2 所示。

表 5－2　主动式与半主动式激光制导方式在实现方式、系统体积等方面的比较

制导方式	实现方式	系统体积	制导效率
主动式	复杂	体积大	高
半主动式	简单	体积小	低

在主动式激光制导武器的研制初期，由于要先通过机载雷达锁定目标后才能进行照射，导致灵活性不高。随着激光成像等技术的研究与突破，目前主动式激光制导武器的激光器位于弹体上，与导引头集成。通过俯仰机构可实现对激光器的方位角度及俯仰控制，从而使可扫描的视场变大。弹载激光器发射出的激光照射到目标后，导引头的光学系统可接收到目标反射的激光回波。弹载计算机对回波进行解读，从而获得此时目标的方位信息，再通过弹体控制系统对弹体的飞行姿态和轨迹进行调整。同时再将控制指令发送给激光器的俯仰机构，从而实现对目标的跟踪，其示意图如图 5－18 所示。

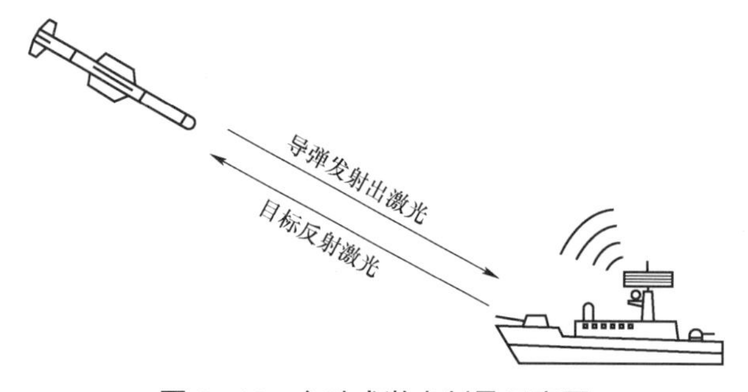

图 5－18　主动式激光制导示意图

主动式激光制导方式可实现发射后无须人工干预，导弹可根据弹载计算机上预装的目标激光三维成像特征进行目标类型的自动识别，并判断毁伤效果，从而进行选择性的攻击。虽然主动式激光制导具有灵敏度高、提高武器系统的生存能力、抗干扰能力强等优点，但硬件开发技术难度较大，因此较少应用在具体型号中。目前，技术的主要难点是如何对目标进行快速成像识别、提高探测接收的灵敏度等。当弹体速度较快时，若要实现对目标的快速识别及判断，则需要提高激光成像的扫描速度，并且在此过程中还会有噪声干扰。因此，快速且有效的降噪、优化识别算法是获取目标成像识别的重要手段；在激光发射过程中，由于受到大气散射、吸收的影响导致不断衰减。因此，如何对此类干扰做出优化设计是提高探测接收灵敏度的重要途径。

5.4 激光导引头的发展趋势

尽管激光导引头具有较多优点，但也存在诸如半主动激光导引头的激光指示器容易暴露，主动式激光导引头探测距离近、技术难度高等问题。结合激光导引头的发展脉络和关键技术现状，其未来发展趋势将可能包括以下几方面。

1. 多模导引头

激光制导易受云、雨、雾和烟尘等影响，多模复合导引头可以更好地克服单模导引头的缺点，发挥各种制导体制的优势，有效提高导引头的抗干扰能力和作战效能，增强制导武器的环境适应性，未来激光导引头将向共口径的多模复合导引头发展。目前，美英等军事强国竞相发展多模复合制导技术[6]，英国研发的硫磺石导弹就采用激光半主动/毫米波双模导引头。

2. 激光导引头非扫描成像

目前，主动激光导引头一般采用扫描成像工作方式。非扫描成像技术能解决低帧率、小视场等问题，其研究重点是雪崩光电二极管（APD, avalanche photodiode）阵列、PIN光电二极管阵列探测器和集成信号处理器[7]，以及使用其他成熟的阵列成像器件，采用新的工作体制实现非扫描三维成像。

3. 增强抗干扰能力

随着激光寻的制导武器的不断发展，其抗干扰能力得到了增强，然而，干扰激光的手段也越来越多，如箔条云干扰、烟雾干扰、欺骗干扰、强激光压制干扰等。例如，传统干扰激光主要是单波长输出，而复合波长激光干扰的影响更显著，以及有效干扰区域可以与单波长激光干扰相比增长超过 53.1%。这就要求导引头必须通过伪随机编码加密、目标自主识别等技术手段，提升自身抗干扰能力。

参考文献

[1] 蒲小琴，董全林，杜亚雯. 半主动式激光导引头光学系统设计［J］. 国外电子测量技术，2019，38（05）：109－113. DOI：10.19652/j.cnki.femt.1801292.

[2] 陈宏，雷鸣. 激光寻的制导导引头技术［J］. 光电子技术，2002（01）：53－57. DOI：10.19453/j.cnki.1005－488x.2002.01.011.

[3] 陈成，赵良玉，马晓平. 激光导引头关键技术发展现状综述［J］. 激光与红外，2019，49（02）：131－136.

[4] 陈先兵. 激光主动制导技术［J］. 红外与激光技术，1994（01）：25－30.

[5] 张德斌，江清波，王晔，等. 国外地面激光测距目标指示器的发展现状［J］. 激光技术，2021，45（01）：126－130.

[6] 林德福，祁载康，王志伟. 多模复合导引头总体技术研究[J]. 战术导弹技术，2005，(04)：32-35. DOI：10.16358/j.issn.1009-1300.2005.04.009.

[7] 陈子雄. 激光主动式寻的制导的成像及图像处理［D］. 西安：西安电子科技大学，2015.

第6章
雷达导引头

6.1 雷达导引头概述

雷达导引头是用于目标探测，跟踪并向导弹控制系统提供目标位置及运动参数，引导导弹飞向目标的弹上雷达装置。雷达导引头作为武器装备的“千里眼”，成为精确制导武器系统的重要组成部分，使导弹武器系统探测识别性能得到了大幅提升。

6.1.1 雷达导引头的发展历程

自第二次世界大战后出现雷达寻的制导系统以来，雷达导引头已经历 70 多年的发展过程，有了很大的发展和广泛的应用。1944 年，美国雷神公司的路易·山德斯首先提出了连续波主动雷达导引头的构想，但由于当时无法解决收发通道之间的隔离问题，这一设想被迫搁浅。后来在此基础上诞生了半主动雷达寻的连续波制导方案，并于 1950 年 11 月在“云雀”导弹上试验成功。

20 世纪 70 年代，随着电子技术和电子器件的发展，尤其是基于固态发射功率器件的成果，主动雷达导引头得以研制成功，使导弹可主动探测目标，不受发射平台制导雷达的约束，获得了“发射后不管”的能力，提高了发射平台的机动性和战场生存能力。20 世纪 90 年代，随着相控阵技术的发展，开始探索在雷达导引头技术的应用。2004 年，雷神公司研制出了世界上第一台相控阵雷达导引头原理样机。洛克希德·马丁公司于 2014 年推出的一款新型空空导弹，采用多波段多模有源相控阵主动雷达导引头，可工作在 C 波段和 Ka 波段（图 6－1）。

(a)

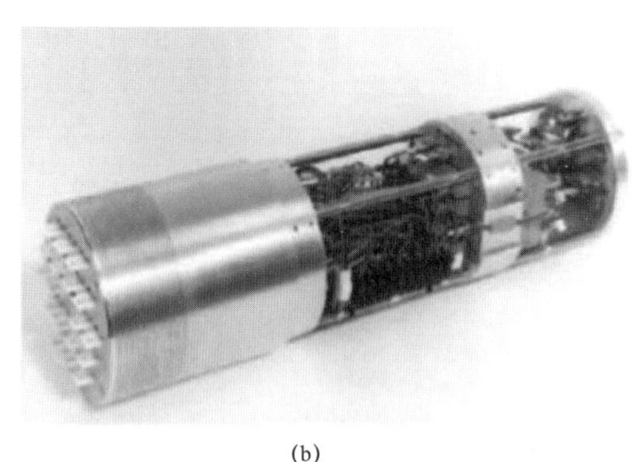
(b)

图 6－1 不同体制的雷达导引头

（a）机械扫描雷达导引头；（b）相控阵雷达导引头

6.1.2　雷达导引头的结构

雷达导引头的结构如图 6-2 所示，雷达导引头硬件系统组成如图 6-3 所示。

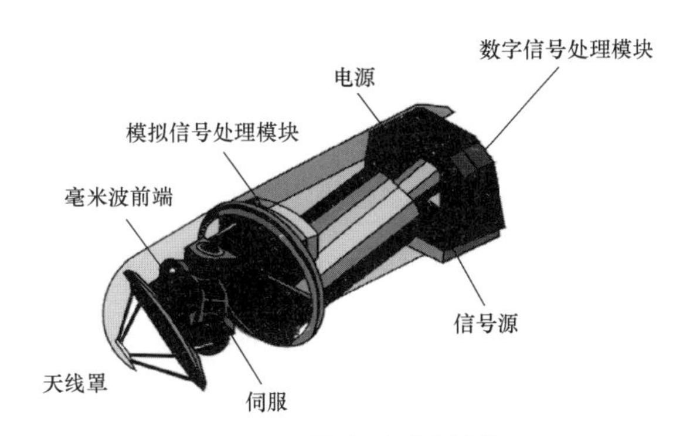

图 6-2　雷达导引头结构

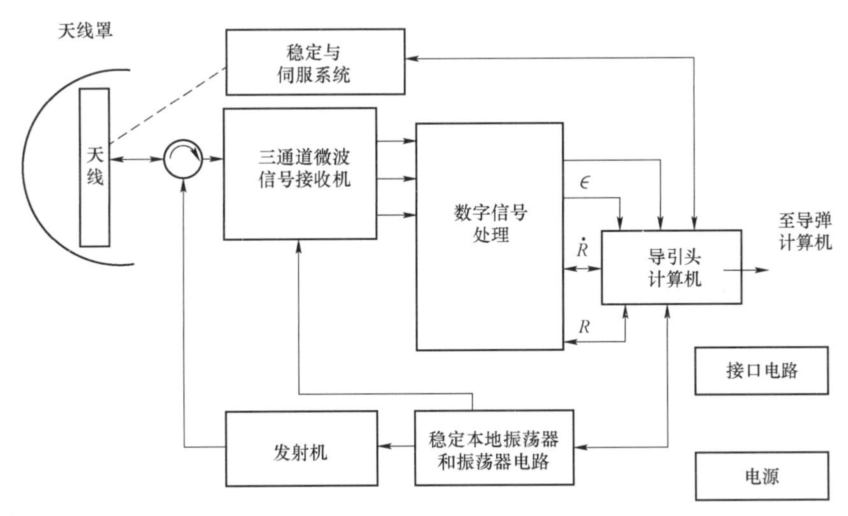

图 6-3　雷达导引头硬件系统组成

6.1.3　雷达导引头的功能

雷达导引头应在规定的自然条件、飞行环境、目标背景以及电磁和干扰环境下完成如下功能：

（1）隔离弹体的姿态角扰动，稳定光轴；

（2）对目标的自动搜索、识别与跟踪；

（3）对锁定后的目标进行自动跟踪并实时输出视线角速率信号；

（4）输出两路弹轴与光轴（或天线轴）的框架角信号；

（5）具有搜索、电锁与跟踪三种工作状态。

6.1.4 雷达导引头的性能指标

1. 捕获目标的最大距离

从抗干扰的角度来看，雷达导引头应尽可能缩短开机时间，以降低被敌方发现后采取有效对抗措施的可能性。随着导弹射程增加，雷达导引头开机点位置的散布也会随之加大，因此，雷达导引头必须在一定距离外捕获目标，这是为了保证导弹在捕获目标后有充足时间修正偏差。对于主动式和半主动式雷达导引头，必须规定出目标的雷达截面积及相关统计特性。此外，还需注意雷达中可能会采取的恒虚警率措施。在考虑最大捕获距离时，对杂波强度及虚警率的要求，也应作为前提条件提出。而对于被动型导引头，如反辐射雷达导引头来说，必须先给出目标辐射源的相关数据。

2. 跟踪目标的最小距离——跟踪下限

精确制导武器对制导设备的角跟踪精度将提出比较严格的要求。由于弹上雷达导引头距目标的距离逐渐减小，测角精度对应的线偏差也将逐渐减小。如果导弹的侧向过载没有限制而跟踪下限又非常小，则能够直接命中目标。但是，由于导弹的机动过载受执行机构能力的限制总是有限值，跟踪下限不可能为零，最后必然形成一定的脱靶量。所以，缩短跟踪下限来尽可能减小脱靶量是弹上控制系统对雷达导引头的一个重要要求。对主动式雷达导引头而言，跟踪下限的限制因素直观上是发射脉冲宽度，但实际上，接收机中为抑制漏脉冲幅度而设置的闭塞波门宽度总是比发射脉冲宽，这往往成为跟踪下限的决定因素。因此，在设计闭塞脉冲波形时，需要使其后沿尽量接近发射脉冲后沿，以避免过分加大这个下限。在实际飞行过程中，当回波脉冲前沿进入到闭塞波门以内时，只要回波有一部分在闭塞波门以外，雷达就不会丢失目标。当导弹继续接近目标以致回波脉冲完全被闭塞波门抑制掉，此时的距离才是雷达的实际跟踪下限。

3. 角跟踪精度

雷达导引头的角跟踪精度是非常重要的性能指标。在飞行中，弹上末制导雷达连续不断地跟踪目标，导弹也在连续不断地修正航向。测角精度与最小跟踪距离都对脱靶量有影响。最小跟踪距离越小、导弹的机动性越好，对测角精度的要求就低一些。对于反辐射末制导雷达导引头，为了对付敌方雷达关机，需要有记忆跟踪状态，其记忆角位置的精度在设计时应当给予保证。对于采用比例导引方式制导的导弹，对雷达导引头还会提出角跟踪速度和角加速度的精度要求。主动式空地导弹末制导雷达的角跟踪精度一般为 0.05°～0.3°。当采用频率捷变与单脉冲兼容工作体制时，除改善了抗干扰性能外，其跟踪角精度还可以得到显著的改善。

4. 分辨力

战场上的目标很少孤立出现，因此雷达必须具备目标选择能力。随着战场上机动目标数量增加以及假目标的布置，对雷达导引头分辨力的要求会越来越高。尽管红外、可见光等电光学导引头的全天候性能较差，但它们在分辨力方面的优势将构成对雷达技术应用前景的极大威胁。这将促使雷达导引头在分辨力方面有新的突破。常规雷达的空间分辨力，是由它的天线波束宽度和发射脉冲宽度决定的。随着距离的增大，在方位方向上的分辨单元尺寸也成比例地增大。例如，X 波段雷达，天线孔径为 30 cm 时，它的波束宽度约为 6°。如果发射脉冲宽度为 0.1 μs，则在 20 km 处分辨单元的面积将达到 30 000 m^2（距离方向上为 15 m、宽为

2 000 m）。这样分辨力的雷达导引头虽然尚可应用，但在目标数稍多时会发生错乱，必须根据战场使用时的目标密集程度，提出对分辨力的适度要求，对分辨力的过高要求除了带来技术上的复杂以外还将使搜索目标的时间加长。目前，使用的雷达导引头在方位方面的分辨力约为5°，距离方向上的分辨力一般在75 m左右，个别达到15 m。国外已研制出分辨单元尺寸为15 m×15 m的高分辨力雷达导引头。

5. 抗干扰能力

未来战争中存在大量电磁干扰，抗干扰能力是雷达导引头极其重要的性能。干扰技术和抗干扰技术在不间断地发展与变化。要求某种干扰设备能干扰现有的各种雷达，或者要求末制导雷达能抵抗现有的各种干扰，都是不可能做到的。弹上雷达导引头的尺寸、质量、供电等都受到严格限制，它的抗干扰能力也相应地会受到限制。因此，对抗干扰能力的要求和考核应当在规定的干扰条件下进行，否则雷达导引头将无法设计和定型，其有限的抗干扰能力使得抗干扰措施具有最机密的性质。在给定的干扰条件下，需要衡量导引头的抗干扰能力或某种对抗措施的有效性。常规雷达往往采用干扰条件下无对抗措施时输出端的信干比（信号和干扰的比值）与采用某种对抗措施后输出端的信干比的改善倍数（改善因子）来衡量。对于多数导弹来说，制导系统功能好坏的衡量标准是导弹的命中概率，或者是以对点目标的脱靶量。雷达导引头的作用：首先捕捉目标；然后以一定的精度对目标进行跟踪。因此，对雷达导引头抗干扰性能的衡量，需要与其功能紧密相联来考虑。抗干扰措施有效性的考核参数规定为在给定的干扰条件下以雷达导引头对规定目标捕捉概率的降低值和在跟踪状态下跟踪精度的降低值。这样的考核指标更贴近工程实际。

6. 环境适应能力

导弹作高速飞行时，力学环境是很恶劣的，在助推段要经受助推器点火启动的强大冲击和极大的线性过载，飞行中又要经受发动机引起的振动、空气动力引起的振动和弹体的扰动、弹体作机动飞行带来的过载等。如果导弹在飞机上发射，还要经受飞机起飞、着陆以及飞机上相应部位的振动。同时，又由于我国幅员辽阔，气温差别很大，因此要求弹上电子设备能够承受多种恶劣的气候条件。在设计雷达导引头时，通常按照具体导弹要求作专门考虑。这样虽然满足了该型导弹的要求，但在通用化、标准化方面却带来诸多问题。我国现已制定了军用设备环境试验国家军用标准。这对于实现规范化设计极为重要，是导弹设计的重要依据。下面简略介绍导弹雷达导引头必须承受的几种主要环境：

1）力学环境

（1）振动。要考虑运输、使用中引起的振动。飞机上发射时，还要考虑飞机炮振的影响。振动试验以往都是以正弦扫频方式进行，而在美国军标MIL–STD–810D中规定只在研制阶段进行正弦扫频试验，产品检验试验改作随机振动试验。

（2）冲击。要考虑助推器点火瞬间引起的冲击、运输过程中的冲击，以及飞机带弹着陆时的冲击等因素。

（3）加速度。要考虑导弹在助推器工作阶段引起的较大加速度，还要考虑导弹在作机动飞行时各个方向可能出现的最大线加速度。

在以上几项环境中，振动和冲击是至关重要的，这两项试验的严格考核并顺利通过，是导弹在飞行试验中取得成功的重要保证。

2）气候环境

（1）低温和高温。两种环境都分别规定储存温度和工作温度。储存温度一般为－55～70 ℃，工作温度多为－25～50 ℃。飞机发射的空地导弹，尽管发射后导弹在接近地面的高度上飞行，温度环境不同于高空。但是，弹在挂机状态的长时间飞行都在高空，导弹上设备均长时间处在低温状态，发射后降到地面附近的时间是很短的，温度不可能很快回升。因此，飞机发射的导弹工作温度的要求更为严格，温度一般设定为－40～60 ℃。

（2）低气压。对于空地导弹，必须具有适应低气压的能力。对于地面发射导弹，为了考核其发射机的高压部分以及波导内传输高功率微波功率的性能，也可以对其提出低气压下试验的要求。

（3）潮湿、盐雾、霉菌试验。习惯上把这三种试验称为“三防”试验。这对于攻击水上目标的导弹或水下发射的导弹是十分必要的。

在气候环境中，低温和高温环境下，元器件电参数的漂移，各零部件机械尺寸的不协调变化会严重影响雷达的性能。因此，对于雷达导引头中的电子线路部分、机械传动部分的设计者来说，在低温和高温下保持其性能是必须首先解决的课题。

随着试验设备技术的发展，环境试验已由单项进行的方式改变为多项环境条件同时进行，并且改变原来只从产品中抽测一小部分的办法，改为每部产品都经过综合环境考核，合格后再出厂装弹。尽管这样增加了每部雷达的生产成本，但对提高导弹的可靠性、增大命中概率来说，是完全合算的。

7. 可靠性要求

雷达导引头的可靠性，与一般电子系统的可靠性含义相同，其具体要求目前尚未形成统一的标准。从实际使用的角度来看，可以分两段提出要求。在导弹发射之前，将其作为一部可以修复的电子产品来对待。在发射之后，它就是在恶劣条件下的一次性使用产品。因此，发射前可以像对待一般电子产品那样对它提出平均无故障时间的要求。在发射前的最后一次检查通过以后，可对其提出飞行中可靠度的要求，即飞行中正常工作概率的要求。例如，国外一家导弹生产厂关于导弹的可靠性指标就曾明确：导弹在使用期内检验中通过的合格率为93%，通过检查后飞行中正常工作的概率为83%。

以上要求只涉及了末雷达导引头的主要性能指标。根据具体导弹的要求，雷达导引头还可以有如下性能：对目标距离的测量、对目标视线角速度的测量、向弹上控制设备发出指令信号，有的甚至可当导弹未直接命中目标即从其上掠过瞬间发出引爆战斗部的信号等。

6.2 雷达导引头的工作原理

6.2.1 基本原理

现代战场环境的不同会直接带来信息获取方式和照射源位置的不同。雷达导引头按无线电波信息获取方式和照射源位置来分，可分为主动式、半主动式、被动式雷达导引头，这三类导引头在结构上各不相同，探测目标所需的无线电波来源也不同。但是它们的实质，都是在制导过程中，利用目标反射或辐射的无线电波确定目标坐标及运动参数，而且从观测目标到形成控制信号和操纵导弹飞行，都是由弹上设备完成的。因此，这三种雷达导引头的工作原理基本相同。

雷达制导系统一般由雷达导引头、制导律形成装置、弹上控制系统（自动驾驶仪）及弹体等部分组成，如图 6-4 所示。

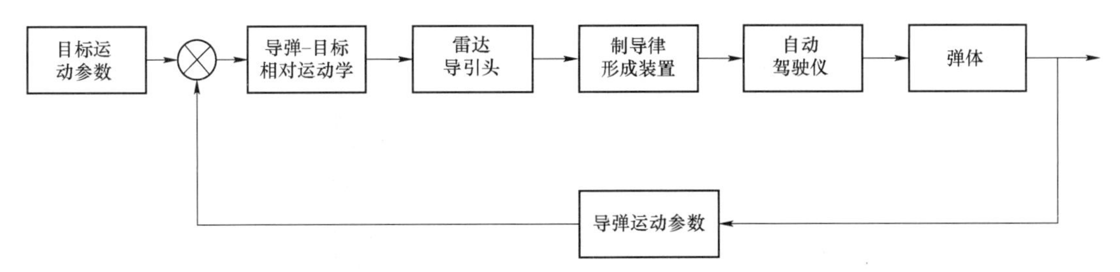

图 6-4　雷达制导系统基本组成

在制导过程中，雷达导引头不断地跟踪目标，测量出目标相对于导弹的运动参数，将该参数送入控制信号形成装置，形成控制指令，送入自动驾驶仪。自动驾驶仪根据控制信号的要求，改变导弹的飞行姿态。导弹飞行姿态改变之后，雷达导引头又测出目标相对于导弹新的运动参数，形成新的控制信号，控制导弹飞行。这样往复循环，直至命中目标。

6.2.2　雷达导引头常用的无线电波段

雷达导引头依靠发射和接收无线电波获取制导信息，其发出的无限电波在大气中传播损耗与红外、激光、可见光等相比要小得多，作用距离相对较远。在雾、雨、雪等能见度差的恶劣气候下，雷达导引头仍具有良好的工作能力，这是电视导引头、激光导引头、红外导引头等所无法比拟的，良好的全天候工作能力对于现代战争是十分重要的。

雷达导引头常用的无线电波段根据工作波长的不同可分为厘米波、毫米波等不同类型。波长较长的厘米波穿透性强，但其分辨率和精度较低；波长较短的毫米波分辨率和精度高，但穿透性较差，易被吸收。其中，常用的雷达波段可进一步细分，如表 6-1 所示。

表 6-1　雷达导引头常用波段分类

波段	L	S	C	X	Ku	K	Ka	U	V	W
频率范围/GHz	1～2	2～4	4～8	8～12	12～18	18～27	27～40	40～60	60～80	80～110
中心频率/GHz	1.5	3	6	10	15	23	35	50	70	100
中心频率对应波长	20 cm	10 cm	5 cm	3 cm	2 cm	1.5 cm	8 mm	6 mm	4 mm	3 mm

其中，L、S、C 波段波长较长，穿透性强，常用于对目标的远距离搜索探测；Ka、U、V、W 等波段波长较短，频率较高，穿透性差，但分辨率和精度较高，常用于对目标的精确识别与跟踪；X、Ku、K 等波段波长和频率适中，常用于目标成像。近年来，随着目标的机动性增强，毫米波频率高、分辨率高、测量精度高的特点使其广泛应用于各类制导技术中。

6.2.3 雷达的基本方程

雷达导引头的测量过程包括：雷达发射机发射无线电波，无线电波照射到目标表面后反射，反射回波被雷达接收机接收（表面具有散射特性）。假设雷达传播途径均为真空且雷达辐射为空间全向。目标散射特性如图 6－5 所示。

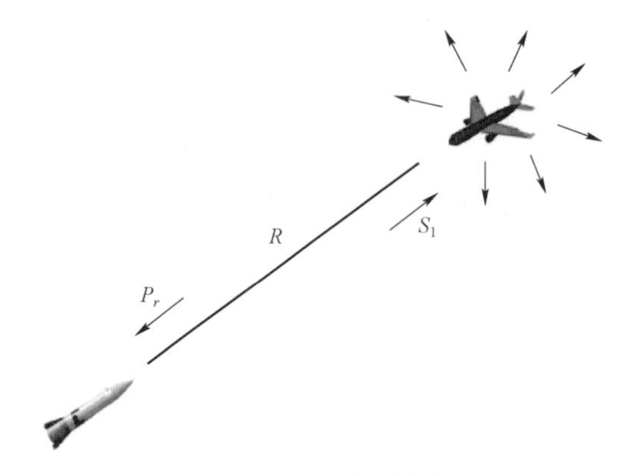

图 6－5　目标散射特性

设雷达发射功率为 P_t，雷达天线的发射增益为 G_t，那么距离雷达天线 R 处的目标照射功率密度为

$$S_1 = \frac{P_t G_t}{4\pi R^2} \tag{6-1}$$

雷达发射电磁波照射到目标后，因其散射特性将产生散射回波。散射回波的功率大小与目标所在点的照射功率密度 S_1 以及目标的散射特性有关。目标的散射特性通常使用雷达散射截面积 σ 来表征，可认为雷达散射截面积相当于目标在该处的有效接收照射面积。由目标散射的功率（二次辐射功率）大小为

$$P_2 = \sigma S_1 = \frac{P_t G_t \sigma}{4\pi R^2} \tag{6-2}$$

假设目标散射功率 P_2 是均匀的全向辐射，则在雷达接收天线处收到的回波功率密度为

$$S_2 = \frac{P_2}{4\pi R^2} = \frac{P_t G_t \sigma}{(4\pi R^2)^2} \tag{6-3}$$

若雷达接收天线的有效接收面积为 A_r，则雷达接收机得到的回波功率为

$$P_r = A_r S_2 = \frac{P_t G_t \sigma A_r}{(4\pi R^2)^2} \tag{6-4}$$

由天线设计理论可知以下关系成立：

$$G_t = \frac{4\pi A_t}{\lambda^2} \tag{6-5}$$

式中：λ 为无线电波波长，则回波功率可写为

$$P_r = \frac{P_t A_t A_r \sigma}{4\pi \lambda^2 R^4} \tag{6-6}$$

雷达收发通常共用天线，即 $A_r = A_t = A$，则有

$$P_r = \frac{P_t A^2 \sigma}{4\pi\lambda^2 R^4} \tag{6-7}$$

由式（6−7）可以看出，雷达接收的回波功率 P_r 与目标与雷达间的距离 R 的四次方成反比。根据式（6−7），可得导引头的最小可检测功率为

$$P_{\min} = \frac{P_t A^2 \sigma}{4\pi\lambda^2 R_{\max}^4} \tag{6-8}$$

如果要发现目标，雷达接收到的功率 P_r 必须超过接收机的最小可检测信号功率 $P_{\min}$，若 P_r 正好与 $P_{\min}$ 相等，则认为此时是雷达可检测该目标的最大作用距离 $R_{\max}$。超过这个距离时，$P_r < P_{\min}$，目标就不能被可靠地检测出来。

6.2.4　雷达波束

推导雷达基本方程时，假设雷达发射功率是全向辐射的，但实际中雷达发射天线将馈电能量朝着某个特定方向发射，它的空间分布通常用波束方向图表示，如图 6−6 所示。主瓣中心线基本与天线指向方向重合，雷达辐射的大部分功率集中在主瓣上，而且在中心线上功率最强。功率等于总发射功率一半的点称为半功率点，两个半功率点之间的夹角称为波束宽度。

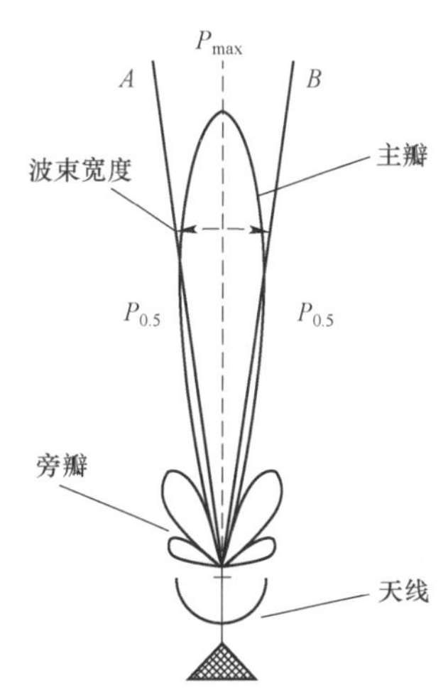

图 6−6　雷达波束空间分布

6.2.5　目标参数的测量

雷达导引头接收到的回波信号由噪声、杂波、干扰和目标反射信号组成。其中，噪声主要包括环境噪声和系统热噪声；杂波主要包括不需要的电磁波反射，如地面、海面、植被、山区、建筑物等；干扰主要包括有源干扰和无源干扰；目标反射信号主要由待攻击目标的电磁波反射或散射，如飞机、天体、舰船、建筑物、车辆、兵器、人员等。根据目标反射或散射的信号，可实现对目标参数的测量。

1. 雷达导引头测距

雷达导引头通过测量发送信号时刻到接收到回波信号的时间差来测距，如图 6−7 所示。

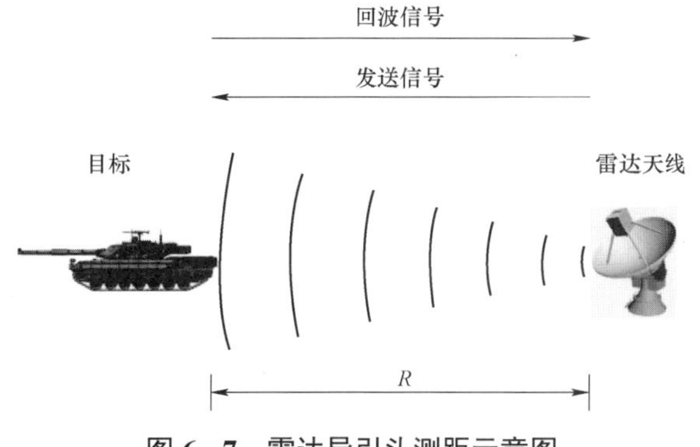

图 6−7　雷达导引头测距示意图

天线与目标之间的距离表达式为

$$R = Ct_r / 2 \tag{6-9}$$

式中：t_r 为雷达导引头发送信号时刻到接收到回波信号的时间差；C 为无线电波在均匀介质中的直线传播速度（真空中等于光速）。

2. 雷达导引头测速

根据多普勒效应，雷达导引头可获得目标的径向速度，其表达式为

$$f_d = f_r - f_0 = \frac{2v_r}{\lambda} \tag{6-10}$$

式中：f_d 为多普勒频率；f_r 为接收到的回波频率；f_0 为发射波频率；λ 为发射波波长；v_r 为目标相对雷达导引头的径向速度（目标靠近雷达为正，目标远离雷达为负）。

例：已知某雷达的发射频率为 9 600 MHz，目标以 300 m/s 的速度直线飞向雷达，则回波信号的频率为多少？

解：

$$f_d = \frac{2\times300}{3\times10^8}\times 9\,600\times10^6 = 19.2\ (\text{kHz})$$

$$f_r = f_0 + f_d = 9\,600\ \text{MHz} + 19.2\ \text{kHz}$$

3. 雷达导引头测角

从测角原理的发展历程来看，测角方法经历了一系列演变。

（1）相位干涉法。相位干涉测角法的原理是：在雷达天线指向轴的两侧对称放置两个接收天线，当目标偏离天线指向轴一个角度时，平面波到达两个天线的时间不同，通过波程差即可计算出偏离角度，如图 6－8 所示。

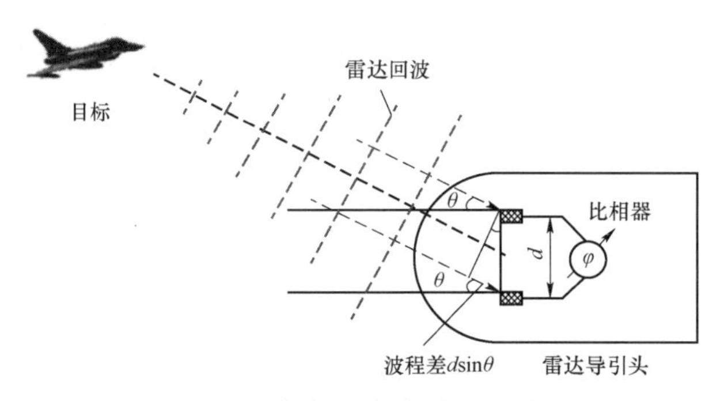

图 6－8　相位干涉法测量原理图

（2）波束转换法。波束转换法的原理是：控制雷达导引头波束指向分别在天线轴两侧的对称位置快速切换，进行两次照射。天线波束主瓣具有对称性，如果天线恰好指向目标，那么两次的回波信号相等。若目标偏离雷达天线轴，则两次照射的回波信号不同，从而测量出偏离角度信息，如图 6－9 所示。

波束转换测角法的优点是测量电路简单，缺点是测量精度较低，不适合测量快速运动的目标。

（3）圆锥扫描法。圆锥扫描法是波束转换法的扩展，由波束在天线指向轴两侧快速切换改变为波束围绕天线指向轴偏离一定角度连续旋转。当目标处于天线指向轴上，波束旋转一

周照射目标功率保持不变。当目标偏离天线指向轴，波束旋转一周过程中照射功率发生改变，从而测出角度偏离值，如图 6-10 所示。该方法与波束转换法相比，提高了测量精度。

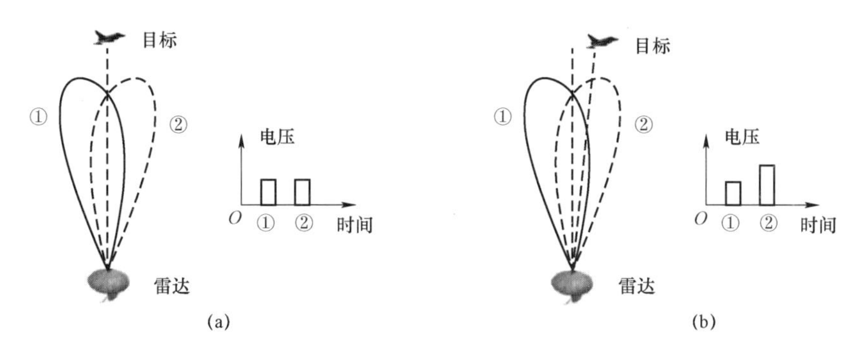

图 6-9　波束转换法测量原理图

（a）目标位置在天线轴上；（b）目标位置偏离天线轴

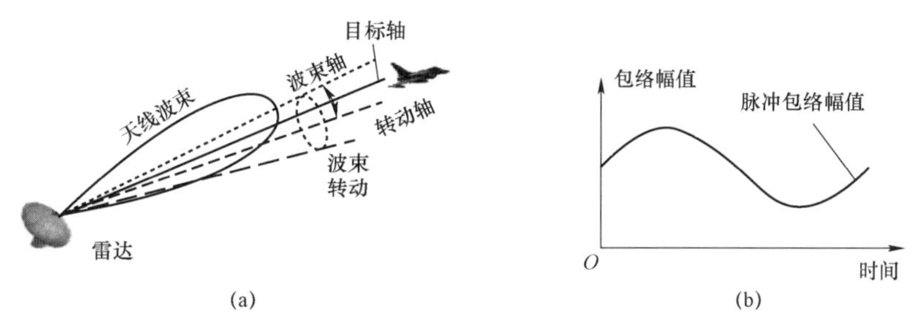

图 6-10　圆锥扫描法测量原理图

（a）天线波束作圆锥扫描；（b）包含角误差信号的脉冲包络

（4）单脉冲方法。单脉冲方法的原理是：在天线指向轴两侧的对称位置同时进行波束照射，两个波束回波信号的不同幅值就包含了目标偏离角度的信息。该方法的优点是在同一时间内利用脉冲波束完成测量，避免了目标自身回波起伏引起的干扰，测量精度大大提升，其原理如图 6-11 所示。

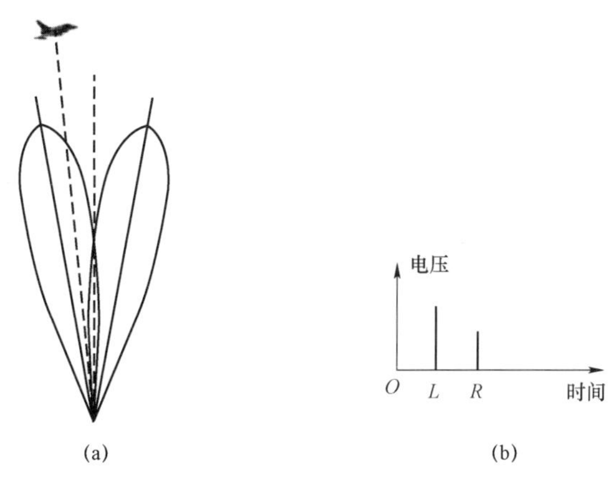

图 6-11　单脉冲方法测量原理图

6.3 雷达导引头的分类

按照不同的分类标准，可将雷达导引头进行如下分类。

1. 按照射源位置和信息获得方式分类

按照射源位置和信息获得方式分，雷达导引头可分为被动式雷达导引头、半主动式雷达导引头、主动式雷达导引头。

2. 按照天线扫描方式分类

按照天线扫描方式分，雷达导引头可分为圆锥扫描雷达导引头、单脉冲雷达导引头和相控阵雷达导引头。

3. 按照信号处理方式分类

按照信号处理方式分，雷达导引头可分为连续波雷达导引头、脉冲多普勒雷达导引头和合成孔径雷达导引头。

实际作战中，不同作战场景和作战需求会直接影响雷达照射源位置和信息获取方式，本节将介绍被动式雷达导引头、半主动式雷达导引头、主动式雷达导引头。三类雷达导引头的特点如表 6–2 所示。

表 6–2 三类雷达导引头的特点

导引头类型	制导精度	工作频段	作用距离/km	成本	系统复杂性
被动式	高频段精度高	0.2～40 GHz	200	成本适中	弹上系统简单
半主动式	制导精度较高	3～10 GHz	40～50	成本较低	弹上系统简单，需要辅助雷达
主动式	制导精度高	27～110 Hz	20～30	成本较高	弹上系统复杂度高

6.3.1 被动式雷达导引头

被动式雷达导引头是利用目标辐射的无线电波进行工作的。导弹上装有雷达接收机，用来接收目标辐射的无线电波。在制导过程中，雷达导引头根据目标辐射的无线电波，确定目标的相关运动参数及坐标位置，形成控制信号，并传送给自动驾驶仪，操纵导弹沿理论弹道飞向目标，如图 6–12 所示。被动式雷达导引头工作过程中，导弹本身不辐射能量，也不需要别的照射源把能量辐射到目标上。其主要优点是不易被目标发现，工作隐蔽性较好，弹上设备简单；主要缺点是它只能引导导弹攻击正在辐射能量（无线电波、红外线）的目标，由于受到目标辐射能量的限制，作用距离较近。

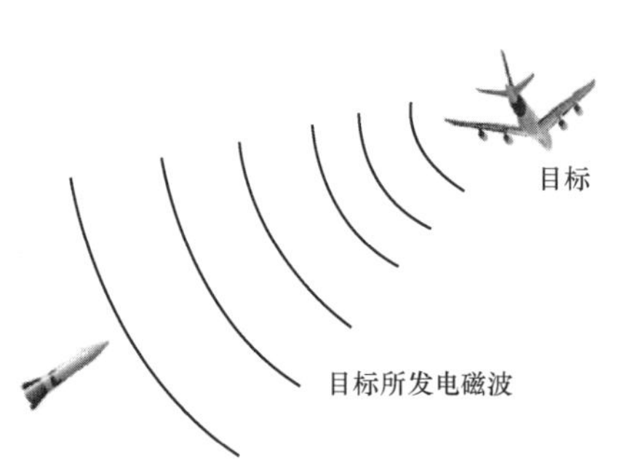

图 6–12 被动式雷达导引头工作过程

被动式雷达导引头由于其接收目标辐射无线电波的工作特性及工作隐蔽性好的特点，广泛应用于对地反辐射导弹、近距离地空导弹等领域。根据被动式雷达导引头的工作特点，其应满足表 6–3 中所列的关键指标。

表 6-3　被动式雷达导引头关键指标

关键指标	具体参数
频率范围	0.5～40 GHz
瞬时带宽	5～50 MHz、500 MHz、800 MHz、1 GHz
灵敏度	远程：-90～-110 dB/mW 中近程：-80 dB/mW
动态范围	中近程：90 dB 远程：110 dB
测角精度	0.5°～1.5°
视场角	≤±25°

对于表 6-3 中的相关关键指标说明如下：

（1）频率范围。根据不同作战需求选择不同频段。

（2）瞬时带宽。为应对捷变频雷达，导引头瞬时带宽应为频率捷变带宽；有宽瞬时带宽和窄瞬时带宽。

（3）灵敏度。要求能从主瓣和旁瓣截获信号；能跟踪常规雷达和低截获概率雷达。

（4）动态范围。要求能攻击波束稳定雷达、天线环扫或扇扫雷达；能攻击近距离和远距离雷达。

（5）测角精度。设计该指标是为了提高导弹的命中率。

（6）视场角。保证目标始终处在导引头测量范围内。

6.3.2　半主动式雷达导引头

半主动式雷达导引头的雷达发射机装在地面（或飞机、军舰）上，雷达发射机向目标发射无线电波，而装在弹上的接收机接收目标反射的电波，确定目标的相关运动参数及坐标位置，形成控制信号，传送给自动驾驶仪，操纵导弹沿理论弹道飞向目标，如图 6-13 所示。

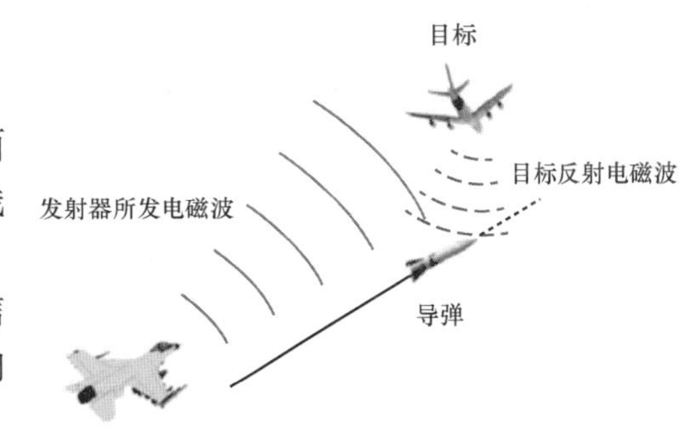

图 6-13　半主动式雷达导引头工作过程

其主要优缺点如表 6-4 所示。

表 6-4　半主动式雷达导引头的主要优缺点

优点	缺点
波束宽度较宽，标定目标的载具比较容易将目标维持在发射的波束中	信号不能中断，雷达波束要保持对目标的持续照射，对机载平台运动有限制
不需要两部分雷达分别追踪目标和导弹，系统占据空间小	若照射雷达不具备多波束能力，则只能实现单目标追踪功能
当目标越近时，接收信号越强，不容易丢失目标	导弹发射之后必须跟随反射信号调整姿态，无法保持最佳飞行方式，飞行距离受限
成本较低、雷达发射系统独立，维修和保养相对容易	

6.3.3 主动式雷达导引头

主动式雷达导引头的导弹上装有雷达发射机和雷达接收机。弹上雷达主动向目标发射无线电波。雷达导引头根据目标反射回来的电波，确定目标的坐标及运动参数，形成控制信号，传送给自动驾驶仪，操纵导弹沿理论弹道飞向目标，如图 6–14 所示。其主要优点是导弹在飞行过程中完全不需要弹外设备提供任何能量或控制信息，做到“发射后不管”；主要缺点是弹上设备复杂，设备的质量、尺寸受到限制，因而这种导引头的探测距离一般较小。

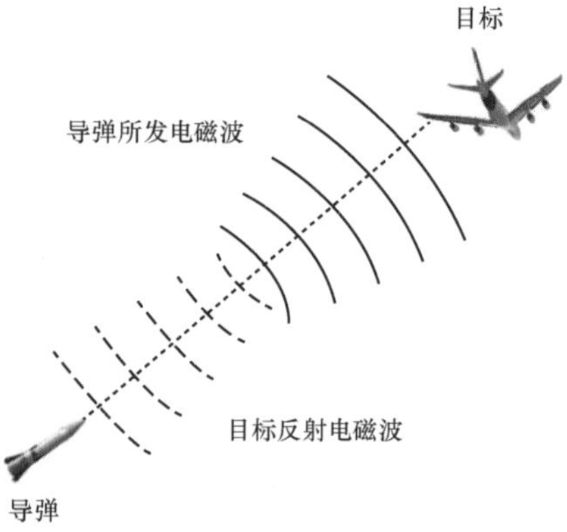

目标
导弹所发电磁波
目标反射电磁波
导弹

图 6–14 主动式雷达导引头工作过程

6.3.4 国内外采用雷达体制的导弹型号

本小节将介绍几种国内外采用雷达体制的导弹型号。

1. AGM–88E 反辐射导弹

AGM–88E 反辐射导弹的气动布局为鸭式布局，并配备了主/被动复合体制雷达导引头（图 6–15）。其中，被动模式下配备共形捷联被动雷达导引头，主动模式下配备主动毫米波平台导引头，工作频段为 94 GHz，工作波长为 3 mm，装有大型雷达目标数据库，可搜索较大区域，以便应对目标移动。敌方雷达关机后，AGM–88E 反辐射导弹靠 GPS/SINS 引导，主动毫米波雷达导引头可捕获目标。该导弹具有三种攻击方式：自卫方式、预置方式、随遇方式。

图 6–15 AGM–88E 反辐射导弹

（1）自卫方式。这是 AGM–88E 反辐射导弹的基本攻击方式。载机上的雷达告警接收机探测到辐射源信号后，由机载发射指令计算机对辐射源目标进行分类、威胁判断和攻击排序，然后向导弹发出数字指令，将确定的重点目标的有关参数装入导弹并显示给飞行员，只要目标进入导弹射程就可以发射导弹（不管目标是否在导弹导引头视场内），导弹在数字式自动驾驶仪控制下按预定的弹道飞行，确保导弹导引头能截获目标。这种方式属于“发射后锁定”方式。

（2）预置方式。向已知辐射源目标的位置发射导弹，也是一种“发射后锁定”方式。导弹导引头按照预定程序搜索、识别、分类探测到的所有辐射源，自动锁定到预先确定的目标上，并对其进行跟踪直至摧毁。如果导弹无法命中目标，导弹战斗部内的自毁装置将使导弹自炸以实现保密。

（3）随遇方式。载机飞行过程中导弹导引头处于工作状态，利用它比一般雷达告警接收机高得多的灵敏度对辐射源进行探测、定位和识别，并向飞行员显示相关信息，由飞行员瞄准威胁最大的目标并发射导弹。这种方式属于“发射前锁定”方式，这种方式下发现目标的机会受到导引头视场限制。

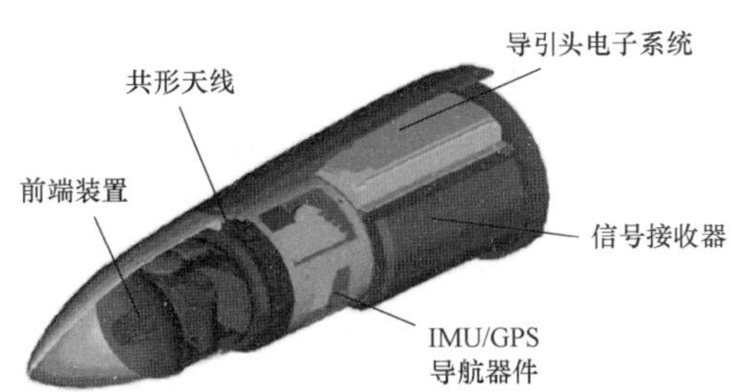

图 6-16 AGM-88E 反辐射导弹的雷达导引头结构示意图

AGM-88E 反辐射导弹的雷达导引头结构示意图如图 6-16 所示。

AGM-88E 反辐射导弹的雷达导引头实物结构如图 6-17 所示。

(a)

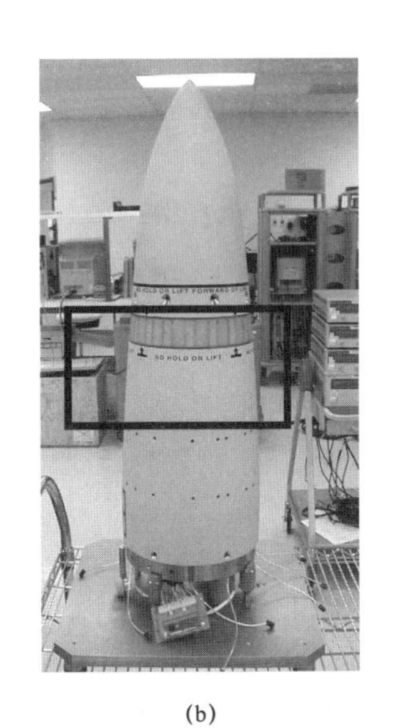

(b)

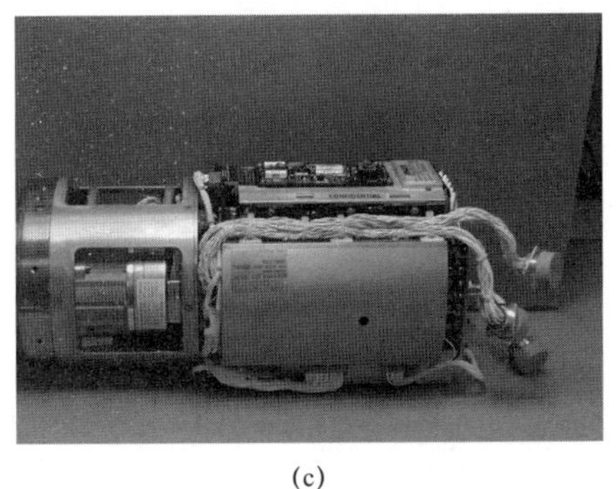

(c)

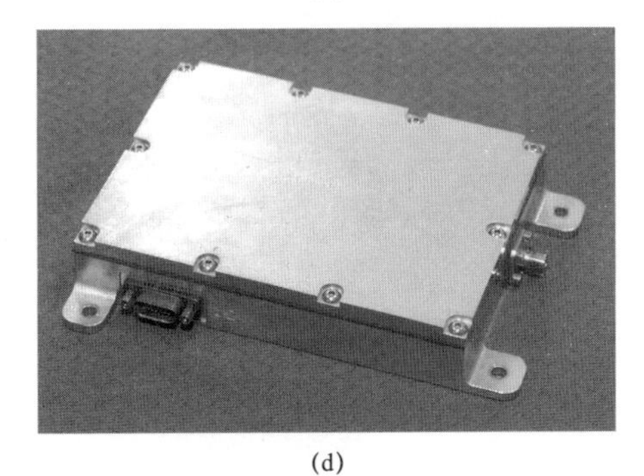

(d)

图 6-17 AGM-88E 反辐射导弹的雷达导引头实物结构

（a）导引头整体结构；（b）导引头共形天线；（c）ARH 接收机；（d）信号发射机

2. “硫磺石”反坦克导弹

英国在 1996 年启动研制“硫磺石”反坦克导弹，并于 2003 年 10 月成功对其进行了空中发射试验（图 6－18）。

图 6－18　英国“硫磺石”反坦克导弹

“硫磺石”反坦克导弹采用毫米波雷达导引头，工作频段为 94 GHz（W 波段），工作波长为 3 mm，其制导体制依靠二维目标特征信号，扫描速度高，具有目标分类功能，可分辨坦克、装甲运兵车、自行火炮、防空武器单元，可自动排除小汽车、公共汽车、建筑物为打击目标。“硫磺石”反坦克导弹目标分类功能如图 6－19 所示。

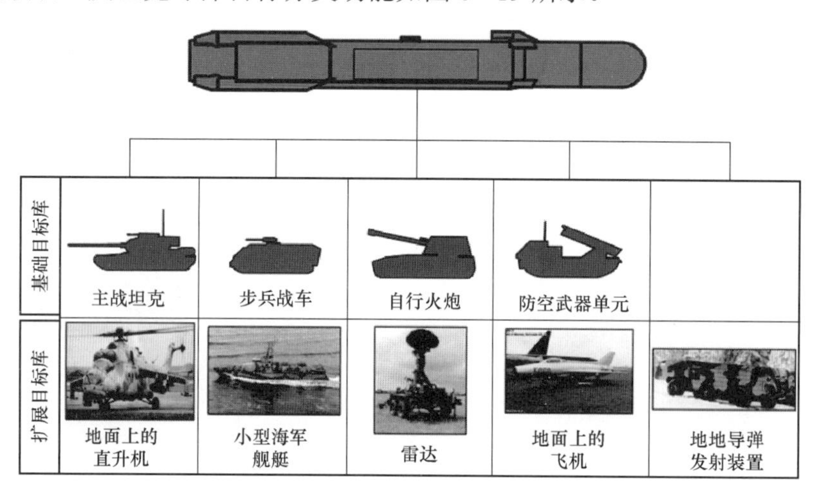

图 6－19　“硫磺石”反坦克导弹目标分类功能

“硫磺石”反坦克导弹的雷达导引头会将任何履带装甲车识别为有效目标，但如果有选择，它会将坦克识别为优先目标，而卡车和其他轮式车辆被视为虚假目标。未来，其目标分辨能力将进一步提升，能完成更精细的目标区分，如地面直升机、小型海上舰船、地面雷达、地面上的飞机、导弹发射车等。

3. AGM－114L 直升机载空地导弹

AGM－114L 直升机载空地导弹搭载主动式毫米波雷达导引头，其工作频段为 Ka 波段，工作波长为 8 mm，其制导体制采用多普勒波束锐化技术，能够对所有目标实现“发射前锁定”。根据攻击射程的不同，其雷达导引头的工作模式也不同。

1）近程目标

对于近程目标，AGM－114L 空地导弹的雷达导引头全程采用高距离分辨（HRR）模式进行导引工作，直至命中目标（图 6－20）。

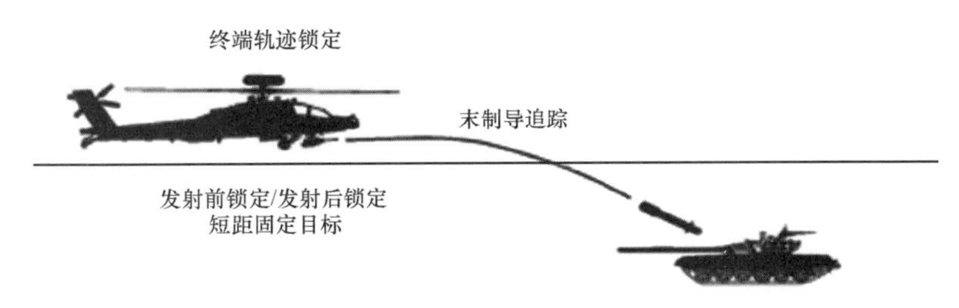

图 6－20　AGM－114L 空地导弹近程目标攻击示意图

2）远程目标

对于远程目标，随着导弹逼近目标，AGM－114L 空地导弹的雷达导引头先后采取三种工作模式。在导弹飞行初段，采用惯性工作模式；在中制导段，采用多普勒波束锐化（DBS）模式；在末制导段，采用高距离分辨（HRR）模式（图 6－21）。

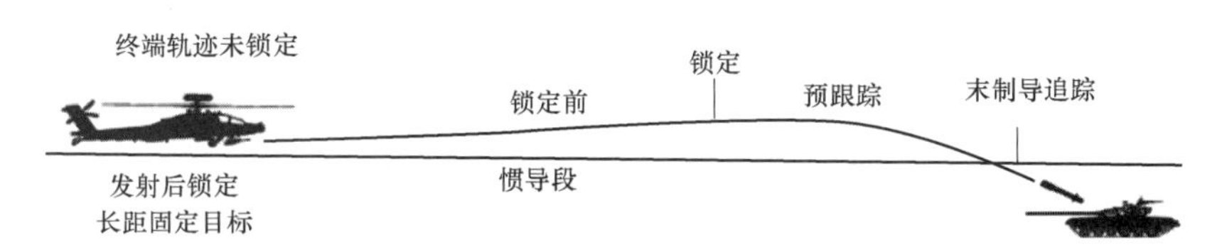

图 6－21　AGM－114L 空地导弹远程目标攻击示意图

6.4　雷达导引头的发展趋势

目前，雷达导引头已广泛应用于制导弹药中，不断变化的战场环境对雷达导引头性能也将提出更高的要求。本节将介绍雷达导引头未来的发展趋势。

6.4.1　多模复合制导导引头

与红外导引头、激光导引头、电视导引头等类型相比，雷达导引头对恶劣天气适应性强，具有全天候作战能力，既可打击固定目标，也可打击活动目标，用途较广。但是雷达导引头也有其自身的局限性，易受人为无线电信号的干扰。因此，雷达导引头与红外导引头、激光导引头、电视导引头等共同构成的双模/多模复合导引头成为世界各国的研究热点。

一些常用双模导引头的导弹，如美国的“尾刺”（Stinger Post）远程地空导弹，俄罗斯的 SA－13 防空导弹、3M－80E（白蛉）超声速反舰导弹已经装备部队使用。大多数多模导引头的导弹，如美国的“爱国者”改进型 PAC－Ⅱ地空导弹、“哈姆”反辐射导弹的改进型 Block Ⅶ，德国的 ARAMIGER 增程空地导弹等尚处于研制过程中（表 6－5）。国外的一些末制导弹药武器也正在逐步采用多模导引头。

目前，在武器上采用的或正在发展的多模复合雷达导引头，主要是采用双模复合形式，其中有微波/红外、毫米波/红外、毫米波/红外成像等。另外，国外也正在进行毫米波/红外/半主动激光三模复合导引头的研制，并已通过了演示验证。

表 6–5　双模精确制导武器一览表

弹型	类别	复合方式	国家或地区
“爱国者” PAC–Ⅱ	地空	主动雷达/半主动雷达	美国
“哈姆” Block–Ⅶ	反辐射	被动雷达/红外	美国
“鱼叉”改进型 AGM–84E	空地	主动雷达/红外成像	美国
HARM 改进型Ⅵ	反辐射	被动雷达/主动毫米波	美国
“海麻雀” AIM–7R	空舰	主动雷达/红外	美国
“斯拉姆”	反辐射	射频/红外成像	北约
“小牛”	反辐射	雷达/电视	美国
3M–80E	舰舰	主动雷达/被动雷达	俄罗斯
TACED	反坦克导弹	毫米波/红外	法国
ACED	反装甲炮弹	毫米波/红外成像	法国
ARAMIGER	空地	主动雷达/红外	德国
SMART	灵巧弹药	毫米波辐射计/红外	德国
ZEPL	制导炮弹	毫米波/红外	德国
EPHRAM	制导炮弹	毫米波/红外	德国
RAM	舰空	被动雷达/红外	美国、德国、丹麦联合
RARMTS	反辐射	被动雷达/红外	德国、法国联合
Griffn “鹰头狮”	迫击炮弹	红外/毫米波	英国、法国、意大利、瑞典联合
“雄风” Ⅱ	舰舰	主动雷达/红外	中国台湾
BAT P3I	末制导子弹药	毫米波/红外	美国
JCM	联合通用导弹	毫米波/红外/半主动激光	美国

根据目前技术水平及现状，主要有以下几类雷达复合导引头。

1. 毫米波/红外成像双模导引头

毫米波/红外成像双模导引头当前发展较快，它具有全天候作战能力强、抗干扰能力较强、制导精度较高等特点（图 6–22）。随着微电子技术的发展，以砷化镓（GaAs）材料为主的单片集成电路使毫米波制导体制可和红外制导一样发展为成像制导。该类导引头的关键技术及难点如下：

（1）成像共孔径复合导引头的关键技术；

（2）双模头罩的材料及研制；

（3）毫米波集能器件和固态功率发生器的研制；

（4）先进的红外成像探测器的研制；

（5）信息处理器和数据融合技术的应用。

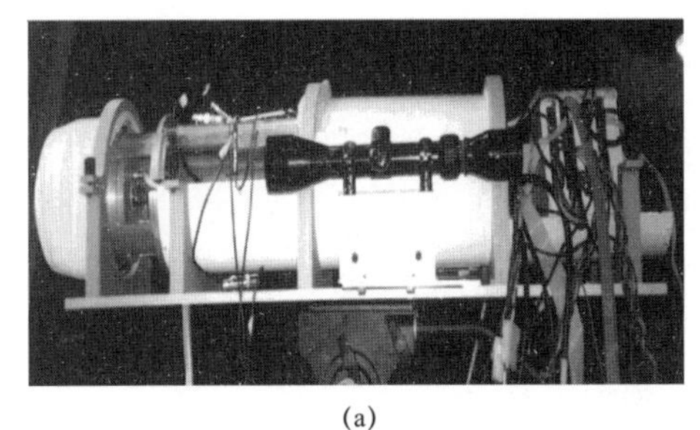

(a)

(b)

图 6－22　毫米波/红外成像双模导引头样机

2. 射频/红外成像双模导引头

射频/红外成像双模导引头主要有主动（或半主动）雷达/红外成像双模和被动雷达/红外成像双模两种。它能大大提高导弹抗隐身目标的能力，装有该导引头的导弹装备部队后，已成功地拦截了各类带有主动寻的雷达的反舰导弹，如法国的“飞鱼”反舰导弹、俄罗斯的“冥河”反舰导弹等。如果这种导引头与人工智能技术相结合，则完全可能成为新一代智能化的精确制导武器，这是值得重视的一个发展方向。该导引头的主要技术如下：

（1）宽频带天线和头罩结构设计与装调；

（2）宽频带/高灵敏度和大动态范围接收机的设计；

（3）双模传感器在结构上的布局及安装；

（4）双模的信息处理和数据融合接收的应用，尤其是目标信号的分选和识别。

6.4.2　相控阵雷达导引头

1. 技术特点

与传统的机械扫描雷达不同，相控阵雷达取消了传统的伺服系统，节省了空间，利用大量单独控制的小型天线进行单元排列，最终形成天线阵面，并且每一个天线单元都由各自独立的开关进行控制，形成不同的相位波束，因而拥有更广阔的应用空间。

相控阵雷达的构造与蜻蜓的眼睛极为类似，如图 6－23 和图 6－24 所示。蜻蜓的每只眼睛由许许多多个小眼单元组成，每个单元都能成完整的像，这样就使蜻蜓所看到的范围要比人眼大得多。与此类似，相控阵雷达的天线阵面是由许多个辐射单元和接收单元（称为阵元）组成，单元数目和雷达的功能和体积有关，可以从几百个到几万个。这些单元有规则地排列在平面上，构成阵列天线。

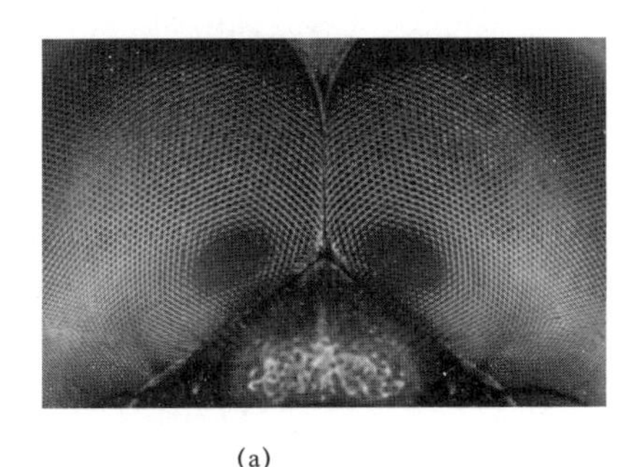

(a)

(b)

图 6－23　蜻蜓的眼睛构造

图 6-24　机载相控阵雷达阵面

相控阵雷达导引头主要由以下几部分组成：相控阵天线、波束控制器、频率综合器、接收机、信号处理机、电源等，如图 6-25 所示。

图 6-25　相控阵雷达导引头

2. 工作原理

利用电磁波相干原理，通过计算机控制馈往各辐射单元电流的相位，就可以改变波束的方向进行扫描，因而称为电扫描（图 6-26）。

不同的振子通过移相器可以被馈入不同相位的电流，从而在空间辐射出不同方向性的波束。天线的单元数目越多，则波束在空间可能的方位就越多。这种雷达的工作基础是相位可控的阵列天线，“相控阵”由此得名。当各阵列初始相位相同时，发射出的电磁波强度分布均匀，如图 6-27 所示。

当初始阵列相位稍作调整时，发射出的电磁波强度也跟着发生相应变化，如图 6-28 所示。

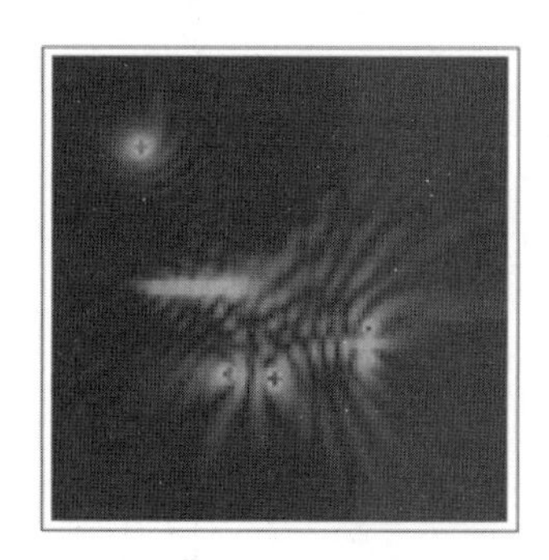

图 6-26　电磁波相干现象

图 6-27　各阵列初相相同时电磁波强度分布

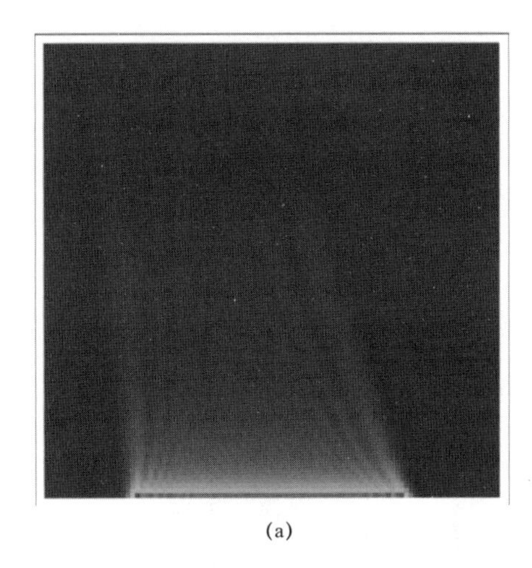
(a)

(b)

图 6－28　初始阵列相位稍作调整时发射出的电磁波强度分布

3. 技术优势

与传统的机械扫描雷达相比，相控阵雷达导引头具有以下技术优势：

1）波束控制灵活

相控阵雷达导引头的一个突出特点是波束控制的灵活性，包括波束指向调转的快速性、搜索方式的灵活性和波束形状灵活可控等。相控阵天线通过控制阵面相位分布实现波束指向的调转。由于波束扫描通过电控实现，没有机械扫描的惯性限制，它可以在微秒量级的时间内将波束指向调转到其扫描空域的任意角度位置，可以实现超过 100°/s 的角速度，具有波束指向切换的快速性，可以在预定空域搜索范围采用行扫描、列扫描、圆扫描以及与目标空域分布相匹配的任意方式扫描等搜索方式，能够提高导引头中末制导交班能力。

2）探测距离远

相控阵导引头具有更大的辐射功率、更大的口径利用率、更低的系统损耗，因而具有远距离探测能力。相控阵天线每一个辐射单元可以看成一个小功率的发射机，随着单元数量的增加，可以在空间合成较大的合成功率，相比传统导引头，平均发射功率可提高一个数量级以上。相控阵导引头天线波束电扫描取消了伺服机构。因此，天线与天线罩之间不需要留较大的转动空间，可以与弹径垂直进行圆形设计，也可以倾斜放置进行椭圆形设计，还可以与天线罩或弹体进行共形设计，提高了弹径利用率。

3）抗干扰能力强

相控阵雷达导引头与阵列信号处理技术相结合，可基于回波信息自主地调整波束形状，使波束形状与战场环境匹配，提高导引头的抗杂波、干扰性能，这使相控阵导引头在抗干扰方面具有独特的优势。在多目标跟踪方面，相控阵导引头可以采用波束快速调转实现分时多目标跟踪；也可以采用数字多波束形成技术，同时产生多个接收波束分别跟踪空间中的多个目标。多目标跟踪能力为导引头真假目标辨别、群目标中特种目标的识别奠定了基础。

4. 未来的发展趋势

1）低成本化

相控阵雷达虽具有更广阔的应用前景，但其高昂的成本一定程度上限制了其应用。雷达系统的成本组成与占比如图 6–29 所示。

图 6–29 表明，相控阵系统的成本占据了整个雷达系统成本的一半，降低其成本是相控阵雷达未来的发展趋势。相控阵系统内部的成本组成与占比如图 6–30 所示。

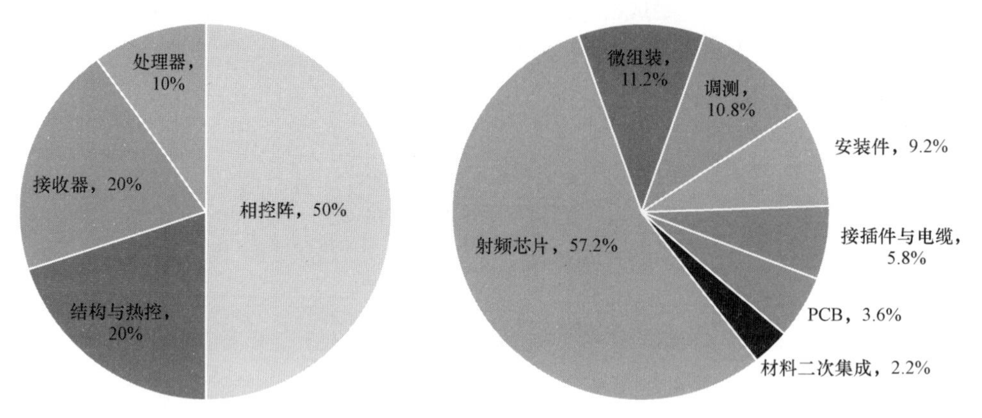

图 6–29　雷达系统成本组成与占比　　**图 6–30　相控阵系统内部的成本组成与占比**

图 6–30 表明射频芯片占据了其成本的大部分，提高芯片性能、降低芯片单通道成本成为关键因素；硅基 CMOS 工艺、化合物半导体 GaAs/GaN 等 MMIC（单片微波集成电路）技术进步实现了芯片集成化，带动系统集成化发展，进一步降低成本；未来相控阵芯片将向更高集成度、更小型化、更低成本以及毫米波、太赫兹等更高频段发展。

我国的 PL–15 型空空导弹已配置毫米波有源相控阵导引头，采用毫米波芯片集成实现。PL–21、PL–XX、PL–XX Ramjet A、PL–XX Ramjet B 等多种型号新型导弹正在进行预研与试验。毫米波雷达导引头未来将拓展应用到反舰导弹、远程导弹、对地导弹、反辐射导弹、反坦克导弹、制导炸弹、空空导弹等多种导弹平台，这需要毫米波雷达导引头向小型化、集成化、低成本的方向发展。

2）多频段/宽带

为提升相控阵导引头抗时频域干扰能力，如窄带瞄准、密集假目标、密集拖引等干扰类型，采用多频段/宽带相控阵雷达导引头，可实现双波段信息融合、宽带频率捷变、自适应变频等灵活的时频域信号处理。宽带相控阵雷达导引头存在孔径渡越问题，会产生大的波束倾斜，波瓣形状变得不对称，副瓣电平也会增加，从而严重影响导弹制导精度。

随着集成光电子技术的发展，光学真延时部件已经集成在像砷化镓、氮化硅这类半导体材料上构成光子集成延时芯片。集成光波导芯片延时步进、延时精度可以达到 0.1 ps 量级，具有体积和质量小、集成度高、精度高等微波延迟线不可比拟的优势。目前，光控延时网络已经具备了用于弹载相控阵雷达导引头上的工程条件。

未来需要突破双频段共口径紧凑布阵设计、弹载条件下高集成度的光控相控阵、宽带波形产生与宽带捷变相参信号处理问题。

3）多功能一体化

传统导弹的制导系统、引信系统和数据链系统，以及电子战系统，都是独立工作的，相控阵雷达技术为弹上多功能一体化集成提供了可能，结合宽带相控阵、多通道相控阵、可重构天线和多功能射频前端等技术，在不额外增加质量和占用空间的情况下，为导弹增加雷达告警、电子侦察、电子干扰等电子战能力。

未来需要突破导引头、引信、数据链和电子战的兼容设计、多功能动态重构、雷达通信干扰一体化波形设计、资源管理与调度和多源信息融合等关键技术。

参考文献

[1] 陈潜，陆满君，宋柯，等. 相控阵雷达导引头技术现状及发展趋势 [J]. 上海航天（中英文），2021，38（03）：157-162+177. DOI：10.19328/j.cnki.2096-8655.2021.03.017.

[2] 赵月阳，李刚，王蜀杰. 国外反辐射导弹发展概述 [J]. 飞航导弹，2020，No.428（08）：30-34. DOI：10.16338/j.issn.1009-1319.20200009.

[3] 杨祖快，刘鼎臣，李红军. 多模复合制导应用技术研究 [J]. 导弹与航天运载技术，2003（03）：13-18.

[4] 朱福. 双模寻的制导技术的发展 [J]. 红外与激光工程，2007（S2）：50-53.

第7章
执 行 机 构

执行机构是导弹控制系统的重要组成部分，战术导弹在飞行过程中，可通过执行机构作用在弹体上，获得控制力或力矩，调整空气动力的大小或方向，用于改变飞行速度、弹体姿态或质心运动。

7.1 执行机构的分类

目前，常用在战术导弹上的执行机构主要分为气动力控制、推力矢量控制、脉冲矢量执行机构、变质心控制和电推进系统等 5 种。

1. 气动力执行机构

气动力执行机构，是通过偏转飞行器的舵面产生气动力矩来调节弹体姿态。这类执行机构主要包括电动舵机、气动舵机和液压舵机。图 7-1 所示为小型电动舵机执行机构。

2. 推力矢量执行机构

推力矢量执行机构是在飞行器尾部的发动机处布置扰流片或燃气舵，扰流片主要改变推力大小，燃气舵主要改变推力方向。图 7-2 所示为美国 AIM-9X“响尾蛇”导弹中的燃气舵推力矢量控制式执行机构。

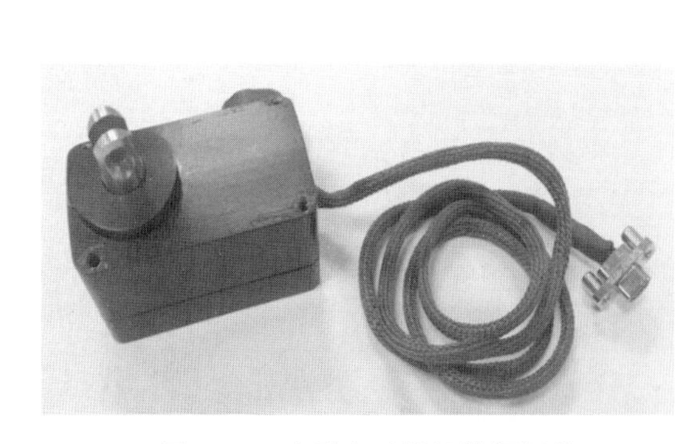

图 7-1　小型电动舵机执行机构

图 7-2　美国 AIM-9X“响尾蛇”导弹

3. 脉冲矢量执行机构

脉冲矢量执行机构在飞行器周围布置多个小型脉冲发动机，各脉冲发动机通过向弹体侧向喷射工质，给飞行器施以反作用力。图 7-3 所示为美国“爱国者”-3（PAC-3）导弹中的脉冲矢量执行机构。

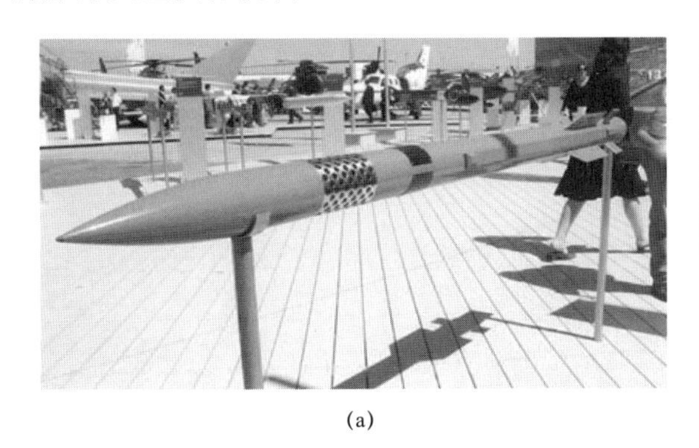

(a)

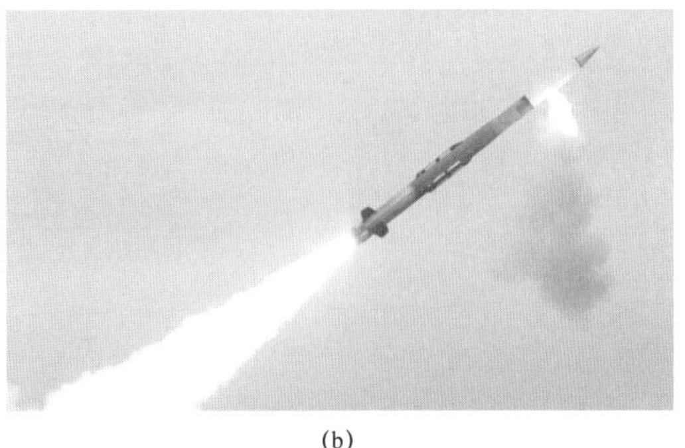

(b)

图 7－3　美国“爱国者”－3（PAC－3）导弹

4. 变质心执行机构

变质心控制式执行机构是在飞行器内部配置配重块与滑轨，通过配重块的运动主动改变质心位置，即改变重力的作用点位置。图 7－4 所示为三质量块变质心执行机构。

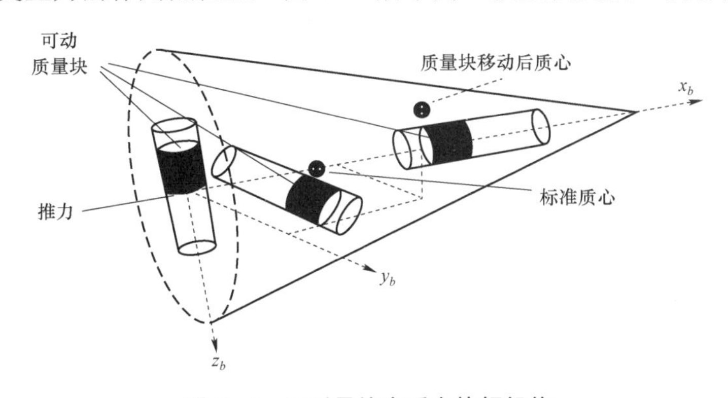

图 7－4　三质量块变质心执行机构

5. 电推进执行机构

电推进执行机构是利用电能加热、离解和加速工质形成高速射流而产生推力。与传统的化学推进航天器相比，电推进技术会给航天器的制导与控制技术带来颠覆性改变。

7.2　气动力执行机构

绝大多数战术导弹以空气舵作为控制执行机构，根据由自动驾驶仪产生的控制指令，产生相应的舵偏角来改变导弹的运动状态。

气动舵是一种气动力控制方式的执行机构，主要由放大变换器、驱动装置、操纵机构和敏感元件等组成，放大变换器与驱动装置统称为舵机，如图 7－5 所示。

放大变换器的作用是根据输入的偏转指令信号和传感器获取的实际偏转角信号，将误差信号进行综合、功率放大，变换成驱动装置所需的功率信号形式，能够产生足够的转动力矩，克服空气舵面的反作用力矩，进而通过操纵机构操纵舵面转动。敏感元件的作用是实时反馈执行机构的状态（舵面的偏转角和偏转角速度等），使执行机构成为闭环调节系统，以改善执行机构的动态性能。

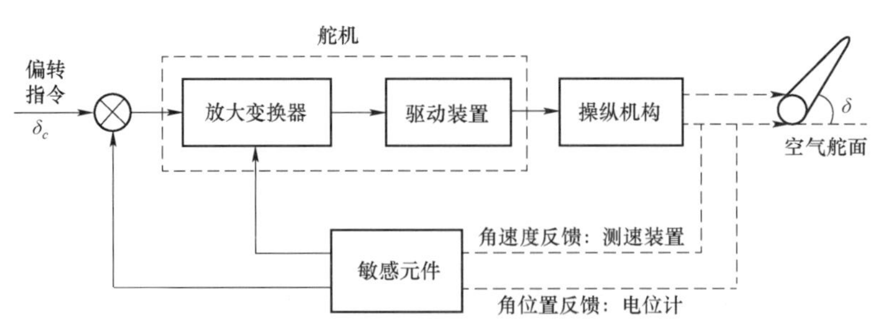

图 7–5　气动力执行机构原理框图

7.2.1　基本要求

1. 足够大的输出力矩

舵机是用来操纵导弹控制舵面的，它产生的力矩必须能够克服作用在舵面上的气动铰链力矩、摩擦力矩和惯性力矩，即舵机的输出力矩应满足

$$M \geqslant M_j + M_f + M_i \tag{7-1}$$

式中：M 为舵机输出的力矩；M_f 为舵面上空气动力所产生的铰链力矩；M_i 为操纵机构传动引起的摩擦力矩；M_j 为舵面及操纵机构的惯性产生的力矩。

2. 舵面的最大偏转角 δ_{max} 和最大角速度 $\dot{\delta}_{max}$

不同的战术导弹对舵偏角的要求不同，最大舵偏角主要根据足够实现所需的飞行轨迹以及补偿所有外部干扰力矩来确定。对于弹道导弹，其最大舵偏角可达 30°，某些制导弹药的最大舵偏角为 5°，一般战术导弹要求最大舵偏角不超过 20°。导弹的舵偏角偏转范围不宜过大，也不宜过小，过大会增加阻力，并使气动特性出现较强的非线性，过小则不能产生所需的控制力。

为了使控制性能满足给定指标的要求，舵面必须有足够的角速度，该角速度与控制效果满足一定的正相关关系，即角速度越大，舵面跟踪指令速度越大，控制系统工作精度越高。但是，舵面偏转的角速度与舵机性能有关，这要求舵机工作时也应提供足够的功率。例如，弹道式导弹舵面偏转角速度 $\dot{\delta} \approx 30°/s$，地空导弹角速度可达 $150°/s \sim 200°/s$。

3. 舵回路应有足够的快速性

执行机构在控制系统动态变化过程中一个重要的指标是快速性，快速性通过控制过程的过渡时间作为指标。过渡时间即当输入信号为阶跃信号时，舵回路由初始稳定状态过渡到终止稳定状态过程所花费的时间。过渡时间一般由时间常数表示，时间常数越大，则过渡时间越长。舵机工作的快速性与舵机结构的惯性对舵回路的时间常数有很大影响，过渡时间太长会降低控制系统的调节质量。

4. 舵回路的特性应尽量呈线性特性

控制回路在控制弹体时，总是希望给定指令发出的输入信号与控制响应代表的输出信号呈线性关系，这样可以简化操作难度。但是在实际中，由于舵回路等执行机构作为整个控制回路中的一个环节，本身存在摩擦、磁滞、能源功率的限制等带来的如非灵敏区、饱和等非线性因素，造成了整个控制回路的输入输出非线性。因此，设计执行机构时，应尽量减少非线性器件的数量，简化环节，保留舵机的线性工作范围。

5. 其他要求

如外形尺寸和重量小、比功率（单位质量的功率）大、成本低、可靠性高且便于维护等。

7.2.2 舵机的分类

根据不同的分类标准，可对舵机进行不同的分类。

舵机系统按照其工作原理可分为比例式舵机、继电器式舵机或脉宽调制舵机。按照舵机所使用的能源的不同，舵机一般可分为三类：电动式、气压式、液压式等。

无论哪种类型的舵机，都必须包含能源和作动装置，能源或为电池或为高压气源（液压）源。对于电动式舵机，其作动装置由电动机和齿轮传动装置组成；对于气压或液压式舵机，其作动装置由电磁铁、气动放大器和高压气缸或液压放大器、液压缸等组成。

7.2.2.1 电动式舵机

电动式舵机的伺服控制部分及执行机构均为电气装置。电动式舵机可分为电磁式和电动机式两种，其中电动机式又分为直接控制式和间接控制式。

这类舵机的优点是结构简单、体积小、成本低、可靠性高、使用维护方便；其缺点是执行机构包含减速装置及伺服电动机，电气时间常数及机械转动惯量偏大、频带偏小。电动式舵机一般适合于在中、小功率，快速性要求不高的低速导弹上使用，如亚声速飞航导弹、反坦克导弹等。图 7－6 所示为舵面未张开的电动式舵机。

图 7－6　舵面未张开的电动式舵机

1. 直接控制式电动舵机

直接控制式电动舵机结构原理如图 7－7 所示，主要由伺服电动机、减速器、反馈元件和校正元件组成。电动机既是功率元件又是被控对象，通过控制伺服电动机的输入信号电压，来改变伺服电动机的输出转矩和转速，再经过减速装置带动舵轴或扰流片运动。

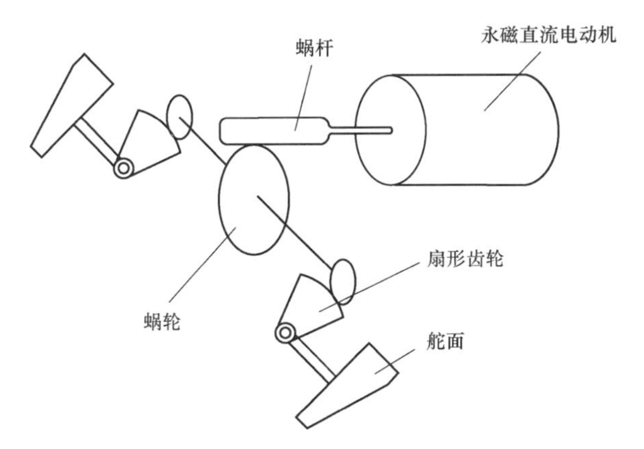

图 7－7　直接控制式电动舵机结构原理

2. 间接控制式电动舵机

间接控制式电动舵机结构原理如图 7－8 所示。间接控制式电机舵机由伺服电动机、电磁离合器和减速器等组成。这种方式的电动机在控制回路中只作为功率元件或放大环节，并不实际参与舵机系统的控制。控制信号通过电磁离合器对舵面偏转加以控制。

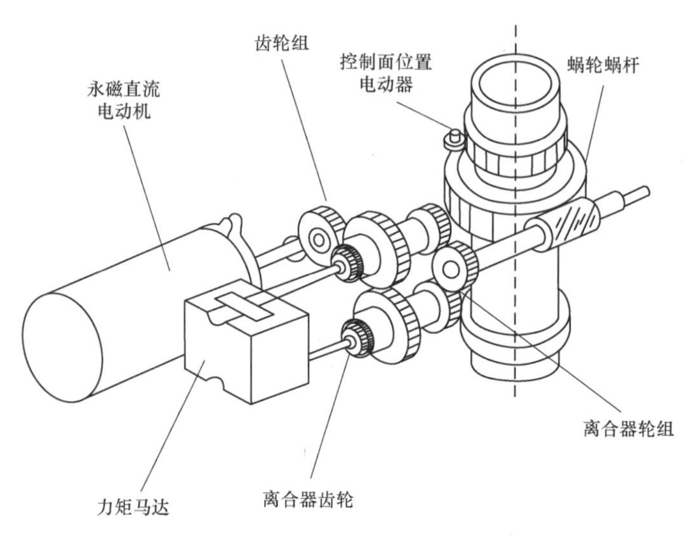

图 7－8　间接控制式电动舵机结构原理

3. 电磁式舵机

电磁式舵机的结构图如图 7－9 所示。电磁式舵机以电磁力为能源，通常工作在继电状态。主要应用于小型战术导弹上，如法国的 SS11、法国德国联合研制的“霍特”和“米兰”导弹。电磁式舵机具有体积小、结构简单、可靠性较高、成本低、使用和维护方便的优点，其缺点是功率小。

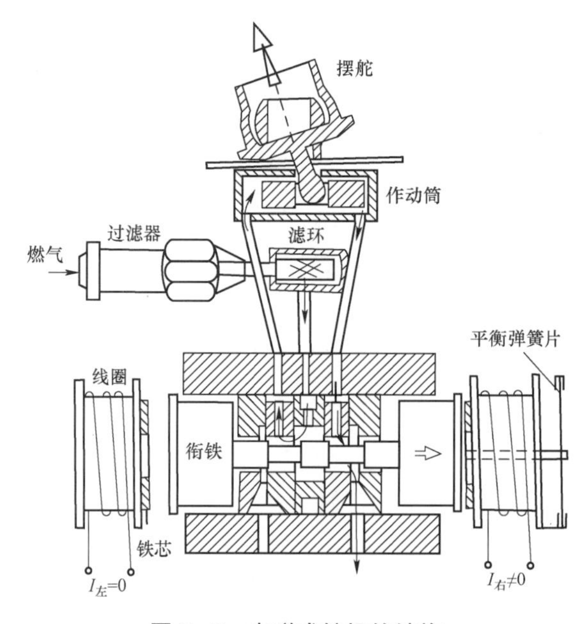

图 7－9　电磁式舵机的结构

7.2.2.2　气压式舵机

气压式舵机的执行机构能源为一定压力的气体。按执行机构不同，气压式舵机分为球阀式、射流管阀式和喷嘴挡板式三种；按气源种类不同，气压式舵机分为冷气式、燃气式和冲压式三种。气压式舵机具有灵敏度高、响应速度快、频带较高的优点；其缺点是由于工作过程中向外排气，效率低、工作时间短、刚度差。气压式舵机一般用于飞行时间较短的导弹。

1. 气压式舵机按执行机构分类

1）球阀式气压舵机

球阀式气压舵机结构图如图 7–10 所示，它是一种继电式舵机，由压力容器（气瓶）、电爆阀（开瓶装置）、调压器（减压阀）和四个作动器组成。每个作动器由螺旋式电磁转换器、球阀气动放大器和气动作动筒组成。155 mm 激光末制导炮弹舵面如图 7–11 所示。

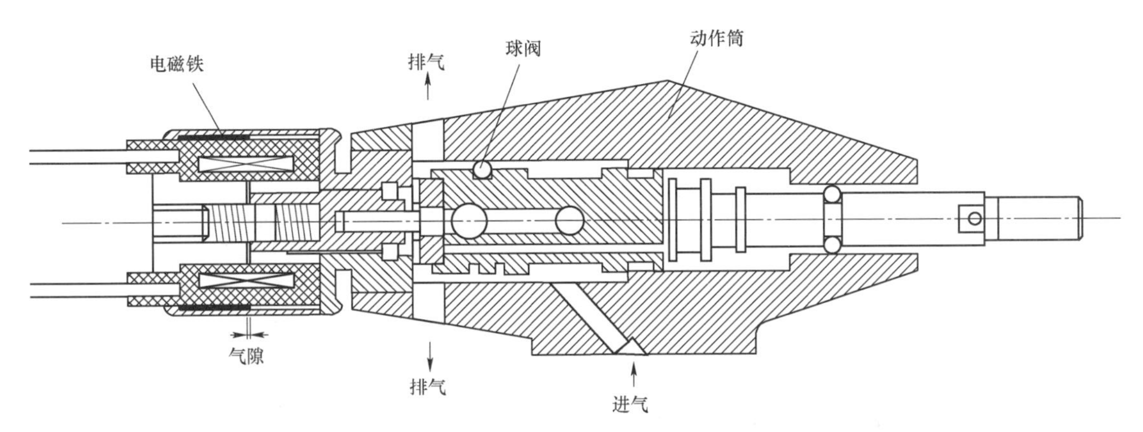

图 7–10　球阀式气压舵机结构

图 7–11　155 mm 激光末制导炮弹舵面

2）射流管阀式气压舵机

射流管阀式气压舵机结构如图 7–12 所示，射流管阀的特点是结构简单、加工精度要求低、摩擦力小、灵敏度高；但功率损耗较大。“红旗”地空导弹、“霹雳”空空导弹采用射流管式冷气舵机，分别如图 7–13 和图 7–14 所示。

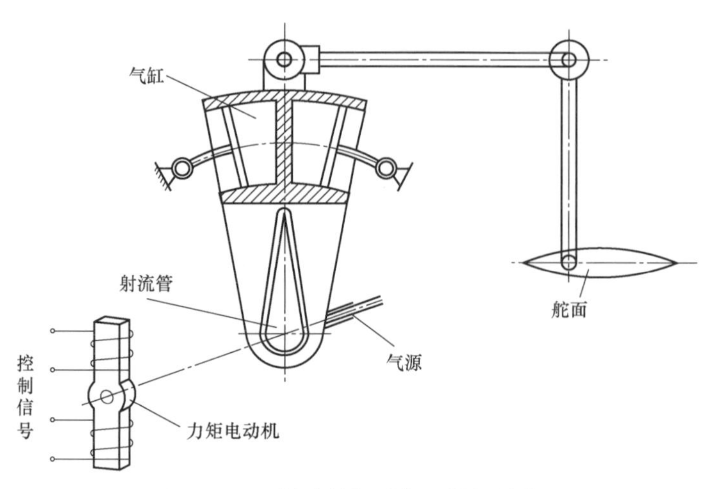

图 7-12 射流管阀式气压舵机结构

图 7-13 “红旗”地空导弹

图 7-14 “霹雳”空空导弹

3）喷嘴挡板阀式气压舵机

喷嘴挡板阀式气压舵机的结构图如图 7-15 所示，它是一种脉宽调制气动舵机，由压力调节器、气动伺服阀、活塞连杆组成。舵机伺服阀接收的控制信号是一组矩形波调宽信号。气动伺服阀中的柱塞与控制信号相同的频率做往复运动。柱塞平均位移与脉宽调制控制信号的占空比成正比，从而实现舵机的线性控制。

2. 气压式舵机按气源种类分类

1）冷气舵机

冷气舵机是使用蓄压气瓶作为动力源的一种舵机。射流管式放大器的冷气式舵机结构原理如图 7-16 所示，它由电磁控制器、喷嘴、接收器、作动器、反馈电位器等组成。电磁控制器、喷嘴和接收器组成射流管放大器。电磁控制器是一个双臂的转动式极化电磁铁，它的山形铁芯上绕有激磁线圈，由直流电压供电。控制线圈有一对，缠绕在衔铁上，衔铁的轴固连在喷嘴上，喷嘴随衔铁的转动而随之转动。接收器固定在作动器上，接收器的两个接收孔对着喷嘴，两个输出孔分别通过管路与作动器的两个腔相连。舵机的活塞杆一端连接舵轴，另一端与反馈电位器的电刷相连，控制信号与反馈电位器输出的电压都输入磁放大器中。

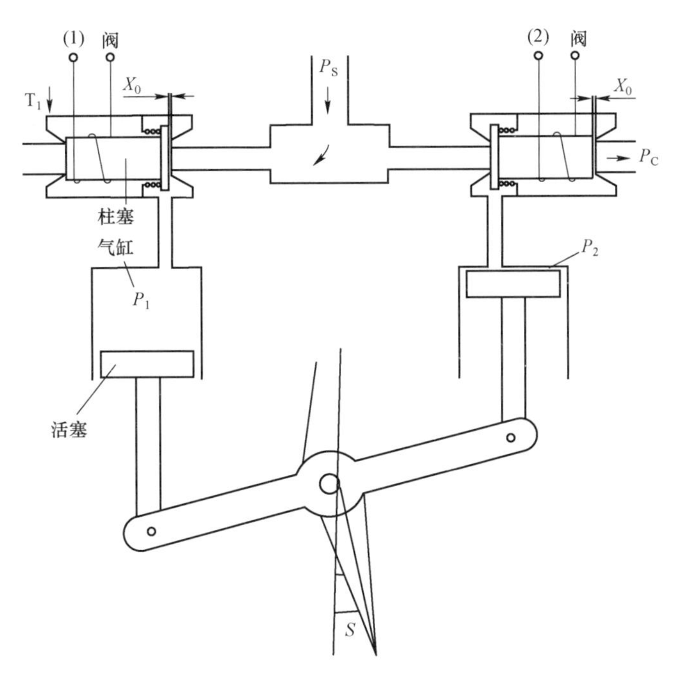

图 7-15　喷嘴挡板阀式气压舵机结构图

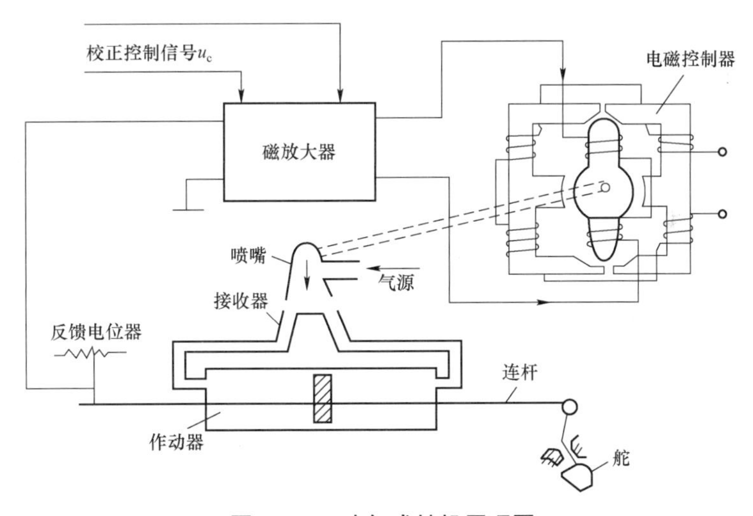

图 7-16　冷气式舵机原理图

当校正控制信号还未输入时，电磁控制器的衔铁位于两个磁极的中间，两个接收孔被喷嘴喷口同时遮盖，且遮盖的面积相同。气流量经过喷嘴流入作动器的两个腔内，两腔内的气流量相等，活塞保持在中间的平衡位置不动。当校正控制信号输入，电磁放大器作为放大环节，首先将该信号放大后加至控制绕组，绕组产生力矩，带动电磁控制器的衔铁转动，固连在一起的喷嘴也随之偏转，产生一个与校正控制信号强度呈正相关关系的偏转角度 ξ。此时，两个接收孔被喷嘴喷口遮盖的面积发生变化，气流量经过喷嘴流入作动器的两个腔内，两腔内的气流量不相等，产生压力差，活塞由中间的平衡位置移动。活塞移动方向取决于喷嘴转向为逆时针或顺时针，活塞移动速度取决于喷嘴偏转角的大小。活塞与舵面通过一个轴连接，活塞的平动因此传递给舵面的偏转，舵面偏转产生操纵弹体的气动力。反馈电位器的电刷与

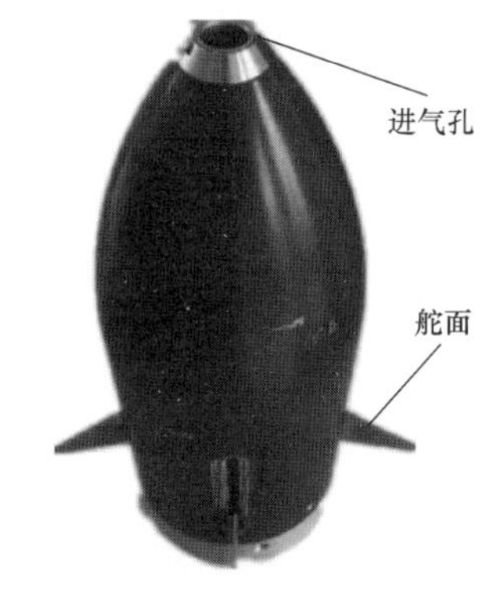

图 7-17 某炮射导弹的冲压式舵机

活塞杆固连，电刷随着活塞杆平动而改变电位器的电位，反馈电位器向磁放大器输送反馈电压，反馈电压的作用是改善执行装置的工作特性。

有些反坦克导弹为了简化结构设计，在弹体头部开进气孔，当导弹高速飞行时，来流空气经进气孔流入气源腔内形成高压气体，用于替代蓄压气瓶，这类舵机也称冲压式舵机，如图 7-17 所示。

2）燃气舵机

燃气舵机包括比例式燃气舵机、脉冲调宽式燃气舵机。

（1）比例式燃气舵机。

燃气舵机结构图如图 7-18 所示，它以固体火药缓慢燃烧所产生的高温高压气体为气源，来操纵舵面的运动。燃气舵机具有响应快、体积和重量小、功率质量比大的优点；其缺点是燃气残渣易堵塞气路，工作时间短，必须使用耐高温材料。

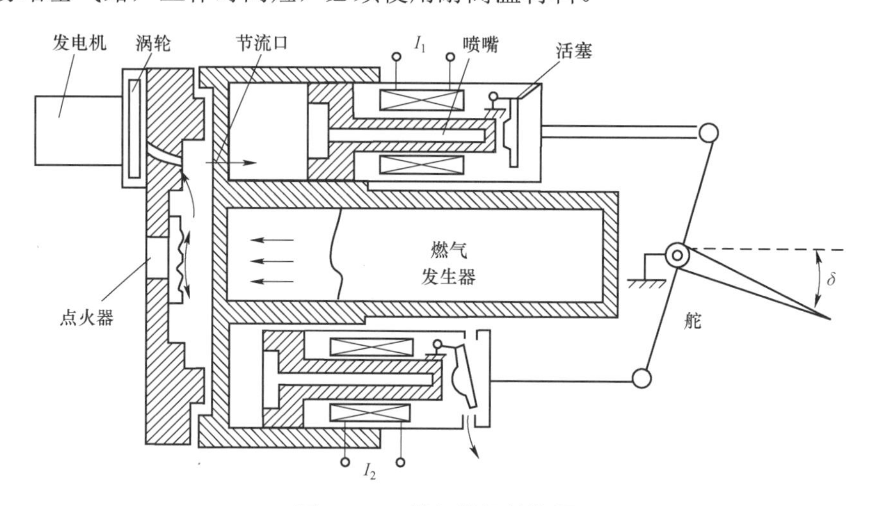

图 7-18 燃气舵机结构图

燃气舵机主要由电气转换装置、气动放大器、传动装置、燃气发生器、磁放大器及反馈装置等部分组成。

电气转换装置包括活塞中的电磁线圈、喷嘴、挡板等，它的作用是将综合放大器输出的电信号转换成气压信号。

气动放大器包括固定节流孔和喷嘴、挡板组成的可变节流孔。改变挡板与喷嘴之间的间隙，就可以改变经过喷嘴的燃气量，从而改变作用在两个活塞上的压力。

传动装置由两个单向作用的作动筒、活塞、活塞杆、摇臂组成，活塞杆与摇臂相连，摇臂转动时带动舵面偏转。

燃气发生器的燃料在燃烧过程中向气动放大器输送高温高压的燃气。

综合放大器综合控制信号和反馈信号，然后将合成的信号送至活塞中的电磁线圈。

位置反馈和速度反馈装置分别产生与舵的角位移和角速度成比例的信号，并将它们输入综合放大器，从而改善执行装置的动态特性。

导弹发射时，点火装置工作，将燃气发生器内的燃料点燃，燃料发生化学反应，产生高温高压的燃气。燃气经过滤后，经气动分配腔、节流孔作用在两个活塞的底面上，再通过活塞铁芯孔、喷嘴、挡板及铁芯间的空隙以及活塞排气孔，排到大气中。

控制信号经放大器放大后，输出控制电流 I_1、I_2，分别加到两个活塞铁芯的线圈中使其产生对挡板的电磁吸引力，此吸引力与作用在挡板上的燃气推力平衡。

当校正控制信号未输入时，两个挡板与喷嘴的间隙相同，燃气流通过这两个间隙排出，且两气流的流量相等，两个作动筒内的燃气压力保持相等，两个活塞均处于初始平衡位置，舵面不偏转。当校正控制信号输入时，电磁力使挡板偏移，两个间隙因此发生变化，较小的间隙通过的燃气流量较小，较大的间隙通过的燃气流量较大，两个作动筒内的燃气压力出现高低的不同，使两个活塞作用在摇臂上的力矩产生变化，摇臂平衡被破坏，带动舵面偏转。舵面偏转通过位置反馈器连接负反馈回路，控制输入电磁绕组，在舵面逐渐偏转过程中，由于反馈回路的引入，输入电磁绕组的电流逐渐减小，系统向平衡状态平稳过渡，直至两个作动筒内的燃气压力对舵的转动力矩与铰链力矩重新平衡时，舵面停止转动。

（2）脉冲调宽式燃气舵机。

脉冲调宽式燃气舵机是一种继电式系统，引入一个线性化振荡信号，改变脉冲宽度，实现脉冲宽度与控制信号大小成比例的原理，变成等效线性系统。脉冲调宽式燃气舵机需要一个脉宽调制信号发生器，产生脉冲调宽信号，送给舵机的作动装置。图 7－19 所示为脉冲调宽式燃气舵机的工作原理图。

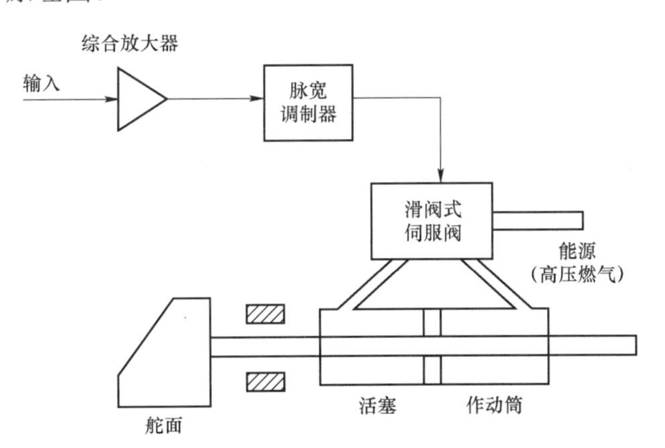

图 7－19　脉冲调宽式燃气舵机的工作原理图

脉冲调宽型放大器由电压脉冲变换器和功率放大器两部分组成。电压脉冲变换器包括正弦（或三角波）信号发生器及比较器。信号发生器产生正弦（或三角波）信号 u_2，同输入信号 u_1 相加后，输入到比较器，脉冲调宽型放大器的工作原理如下。

当输入信号 $u_1=0$ 时，$u_1+u_2=u_2$，在一个周期 T_1 内，正弦信号正、负极性电压所占的时间相等，因此比较器输出一列幅值不变，正、负宽度相等的脉冲信号，操纵舵面从一个极限位置向另一个极限位置往复偏转，且在舵面两个极限位置停留时间相等，一个振荡周期内脉冲综合面积为零，平均控制力也为零，弹体响应的控制力是一个周期控制力的平均值，此时导弹进行无控飞行。

当输入信号 $u_1\neq 0$ 时，正弦波 u_1+u_2 在一个周期 T_1 内，正弦信号正、负极性电压所占时间比发生变化，因此比较器输出一列幅值不变，正、负宽度不同的脉冲信号，这种脉冲信号在一个周期内脉冲综合面积，与该时刻输入信号u_1的大小成比例，其正负随输入信号极性的不同而变化。此脉冲信号操纵舵面从一个极限位置向另一个极限位置往复偏转，但在舵面两个极限位置停留时间不相等，一个振荡周期内的平均控制力不为零。图 7-20 是$u_1>0$的情况，则比较器输出脉冲序列中，正脉冲较宽，负脉冲较窄，因而在一个周期内的综合面积大于零。由于输出脉冲幅值恒定，宽度随输入信号的大小和极性的不同而变化，这就是脉冲调宽原理。由于脉冲的综合面积与输入信号的大小成正比，并与其极性相对应，这样就把继电特性线性化了。这一过程也称振荡线性化。

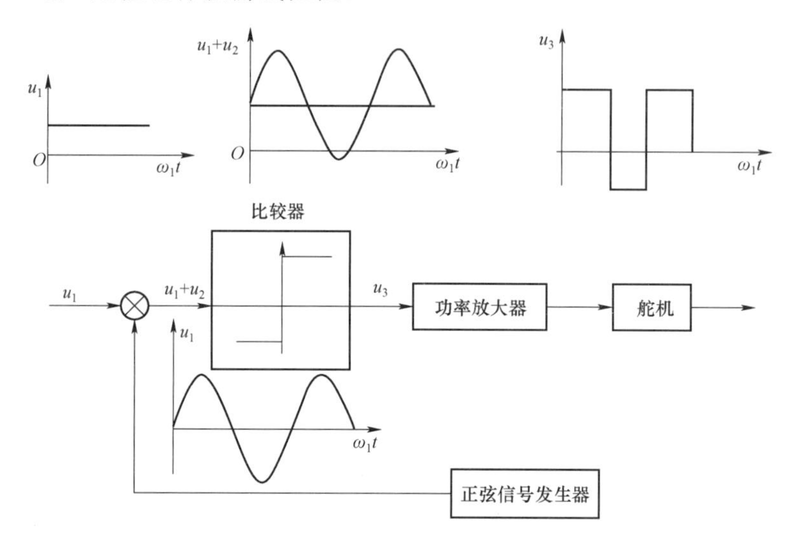

图 7-20　脉冲调宽信号形成示意图

下面以某型号导弹采用的滑阀式气动放大器的燃气舵机为例，说明燃气舵机的工作过程。舵机主要由电磁铁、滑阀式气动放大器、活塞、作动筒、连杆舵面、开锁机构、燃气过滤器和燃气发生器等部件组成。

电磁铁和滑阀式气动放大器安装在阀座之中，由两个控制线圈、左右铁轭、阀芯、衔铁、阀套和反馈套等组成。由本体的气缸孔和气缸盖构成活塞与作动筒，由滤网、滤芯等构成燃气过滤器，通过本体将各部件、拨杆、舵轴和舵面装配在一起，组成滑阀式燃气舵机。

舵机靠燃气发生器的固体火药燃烧时产生的燃气工作，燃气通过过滤器沿管路进入分流滑阀阀芯，并沿本体上的管道进入活塞腔。当送入脉冲调宽信号时，电流依次进入两个电磁线圈。当电流通过右边电磁线圈时，如图 7-21（a）所示，带分流阀芯的衔铁被拉向该电磁铁线圈方向，使燃气进入气缸左腔的通道，在燃气压力作用下，活塞移动到右极限位置。

当活塞在气缸内移动时，相应地也使舵面偏转δ角。同时，燃气经过左侧固定节流孔进入靠近活动衬套的工作腔，燃气压力作用在活动衬套端面上，压力大小与活塞腔中的压力成正比。当阀芯从中间位置移动时，此燃气压力是以负反馈的方式作用在衔铁上，使衔铁回到中立位置。但是，这个压力小于电磁线圈对衔铁的吸力，只要电流仍流过右线圈，带衔铁的分流阀芯将保持在右边位置。

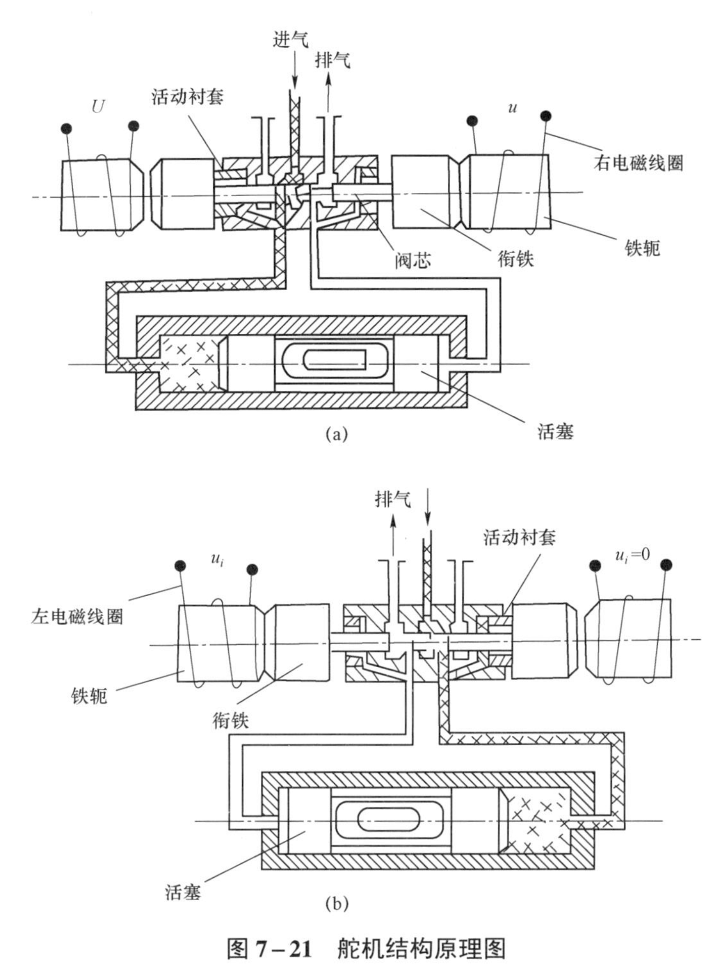

图7－21 舵机结构原理图

（a）右电磁线圈通电时；（b）左电磁线圈通电时

当电流通过左边电磁线圈时，如图7－21（b）所示，衔铁阀芯移向左边，并使燃气进入气缸右腔，同时燃气从右侧固定节流孔进入活动衬套的工作腔，同样形成燃气压力，作用在衔铁阀芯上回到中立位置。

当线圈内电流换向时，如左线圈通电，右线圈断电。此时，衔铁阀芯处在左极限位置。在换向瞬间，作用在衔铁阀芯上的燃气压力与线圈产生的电磁吸力同向，使阀芯从右极限位置加速往左边位置移动。此时，燃气压力作用在衔铁阀芯上的力成为正反馈，提高了换向动作的速度。

这种舵机系统的压力反馈是一种非线性（近似继电型）压力反馈。在阀芯从中立位置运动到极限位置过程中，由于燃气压力与电磁吸力方向相反，使阀运动减速，此时燃气压力反馈属于负反馈；而在阀芯从极限位置向中立位置运动时，由于燃气压力与电磁吸力方向相同，使阀芯运动加速，此时燃气压力反馈属于正反馈。因此，在静态实现了电磁吸力与燃气压力反馈相平衡；在动态，即换向时刻，燃气压力起到快速动作的作用。所以非线性压力反馈相当于一个加速度的分段切换装置。当阀芯从左极限位置以最大加速度运动经过中立位置后，加速度减小至零或变到一定的负加速度，使之减速运动到右极限位置，然后又从右极限位置以最大加速度往左极限方向运动。作用在阀芯上的燃气压力与阀芯位移的关系，如图7－22所示。

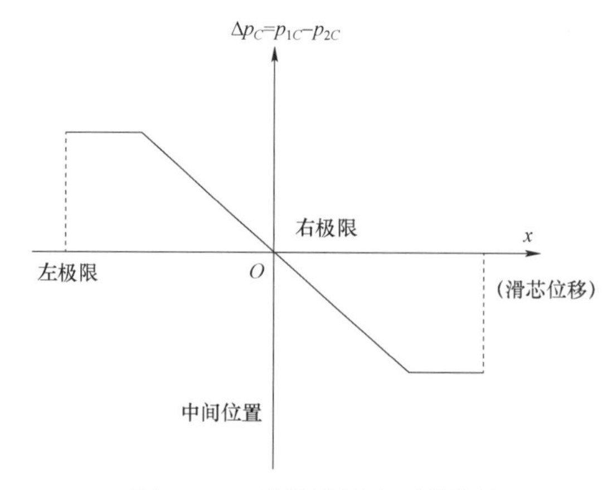

图 7-22 非线性压力反馈特性

3）冲压式舵机

冲压式舵机结构原理图如图 7-23 所示。冲压式执行机构是一种 20 世纪 70 年代发展起来的技术，在苏联一些反坦克导弹和炮射导弹中已经成功应用。图 7-24 所示为采用冲压式舵机的 Kornet-D 反坦克导弹。

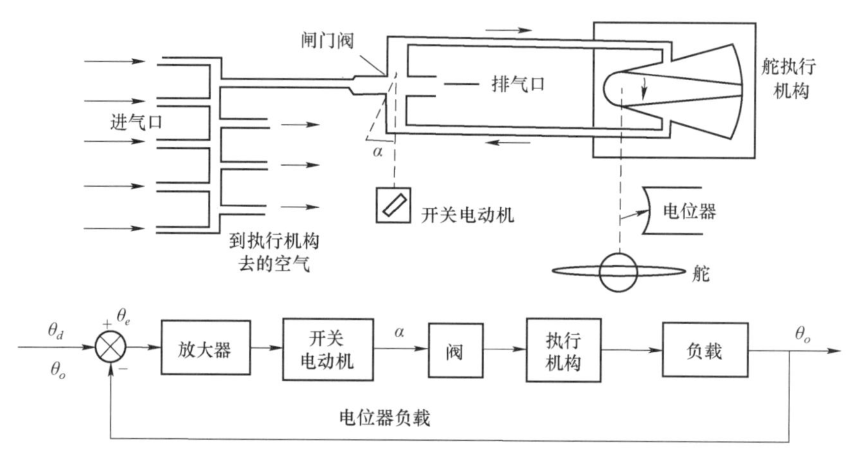

图 7-23 冲压式舵机结构原理图

图 7-24 Kornet-D 反坦克导弹

导弹在大气中高速飞行，高速气流撞击舵面，气流动能转化为滞止压力，舵机控制器的执行机构利用滞止压力作为工作时的能量来源，这种形式的能量来源称为冲压式能源，这种舵机也因此称为冲压式舵机。由于利用导弹飞行的气流作为能量输入，冲压式舵机不需要传统气动舵机系统的能源供应部件，如压缩气瓶、电爆阀、减压阀、燃气发生器、过滤器等，整个执行机构的结构重量、体积、零部件数目得以大大降低，不仅节约了能源，还降低了加工制造过程中的步骤，成本降低。在工作时，冲压式能源滞止压强取决于飞行马赫数，因此直接影响舵机的工作功率与负载力矩。

冲压式舵机系统与导弹冲压式发动机一般都由弹头部的进气道引入大气，鸭式布局因此在冲压式舵机导弹上应用较多。

冲压式舵机对于长时间、长距离飞行的导弹，对节省能源、节约弹上空间的效果较好。但是，在导弹助推期间，存在滞止压强较小以及阻力较大的缺点，容易造成射程损失，因此需要增加发动机装药，以提高射程、增加助推力。此外，为了进行控制，最好有一个替换能源（如一个小冷气瓶），这些在短距离导弹上都削弱了冲压式舵机的优势。

7.2.2.3　液压式舵机

液压式舵机主要由电液信号转换装置、作动筒和信号反馈装置等部分组成，原理结构如图 7－25 所示。

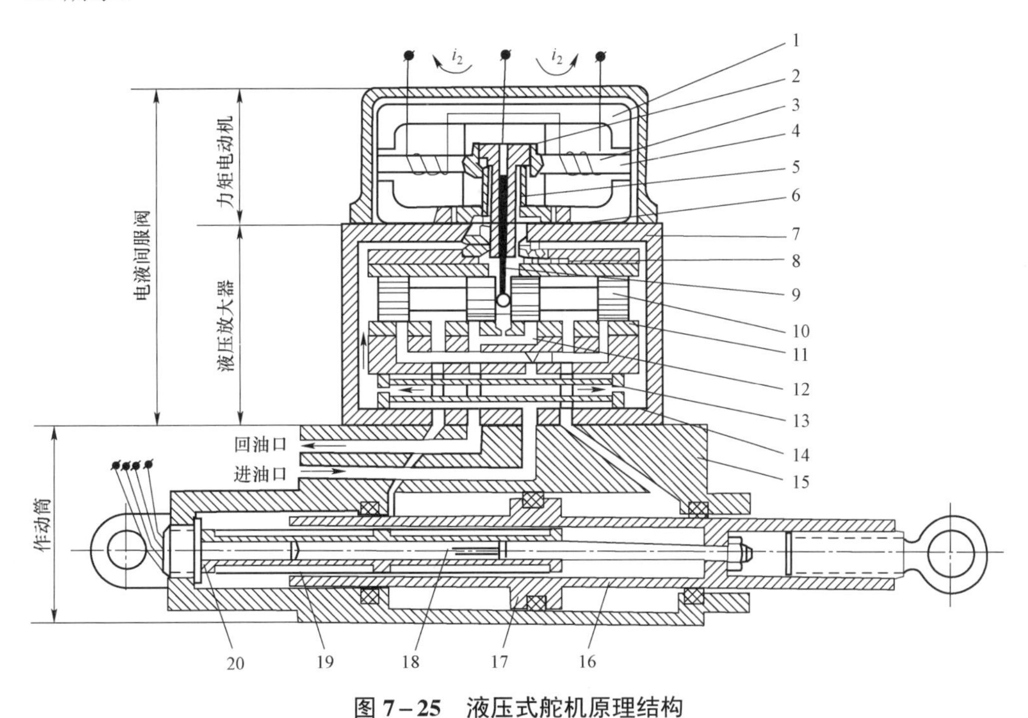

图 7－25　液压式舵机原理结构

1—导磁体；2—永久磁体；3—控制线图；4—衔铁；5—弹簧管；6—挡板；7—喷嘴；8—溢流腔；9—反馈杆；10—阀芯；11—阀套；12—回油节流孔；13—固定节流孔；14—油滤；15—作动筒壳体；16—活塞杆；17—活塞；18—铁芯；19—V 线图；20—位移传感器

电液信号转换装置主要由力矩电动机和液压放大器两部分组成，其基本作用是将控制系统的指令信号转换成液压信号。它是一个功率放大器，同时又是一个控制液体流量、方向的控制器。

力矩电动机是将电控制信号转换成机械运动的一种电气机械转换装置。

液压放大器由两级组成：第一级是喷嘴挡板式液压放大器；第二级是滑阀式液压放大器，如图 7-26 所示。

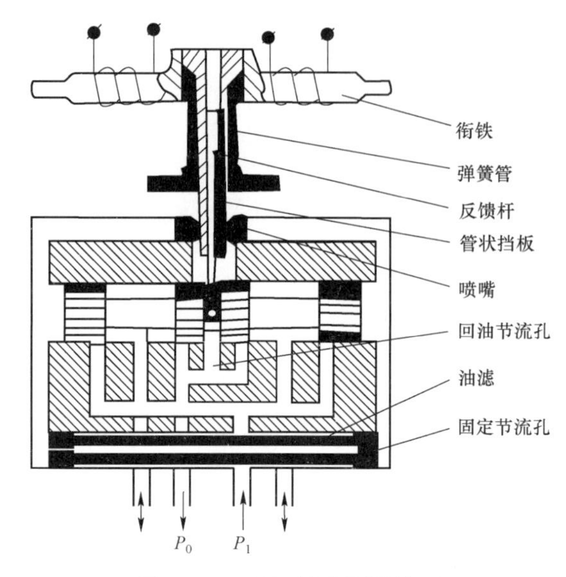

图 7-26　液压放大器结构图

喷嘴挡板放大器由喷嘴、挡板、两个固定节流孔、回油节流孔和两个喷嘴前腔组成。挡板与力矩电动机的衔铁和反馈杆一起构成衔铁挡板组件，由弹簧管支撑。

滑阀放大器由阀芯、阀套和通油管路组成。阀芯多为圆柱形，上面制有不同数量的凸肩，用于控制通油口面积的大小和液压油的流向，阀套上开有一定数量的通油口。

当没有控制信号时，挡板处在两喷嘴中间，阀芯保持中立位置不动，它的四个凸肩刚好把阀套的进油孔和回油孔全部盖住，使接通负载的油路不通。

若力矩电动机中加有控制信号，使衔铁挡板组件向右偏转时，会使挡板与喷嘴间右边的间隙减小，左边的间隙加大，结果右喷嘴前腔的压力增大，左喷嘴前腔的压力减小，形成压力差，使滑阀阀芯向左移动，滑阀左腔将高压油与负载油路（与作动筒相通）的进油口接通，右腔与负载的回油口接通，从而推动负载运动。挡板的偏转角越大，阀芯两腔的压力差越大，阀芯移动速度越快。

阀芯向左移动时，将带动反馈杆一起移动，反馈杆产生形变。反馈杆形变以及管形弹簧将产生变形力矩，此力矩与控制力矩方向相反，当控制力矩与这个变形力矩达到平衡时，挡板偏转角也达到一个平衡位置，阀芯也不再移动。

作动筒即液压筒（油缸），是舵机的施力机构，由筒体和运动活塞、活塞杆、密封圈等组成，活塞杆与舵面的摇臂相连。

信号反馈装置用来感受活塞的位置或速度的变化，并转换成相应的电信号，送给综合放大装置。

当校正控制信号还未输入时，电磁控制器的衔铁位于两个磁极的中间，两个喷嘴喷口被挡板同时全部遮盖，高压油不能经过喷嘴流入作动器的两个腔内，两腔内的压力相等，活塞保持在中间的平衡位置不动。当校正控制信号输入，磁放大器作为放大环节，首先将该信号放大后加至控制绕组，绕组产生力矩，带动电磁控制器的衔铁转动，固连在一起的挡板组件也随之偏转，致使阀芯偏离中间位置，产生一个与校正控制信号强度呈正相关关系的偏转角度 ξ。此时，如果挡板向左偏移，则高压油经过右喷嘴流入作动器的右腔内，活塞就向左运动，推动作动筒左腔内的油回流到油箱，如果力矩电动机带动阀芯左移时，情况正好与此相反。活塞与舵面通过一个轴连接，活塞的平动因此传递给舵面的偏转，舵面偏转产生操纵弹体的气动力。

7.2.3　舵机的总体设计

7.2.3.1　舵机的技术要求

1. 功能要求

舵机系统需具备如下功能：接收弹载计算机的控制指令，控制舵机偏转角；反馈舵机当前偏转角度；自检。

2. 主要性能指标要求

舵机系统主要性能指标包括如下：

（1）输出方式；

（2）供电：电压、额定电流、峰值电流；

（3）力矩：额定输出力矩、堵转力矩；

（4）系统输出极性；

（5）额定负载下最大角速度；

（6）最大舵偏角；

（7）电气零位绝对值；

（8）机械零位可调范围；

（9）系统一次连续通电可靠运行时间：静态连续通电可靠运行时间；空载下可靠运行时间；额定负载下可靠运行时间；静态累计上电时间；

（10）线性误差；

（11）带宽；

（12）相位滞后；

（13）超调；

（14）工作温度；

（15）重量；

（16）输出轴承受弯矩。

7.2.3.2　舵机的性能检验

1. 超调量检验

检验方法：给出 10° 阶跃控制信号，舵机作动过程中和稳定后，测试系统对反馈信号进行连续采样。取反馈量的最大值与反馈量的稳定值求差。该差值与反馈量稳定值的比即为超调量。

2. 线性误差（FS）检验

检验方法：给出舵偏角最大范围阶跃控制信号，测试舵系统反馈和控制信号的偏差值。

3. 最大输出力矩检验

检验方法：将舵系统综合测试仪、弹性力矩加载台与舵系统按规定方式连接好，调整弹性力矩加载台，使舵机偏转最大范围时，观察弹性力矩加载台扭矩是否大于指标要求。

4. 舵机额定负载转速检验

检验方法：接入弹性负载加载台。分别给出最大范围阶跃控制信号，并采集舵系统反馈信号。由于反馈信号反映了舵机位置情况，因此对反馈信号求导数便可得到舵机的转速。

5. 频率响应检验

检验方法：由测试设备下发频率为 10 Hz、幅值为 3° 的正弦控制信号，测试舵系统的反馈信号，通过傅里叶变换可以求得该反馈信号相对于控制信号的幅频特性和相频特性。

6. 相位滞后检验

检验方法：由测试设备下发频率为 3 Hz、幅值为 3° 的正弦控制信号，测试舵系统的反馈信号，通过傅里叶变换可以求得该反馈信号相对于控制信号的相频特性。

7.2.4 舵机的发展趋势

现代战争对制导兵器的发展提出了全新的要求，导弹无疑是具备远程打击的制导兵器中的佼佼者。为了不断提高导弹在各方面的优势，对其舵机的性能要求也逐渐提高。

随着 20 世纪计算机、信息技术的发展，人工智能在控制学科的应用逐渐广泛，诞生了一批智能控制算法，包括模糊控制、神经网络、机器学习等新型控制策略被引入舵机执行机构中。

控制系统作为导弹的核心，工作的可靠性问题越来越引起重视。舵机作为控制回路的被控对象，也是导弹制导系统的关键部件，故障率较高，其工作的稳定性也影响着导弹飞行的距离和精准度，因此有关控制系统的容错策略更多地出现。

目前，国内外制导导弹上所搭载的舵机执行机构更加追求高效率。

不同工作原理的舵机有其独有的优势，在不同飞行场景下均有应用。液压式舵机的工作精度和快速性较好，在中、远程制导弹药中仍占有主要位置。液压式舵机下一步的方向瞄准了高压大功率与可靠性完善；气动式舵机的输出力矩和输出功率适中、空载角速度大，且兼顾体积和重量小等优点，因此也得到广泛应用。气动式舵机未来的发展方向在于关键部件的设计、密封方法的改进、通过新型气源或封装工艺提高气源压力；电动式舵机具有频带宽、时间常数小、结构紧凑、维护简便等优点，随着新型稀土材料、厚膜电路与智能模块等新型元器件和电机无刷技术的应用，以及新型减速传动装置、功率大重量小的电能源、新型控制元件（如大功率晶体管、固体继电器）的不断发展，电动式舵机的发展前景更加广泛，应用场景也逐渐由小型导弹向中、大型导弹过渡的趋势。

未来，随着新型材料、能源的出现，各种弹种、类型的舵机不再有明显的区分界限，应根据具体的飞行场景设计适合的执行机构。

7.3　推力矢量执行机构

战术导弹（如空空导弹、反坦克导弹）有时需要很高的机动过载能力，即需要较大的侧向力来控制导弹快速转向，这仅依靠空气式舵机是很难实现的，特别在发射初期的低速飞行阶段，依靠气动力无法提供足够的控制力。

推力矢量控制是利用控制系统改变发动机经过喷管向外界喷射的气流方向，从而改变发动机气流产生的径向推力的一种控制方法。与气动力执行机构相比，推力矢量控制装置的优点是：推力矢量控制系统利用其自身的发动机提供能量来源，不依赖自身携带的气瓶或飞行气流滞止压强，允许导弹在低速飞行或外界空气稀薄的情况下稳定控制飞行器的飞行姿态。缺点是：发动机停止工作后，推力矢量控制无法工作。

有些导弹武器系统，需要采用推力矢量控制，如以下几种情况。

（1）在洲际弹道式导弹的垂直发射阶段中，如果不用姿态控制，那么由于一个微小的主发动机推力偏心（而这种偏心是不可避免的），都将会使导弹翻滚。因这类导弹一般很重，且燃料重量占总重量的 90%以上，必须缓慢发射，以避免动态载荷，而这一阶段空气动力控制效率极低，所以必须采用推力矢量控制。

（2）垂直发射的战术导弹，发射后要迅速转弯，以便能够在全方位上拦截目标。由于此时导弹速度较低，也必须采用推力矢量控制。

（3）有些近程导弹，如“旋火”反坦克导弹，发射装置和制导站隔开一段距离，为使导弹发射后快速进入有效制导范围，就必须使导弹发射后能立即实施机动，也需要采用推力矢量控制。

7.3.1　燃气舵

燃气舵放置于导弹尾部发动机之后，通过改变发动机燃气流而产生改变导弹飞行姿态的侧向控制力矩，是最早应用于导弹控制的一种推力矢量式执行机构。

1932 年，罗伯特·哈金斯·戈达德（Robert Hutchings Goddard）首开先河，使用燃气舵来控制火箭的飞行方向。在火箭发动机喷管的尾部安装四个对称舵片。对于一个舵片，当舵片没有偏转时，舵片两侧的气流对称，不会产生侧向力；当四个燃气舵偏转方向不同时，可使飞行器产生俯仰、偏航及滚动三个方向的控制力矩。

燃气舵的优点：结构简单，姿态调整能力强，响应速度快。其缺点：燃气舵面置于燃气流中，在偏转为零时也存在相当大的阻力，即存在较大的轴向推力损失，且燃气舵的工作环境比较恶劣，存在严重的冲刷烧蚀，必须使用耐烧蚀材料。法国 MICA、美国 AIM－9X、南非 A－Darter、德国 IRIS－T 和中国 HHQ 等导弹均采用燃气舵，如图 7－27～图 7－30 所示。

图 7－27　法国 MICA 导弹

图 7－28　美国 AIM－9X 导弹

图 7－29　南非 A－Darter 导弹

图 7－30　中国 HHQ 导弹

7.3.2　扰流片

扰流片推力矢量控制是一种在战术导弹上应用较多的控制方式，其原理如图 7－31 所示。采用一定形状的叶片，在喷管出口平面上移动，部分地遮盖喷管出口面积，使喷气流受到扰动，在喷管扩张段内产生气流分离和激波，形成不对称压力分布和喷气流偏转，从而产生侧向控制力。

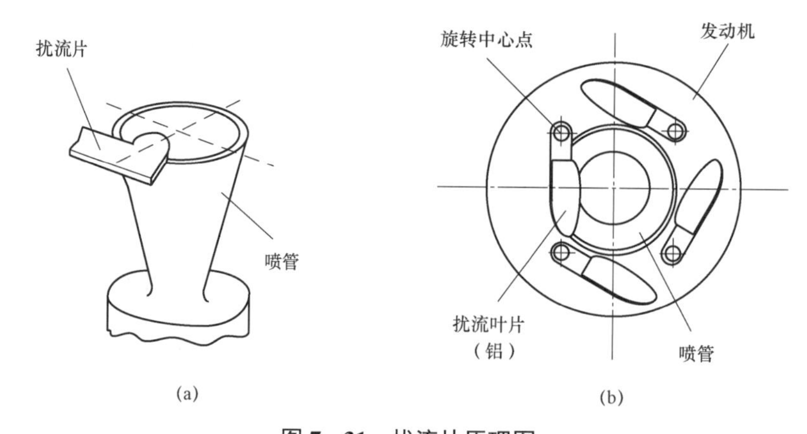

图 7－31　扰流片原理图

（a）扰流片在发动机上的安装情况；（b）发动机喷管出口截面平面图

扰流片的优点：控制结构简单，重量轻，所需要的伺服系统功率小，并且致偏能力强，因此导弹的机动过载能力强；另外响应速度快，带宽可达 15 Hz 以上。扰流板仅在弹体需要机动时伸入燃气流中，所以烧蚀比燃气舵要小，主推力损失小。其缺点：扰流片只能放在喷口周围，使导弹底部面积增大，且喷管的膨胀比减小。俄罗斯 P－73 空空导弹就采用扰流片控制装置，如图 7－32 所示。

图 7－32　俄罗斯 R－73 空空导弹扰流片

7.3.3　矢量发动机

矢量发动机指尾喷口可偏转以产生不同方向推力的喷气式发动机。采用推力矢量技术的飞行器，通过尾喷管偏转，获得附加的控制力矩，实现姿态变化控制。可使飞行器在很慢的速度下也能保持飞行而不失速坠落，从而提高机动性。矢量发动机具有推力损失小，冲刷烧蚀小，可长时间工作的优点。其缺点是偏转角度小，结构重量大，控制系统复杂，一般用于各类战斗机。图 7－33～图 7－35 所示为矢量发动机实物图。

图 7－33　矢量发动机实物图（一）

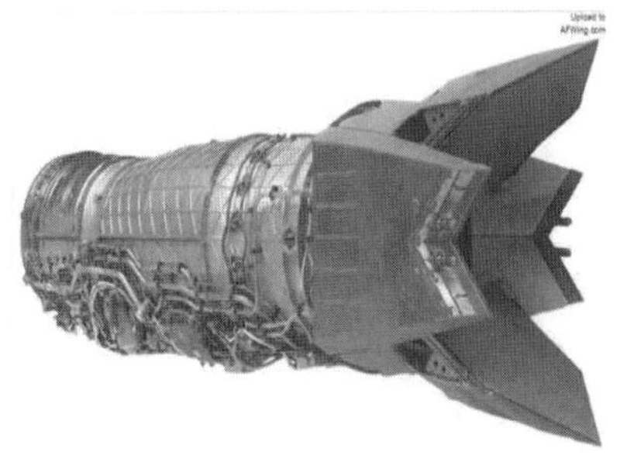

图 7－34　矢量发动机实物图（二）

图 7－35　矢量发动机实物图（三）

7.4　脉冲矢量执行机构

脉冲矢量执行机构是通过直接力装置向导弹外侧向喷流来达到控制的目的。

根据脉冲发动机在脉冲矢量控制式执行机构中安装位置的不同，脉冲矢量控制方式可分为两种方式：一种是利用安装在相对质心一定距离的小脉冲发动机提供直接力，产生转动力矩，实现弹体姿态的控制，从而改变弹体的气动力，称为姿控脉冲控制方式；另一种是小脉冲发动机安装在质心附近，产生的脉冲控制力控制质心运动，称为轨控脉冲控制方式。

7.4.1　姿态脉冲控制方式

图 7－36 所示为姿态脉冲控制方式，要求横向喷流装置产生控制力矩，不以产生控制力为目的，但仍有一定的控制力作用。这种方式利用导弹质心之前环绕安装弹体四周的脉冲式发动机阵列控制点火，产生脉冲推力，使导弹产生相应的运动，进行姿态调整，从而改变作用在弹体上的气动力。脉冲发动机空间点火方位以及产生的推力大小将决定导弹系统的控制形式，由于脉冲发动机个数有限，并且一经设计定型，其推力大小以及作用时间均被确定，因而是一种非线性控制，它需要相应的点火控制策略来决定是否需要启动发动机，应该启动哪些发动机。

7.4.2　轨道脉冲控制方式

图 7－37 所示为轨道脉冲控制方式，该控制系统是一种具有多个喷管的微型发动机系统，通常用作导弹飞行末段的轨控发动机组，在飞行末段进行燃气动力控制。轨道脉冲控制方式要求横向喷流装置不产生力矩或产生的力矩足够小。为了产生要求的直接力控制量，通常要求横向喷流装置具有较大的推力，并希望将其放在质心位置或离质心较近的地方，产生的推力直接为导弹提供横向机动能力。因为轨道脉冲控制方式中的控制力不是通过气动力产生的，所以控制力的动态滞后大幅减小。

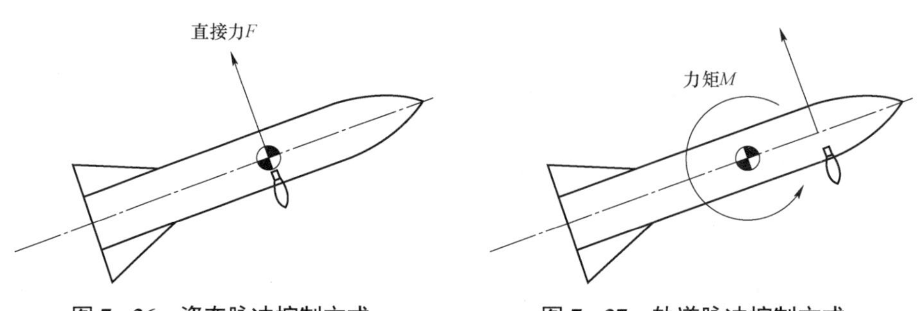

图 7－36　姿态脉冲控制方式　　**图 7－37　轨道脉冲控制方式**

尽管脉冲矢量控制式执行机构中的微型脉冲发动机只能点火一次，而且脉冲发动机的推力大小和工作时间均无法调整，但脉冲矢量控制式执行机构具有结构简单、无活动部件、成本低、响应速度快、控制效率高、受飞行环境影响小、安全性好、可靠性高等优点，这些优点使得脉冲矢量控制在战术导弹上发挥了重要作用（图 7－38～图 7－41）。

图 7－38　240 mm SMELCHAK（轨控）导弹

图 7－39　155 mm SANTIMETER（轨控）导弹

图 7－40　美国 PAC－3 导弹

图 7－41　美国 THAAD 导弹

7.5　变质心执行机构

近年来，随着高超声速导弹的发展，如弹道导弹弹头、对付弹头的防空拦截弹等，出现了一种新兴的控制技术：变质心控制技术，又称为质量矩控制技术。与传统的控制方式不同，变质心执行机构是通过调整安装在弹体内部的若干个质量块，改变导弹系统的质心位置，利用由此产生的气动配平力矩控制导弹的飞行姿态，完成导弹的机动飞行。

变质心控制由于具有独特且难以替代的优势，受到了越来越多控制领域的青睐，作为改变导弹本身的一种控制策略，变质心控制具有以下优势。

（1）响应速度快，具有较高的控制效率。

（2）变质心执行机构完全处于导弹内部，不仅减小了暴露在外故障的风险，提高了其工作可靠性，也可以方便导弹的外形气动设计，使导弹具有更符合流体工程学的气动外形。

（3）变质心执行机构处于导弹内部，减小了弹头高速再入时气动外形的热载荷，也不存在接合缝隙，因而无须特殊解决控制装置的烧蚀问题。

（4）利用质量块位置变化产生的导弹质心变化，从而产生控制力矩的方式更为灵活，不受安装位置及舵面偏转角度范围等限制，能获得较大的控制力和控制力矩，避免了空气舵控制效率低下、大动压铰链力矩过大、使用微喷反作用控制装置带来的燃料、结构重量、侧喷扰流和羽流污染等问题。

（5）通过合理的结构设计，可以选用导弹本身部位的质量块作为可移动的配重，这样不需要额外增加导弹的重量，有利于导弹的轻型化（图 7－42）。

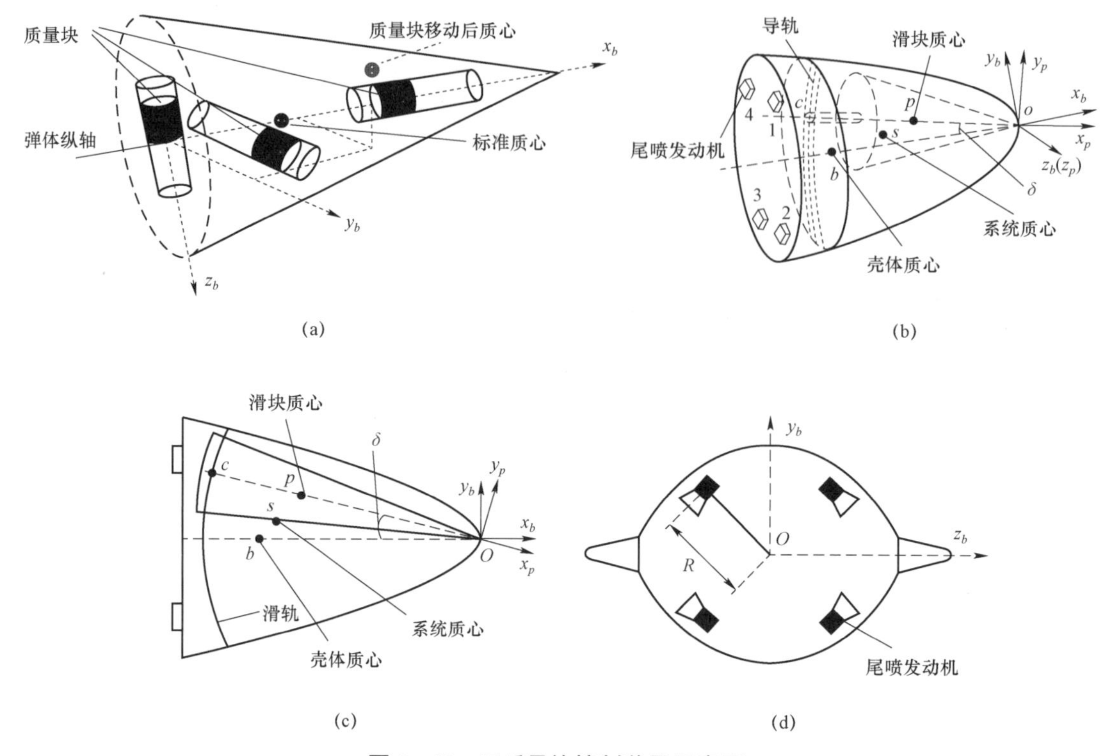

图 7－42　三质量块控制装置示意图

（a）三质量块控制装置；（b）45°三维视图；（c）侧视图；（d）后视图

滑块布局的优化方式主要有以下三点。

（1）减少内部滑块数量：减少滑块的数量，可以减少对内部空间的占用率，同时降低滑块的布局难度。并且可以通过增加滑块的运动形式，来克服由于滑块减少造成的机动能力减弱的问题。

（2）调整滑块布局位置：为了不破坏飞行器内部的主体结构，通常将滑块布置于载体的边缘位置。

（3）复合控制：多滑块布局会增加飞行器内部结构的设计难度，而单滑块布局又无法提供丰富的机动策略。将变质心控制与其他控制方式组合，复合控制模式可以各取所长，在降低布局难度的同时，充分发挥飞行器的性能。

7.6　电推进系统

7.6.1　电推进系统的起源

关于电推进的起源最早可以追溯到 1903 年，俄国著名科学家齐奥尔科夫斯基发表了著名的论文《通过反作用设备实现宇宙飞行的研究》，当时的人们已经认识到，用克鲁克斯放电管可以把电子加速到很高的速度。1924 年，他又在论文中指出：“电的力量是无限的，可以产生强有力的氨离子流，用于宇宙飞船。”科学巨匠的前瞻能力令人叹服，在大洋彼岸，美国科学家戈达德在 1913 年制造出一台可以产生“带电粒子”设备，并在后续研究中阐述了“产生带电气体射流的方法”。

7.6.2　电推进系统的组成及原理

电推进系统主要由三部分组成：电源处理系统（Power Processor Unit，PPU）、推进剂储箱与供给系统和电推力器，其典型配置如图 7－43 所示。

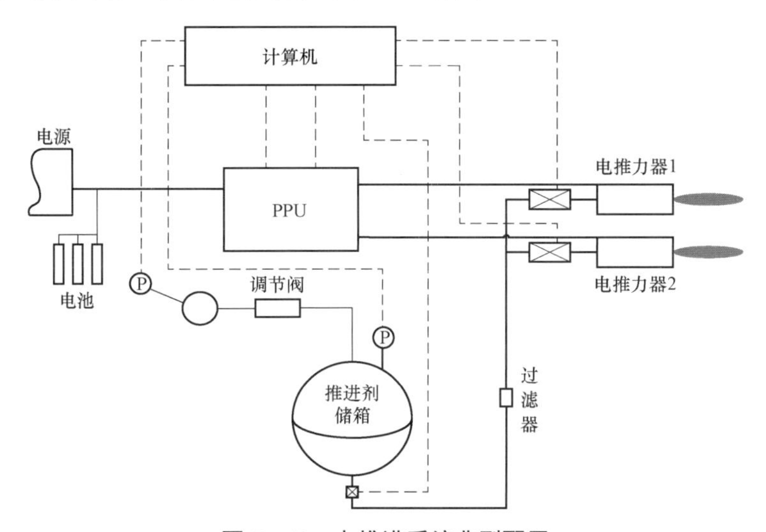

图 7－43　电推进系统典型配置

由于电推进比化学推进的比冲大，所占空间小，因此可以在无重力的太空状态下连续工作几年时间。

电源处理系统调节来自太阳能电池板或者其他电源的电流，并按照要求输送到推力器和航天器上其他用电系统。

推进剂储存与供给系统与传统的冷气推进系统及单组元推进系统相近，包括推进剂储箱、电磁阀、过滤器和管路系统等。

电推进器将电源处理系统输送过来的电能通过一定的方式转化为推进剂的动能，能量转化率以及性能是衡量某个推力器优劣的重要指标。

7.6.3　电推进系统的分类

根据电推进系统中将电能转化为推进剂动能方式的不同，可将电推力器分为三类：电热型、静电型和电磁型（图 7－44）。

电热型推进系统利用电能加热推进剂，被加热的推进剂经拉瓦尔喷管加速喷出发动机，从而产生推力。

图 7－45 所示为电弧加热型推力器的结构示意图。电热型推力器具有以下特点。

（1）结构简单，技术上较易实现，成本较低。

（2）推功比高。

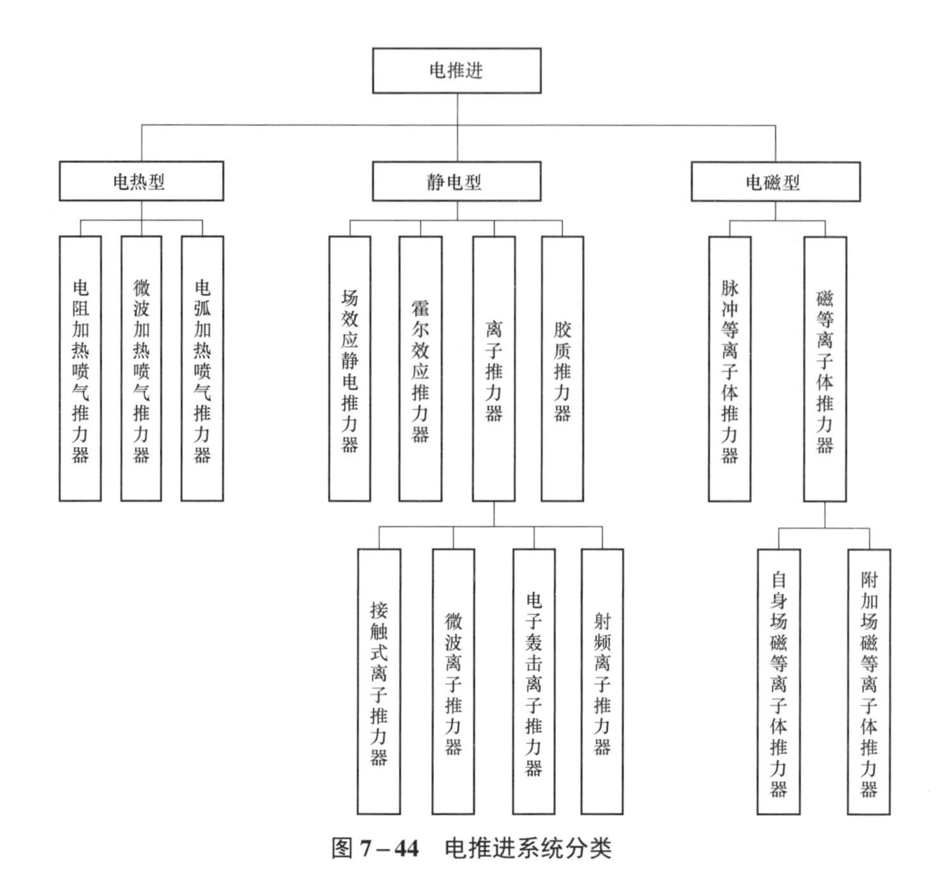

图 7-44　电推进系统分类

（3）推进剂有较宽的选择范围，如氨、氮、氢、氩、肼和氦等。

（4）运行功率范围宽，可适应不同的空间任务。其典型应用有 A2100 卫星平台的 MR-510 电弧推力器、ARGOS 卫星平台的电弧推力器、Amsat PD-3 卫星平台的电弧推力器。

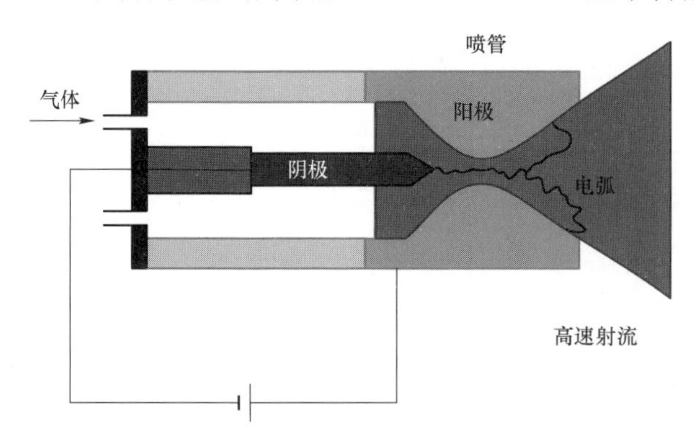

图 7-45　电弧加热型推力器结构示意图

静电型推进系统是将推进剂气体原子电离为等离子体状态，再利用静电场将等离子体中的离子引出并加速，高速喷出的离子束流对推力器的作用力即为推进系统的推力。

霍尔推力器（Hall thruster）又称为稳态等离子体推力器（Stationary Plasma Thruster，SPT），是苏联的莫洛佐夫（Morozov）教授发明的，1966 年第一次成功放电产生推力。图 7-46 所示为霍尔推进器结构示意图，霍尔推力器在出口附近有以径向分量为主的磁场，磁场可以用来约束电子。

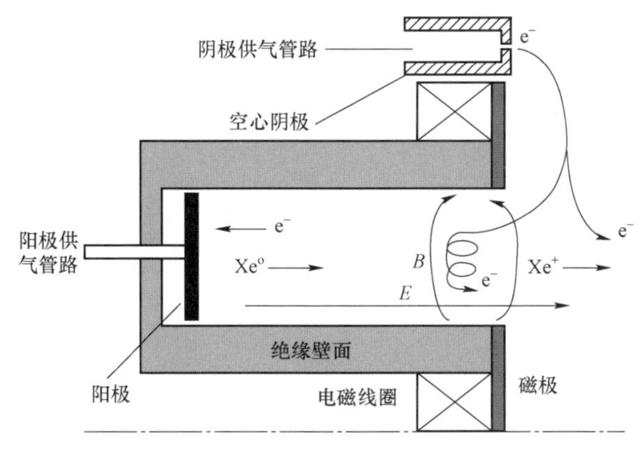

图 7－46 霍尔推进器结构示意图

电磁型推进系统利用电场和磁场交互作用来电离和加速推进剂，产生推力。

电磁型推进器通过阴阳极电弧放电产生等离子体，在电磁场作用下加速从喷管喷出，产生推力，如图 7－47 所示。电磁型推进器在更高的功率下具有更高的性能，一般在几十千瓦以上。

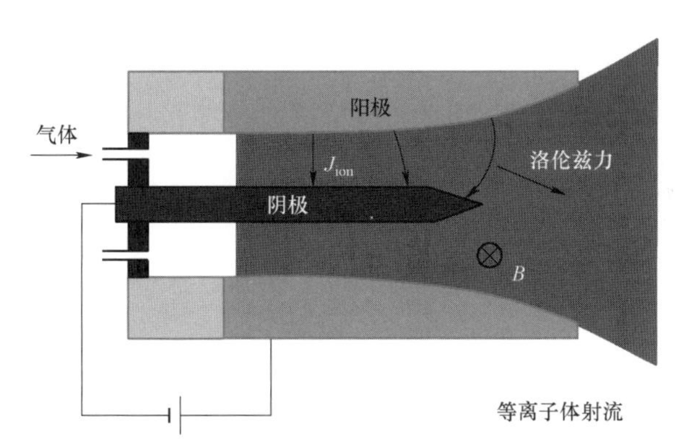

图 7－47 自身场电磁型推进器结构示意图

7.6.4 电推进系统的应用与发展

电推进发展 100 余年来，在空间飞行技术上的应用越来越广泛。目前，电推进系统在深空探测、在轨服务、卫星控制等方面的应用主要有三个方面：低地球轨道（Low Earth Orbit，LEO）、同步地球轨道（Geostationary Earth Orbit，GEO）和星级任务（Planetary Mission）。当航天器在轨飞行时，电推进还可用于航天器的飞行阻力补偿、姿态动力学控制、轨道动力学控制以及卫星寿命末期的轨道重定位等。

电源功率的增大，使地球同步通信卫星上使用电推进作为推进系统成为可能。目前，国外已有不少的卫星平台使用了电推进系统，电推进在地球同步轨道中主要用于南北位置保持、东西位置保持（East West Station Keeping，EWSK）、轨道转移和卫星寿命末期重新定位等。

参 考 文 献

[1] 孟秀云. 导弹制导与控制系统原理 [M]. 北京：北京理工大学出版社，2003.
[2] 雷虎民. 导弹制导与控制原理 [M]. 北京：国防工业出版社，2006.
[3] 崔业兵. 制导火箭弹固定鸭式舵机滚转控制技术研究 [D]. 南京：南京理工大学，2014.
[4] 孙磊. 脉冲推力矢量控制技术研究 [D]. 北京：北京理工大学，2016.
[5] 于达仁，乔磊，蒋文嘉，等. 中国电推进技术发展及展望 [J]. 推进技术，2020，41（01）：1-12.

第8章
半实物仿真技术

8.1　半实物仿真概述

半实物仿真（Hardware In the Loop Simulation，HILS）又称为物理–数学仿真，是指在仿真回路中引入系统部分实物的实时性仿真，是一种广泛应用于工程领域中的验证手段。导弹制导与控制系统往往由多个子系统（或部件）构成，采用这种仿真技术对其中关键的制导与控制部件进行评估，对系统的优化设计能起到至关重要的作用。

半实物仿真技术具有以下三个优点。

（1）以实物替代数学仿真中的某些部件数学模型，可避免该部件的建模困难，消除其建模误差。

某些制导与控制部件，很难建立其准确的数学模型。例如，激光半主动导引头入瞳激光特性与探测灵敏度模型，从探测目标运动、伺服机构跟踪目标直至导引头的输出信号，准确地建立这部分数学模型是很困难的。在半实物仿真中，这部分将以实物直接嵌入仿真回路，代替数学模型参与仿真，即可避免其建模困难，消除建模误差，克服建模不准确造成的仿真误差。

（2）将核心部件引入仿真回路，仿真置信水平高。

飞行试验是置信水平最高的验证方式，然而，受限于研制周期和经费，型号研制往往以数学仿真、半实物仿真验证为重要的辅助手段。由于半实物仿真将核心部件的实物引入了仿真回路，可以有效地验证该部件重要功能和性能的战术技术指标，检验各部件之间的匹配性以及弹上时序动作的协调性。在仿真领域中，这种仿真手段置信水平最高。另外，由于这种方式获取的仿真样本量较大，一定程度上可以评估可靠性，因而受到各研究机构和科研人员的高度重视和大力推崇。

（3）半实物仿真可缩短研制周期，节省研发费用，具有良好的经济效益。

精确制导武器造价昂贵，开发周期长，如果仅靠飞行试验进行验证，势必研制经费巨大。在精确制导武器方案、初样和正样阶段，软/硬件不断优化与升级，如果频繁使用这种验证方式，则人力与物力成本太高。通过半实物仿真验证，可以有效减少飞行试验用弹量，从而大幅降低研制经费。例如，以“响尾蛇”空空导弹发展的三个型号为例加以说明，随着半实物仿真技术的成熟与应用，型号研制实弹靶场试验数量明显减少，如图8–1所示。又如，国外三种不同类型的导弹——“爱国者”“罗兰特”和“尾刺”，根据统计分析，以半实物仿真技术为手段，大大降低了研制过程中的耗弹量，如图8–2所示。

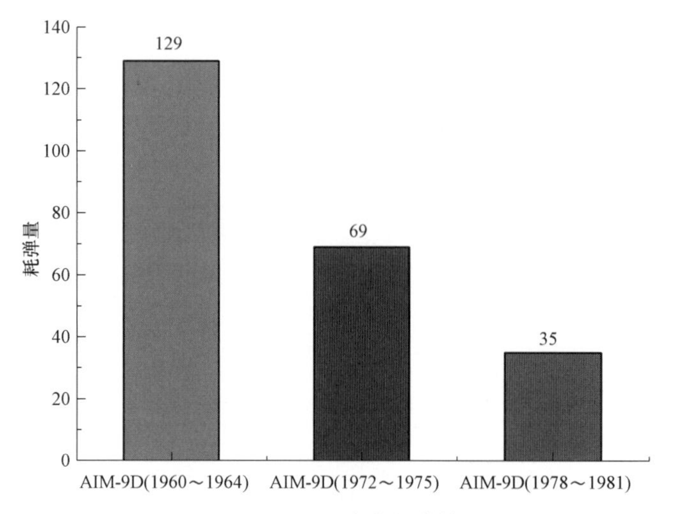

图 8－1　AIM 试验耗弹情况

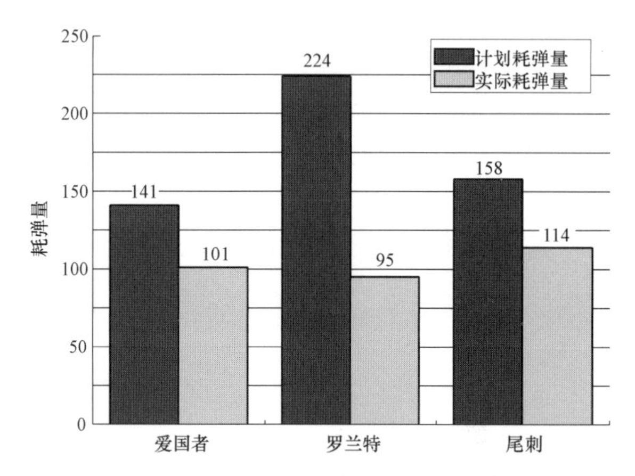

图 8－2　采用仿真技术后的耗弹量比较

通过以上数据分析可知，由于采用半实物仿真技术，使实弹靶场试验数减少 30%～60%，研制费用可节省 10%～40%，研制周期缩短 30%～40%，其效益是显而易见的。

8.2　半实物仿真技术的发展历程

半实物仿真出现在第二次世界大战之后，是自动化武器催生的一种技术产物。早在 20 世纪 60 年代，半实物仿真技术就被应用于“响尾蛇”导弹的导引头评估工作中。位于美国亚拉巴马州“红石”兵工厂的陆军导弹司令部高级仿真中心（ASC）已构建多个型号制导武器半实物仿真平台。ASC 把半实物仿真作为陆军先进精确制导武器系统开发的重要工具，为美国陆军及其盟国提供了高精度的可靠半实物仿真验证支持。1975 年以来，ASC 共开发了 14 个半实物仿真平台，包括红外成像系统仿真、红外仿真系统、多频谱仿真系统和光电三模制导武器仿真系统等。美国佛罗里达州埃格林空军基地试验中心负责开发空军制导武器系统的测试仿真平台，构建了全频谱范围内末端制导传感器半实物仿真平台，射频/红外/激光/GPS 仿真器一应俱全。图 8－3 所示为该试验中心建造的五轴转台。

英国牛津大学 Marko 首次将风洞设备引入半实物仿真系统中，实时获取控制面的气动特性，如图 8－4 所示。根据导弹当前飞行状态，系统实时控制喷流速度与密度，建立满足相似性的流场，从而将铰链力矩、飞行器结构颤振和下洗涡流所引起的力学畸变等非线性因素引入了仿真回路，由传感器反馈在控制面指令下导弹所受的气动力与力矩。这种技术方案为仿真提供了更逼真的气动环境，使置信度得以进一步提高。将风洞试验融入半实物仿真试验中，涉及流体力学、控制、通信和机械制造多个学科领域，是半实物仿真技术的一个重要里程碑。

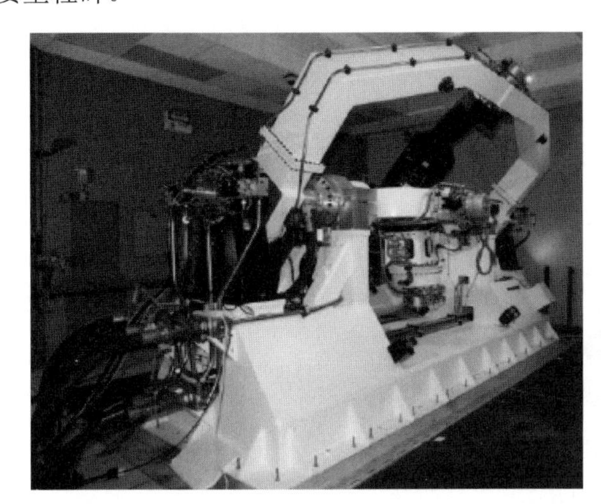

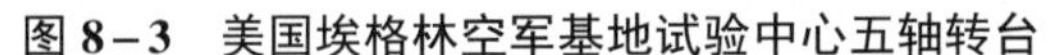

图 8－3　美国埃格林空军基地试验中心五轴转台

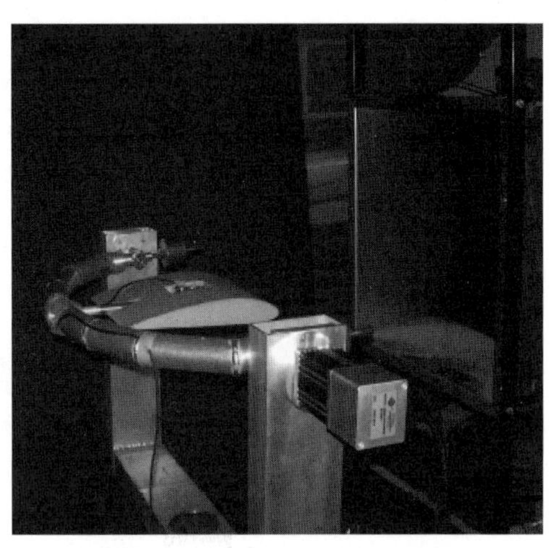

图 8－4　Marko 使用的风洞设备

我国的半实物仿真技术起步相对较晚，1958 年我国第一台三轴转台诞生。20 世纪 80 年代，我国建设了一批高水平、大规模的半实物仿真系统。90 年代，北京仿真中心成立，我国先后建设多个战术导弹型号半实物仿真实验室，包括微波目标环境仿真系统、惯性/光学复合制导仿真系统、多光路多波段可见光/红外成像仿真系统，开展了较大规模的复杂系统仿真，为我国武器装备的研制做出了重大贡献。

8.3　相似性原理

在工程领域中，相似性是系统仿真理论的重要基石。半实物仿真是系统仿真中的一种，因而也必须符合相似性原理。由于半实物仿真的实时性特点，在仿真过程中的每个时刻，半实物仿真系统都应为参试部件提供相似的状态。在精确制导武器的半实物仿真技术中，一般遵循的相似性如下。

（1）时间相似。半实物仿真是与飞行试验 1:1 实时进行的，必须保证仿真系统的实时性，即半实物仿真信号传递、仿真模型计算等环节的耗时必须在一个仿真周期内完成，而且延迟时间应尽可能小。

（2）流程相似。精确制导武器在飞行过程中，按照所设计的弹上流程进行相应动作。为保证被试部件时序正确，在设计半实物仿真试验时，应尽可能与实际保持一致。

（3）几何相似。对于精确制导武器而言，复现导弹与目标的相对运动关系，对制导系统导引头部件极为重要。目标模拟必须能真实反映相对运动关系。在有限的室内环境中，应尽可能减小几何模型误差，以保证仿真与实际的几何相似（图 8－5）。

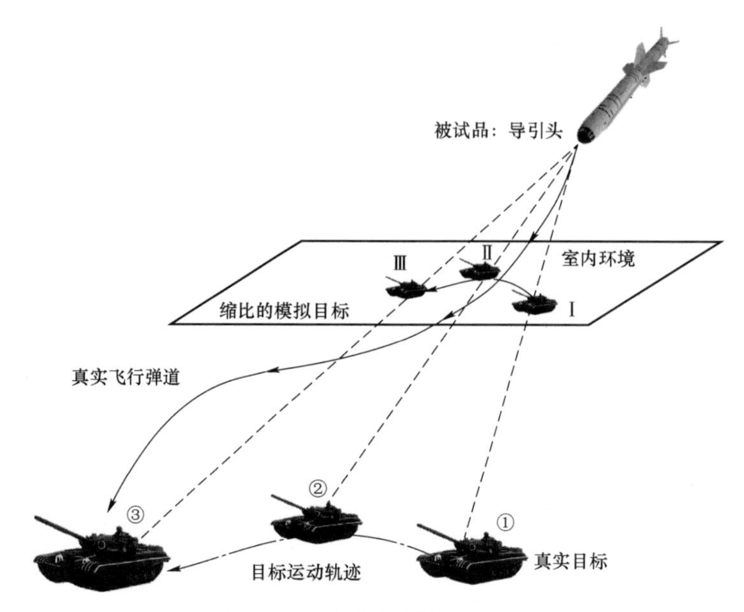

图 8－5　几何相似性原理示意图

（4）环境相似。为减小因仿真条件造成的仿真，提升半实物仿真的置信度，半实物仿真系统必须为被试部件创建相似的力学/光学物理场环境，使部件所处的工作状态逼近于飞行试验。

8.4　半实物仿真系统的组成

半实物仿真技术将仿真回路分解为两部分，如图 8－6 所示。一部分以数学模型进行描述，复现对象的实际动态，并为力、光、电或热等物理场环境提供信息支撑；另一部分为关键部件，以实物方式（或称为物理模型）引入回路，并利用辅助设备为其营造逼真的物理场环境。在半实物仿真试验中，所引入实物（关键部件）的静态、动态性能和非线性特性都得以真实体现，仿真环境更接近于实际情况，其置信水平更高，从而充分验证总体技术方案的可行性。因此，这种仿真手段已经成为武器装备在方案设计、研制试样和性能评估中必不可少的重要手段。

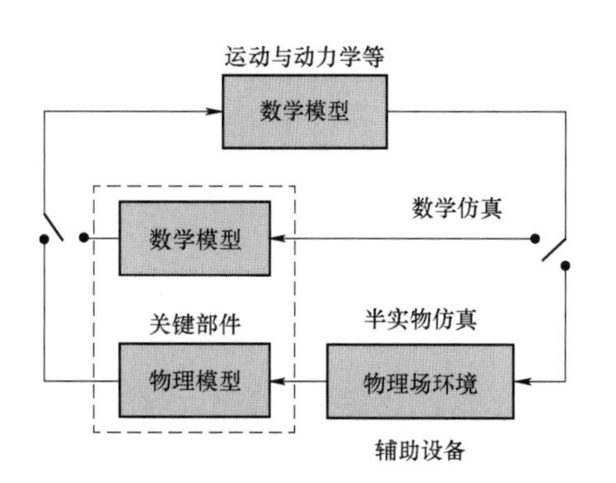

图 8－6　半实物仿真的“物理＋数学”模型

从半实物仿真技术的概念出发：一方面半实物仿真系统应为被试部件提供逼真的物理环境；另一方面应完成其余的数学仿真。半实物仿真系统一般包括以下 6 个部分。

1. 仿真设备

主要功能是为被试部件提供尽可能真实的物理环境。如常用到的三轴转台主要作为弹体姿态运动的载体，目标模拟器为各类导引头提供目标光学/射频特性，力矩负载模拟器主要实时模拟飞行中舵面受到的气动载荷，并作用于舵面上，卫星信号模拟器可实时生成卫星导航信息处理弹载模块输入的卫星信号。

2. 被试部件

主要有导引头、角速率陀螺仪、弹载计算机、信息处理模块、舵机、卫星接收机等。

3. 仿真计算机

主要完成数学模型解算。由于半实物仿真中导弹气动特性、动力学特性、运动学往往难以真实复现，因此相关模型解算一般由仿真计算机完成。

4. 接口板卡设备

主要负责各设备间的数字或模拟信息传递，常用的有 A/D 采集、D/A 转换、串口卡和 I/O 卡等（图 8－7～图 8－10）。

图 8－7　PCI1716 A/D 卡

图 8－8　PCI1723 D/A 卡

图 8－9　PCI1612C 串口卡

图 8－10　PCI1750 I/O 卡

5. 试验控制台

主要对试验设备状态、仿真进程进行监视与控制，以及试验数据管理。

6. 通信网络

常用有的 EIA422（也称 RS—422）、实时光纤网，实现半实物仿真试验过程中，各分系统、部件之间的实时信息交互。

8.5　激光制导武器半实物仿真系统

本节从激光制导武器的仿真任务需求出发，综合评估末制导飞行中激光半主动弹药制导与控制系统的品质与性能，检验各部件的动态性能和可靠性，考核导弹机动能力，将激光半主动导引头、角速率陀螺仪和弹上计算机等器件引入仿真回路中，提出一种半实物仿真方案，设计了激光末制导炮弹半实物仿真系统，如图 8－11 所示。该方案采用三轴转台与两轴转台相结合，构建室内反射式结构，形式灵活，能更为便利地反映实际战场环境。

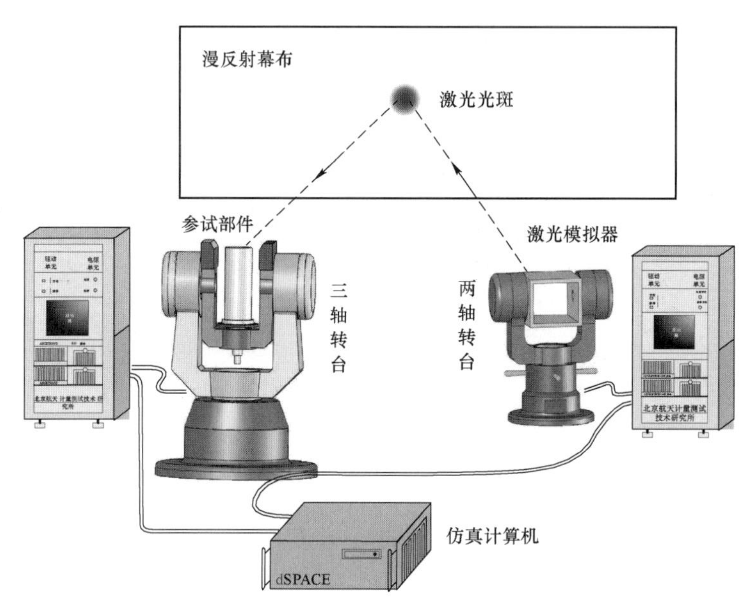

图 8－11　反射式半实物仿真系统组成

8.5.1　系统组成

该半实物仿真系统需要三种仿真试验设备实现物理模拟，转台的三个自由度运动提供弹体姿态运动环境；激光模拟器提供目标的激光漫反射环境；转台的两个自由度实时控制激光光斑位置，以模拟末制导炮弹与目标的相对运动关系。系统组成如图 8－11 所示。

1）dSPACE 仿真机

dSPACE 仿真机（图 8－12）是由德国 dSPACE 科技公司基于 MATLAB/Simulink 研发的开发及测试平台，已经广泛应用于多个领域的半实物仿真系统中。dSPACE 仿真机具有实时性强、可靠性高、扩充性好等优点，其硬件系统主要包括处理器、板卡和 I/O 扩展接口等，拥有高速计算能力，其软件环境可以方便地实现代码生成/下载和试验/调试等管理控制工作。

2）三轴转台

三轴转台用于模拟弹体姿态运动。在理想的情况下，转台能够快速准确地执行弹体姿态角信号，即转台的传递函数为 1。但是，实际上这是无法实现的，转台的动态特性被串联到半实物仿真回路，势必会造成相位滞后，给控制系统仿真带来一定误差。因此，转台都必须保证有较大的频宽。一般而言，转台带宽应在弹体无阻尼振荡频率的五倍以上。目标相对导弹的运动速度很低，光斑运动缓慢，系统对两轴转台的带宽相对较低。为尽可能减小模拟器引入仿真回路中带来的误差，还应尽可能提高三轴转台和两轴转台定位精度、最大角加速度等指标。此外，转台负载能力、码盘精度应满足仿真要求。

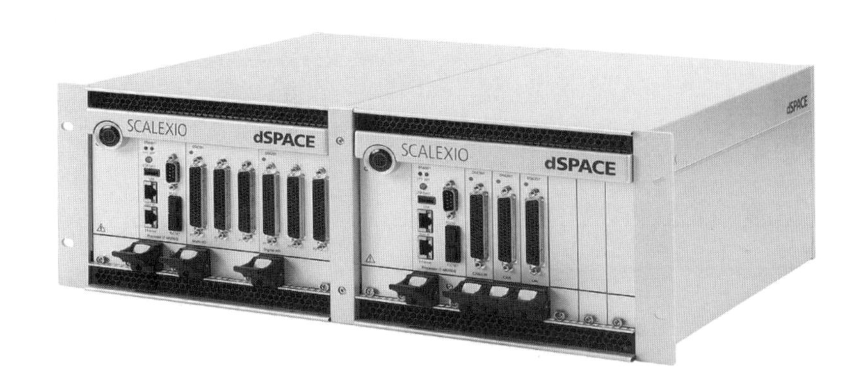

图 8－12　dSPACE 仿真机

3）光学环境模拟设备

激光导引头的光学环境模拟设备主要包含两轴转台、目标模拟器和漫反射幕布。目标模拟器为激光制导武器营造激光环境，固连于两轴转台。两轴转台在俯仰、偏航通道的两个自由度可以改变幕布上的光斑位置。

图 8－13 所示为激光导引头研制的 TS－2 脉冲激光器实物图，该激光器可调整激光光斑大小和能量。

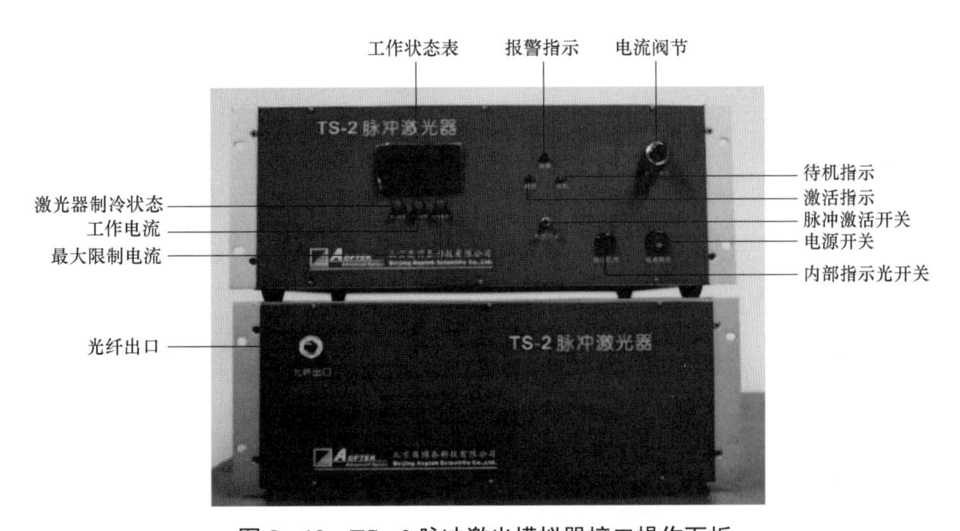

图 8－13　TS－2 脉冲激光模拟器接口操作面板

激光目标模拟器各项性能指标如表 8－1 所示。

表 8－1　激光目标模拟器各项性能指标

性能指标	具体内容
工作波段	与被试导引头的工作波段一致，如 1.064 μm
脉冲频率	与被试导引头的编码一致，如 49.5 Hz、50 Hz 等
脉冲宽度	一般为 10～20 ns
照射能量	若采用半导体激光器，输出能量较小，约为 400 mW
能量调节范围	根据导引系统光学参数和仿真室内环境，使探测器上的能量变化符合目标成像的实际情况，一般按相对值定义，如 105 倍
光斑变化范围	根据导引系统光学参数和仿真室内环境，使探测器上的光斑变化符合目标成像的实际情况，如 0.01～0.5 mm
出瞳距离	目标模拟器的出瞳位置与导引系统的入瞳位置重合
出瞳口径	模拟器出瞳口径大于导引头入瞳口径

4）被试部件

被试部件主要包括弹载计算机、舵机、导引头、角速率陀螺仪等部件。

8.5.2　激光制导武器半实物仿真方案

根据几何相似原理：首先建立室内环境几何模型，利用两轴转台，严格逼近实际飞行中导弹和目标之间的相对几何关系；其次根据导引头入瞳光学特性，实时更新激光照射环境特性，使仿真环境更接近于飞行试验，符合半实物仿真技术的环境相似原理；最后使用 dSPACE 仿真机高性能计算平台，保证小步长仿真的可实现性，进而满足仿真实时性，符合时间相似原理。激光制导武器半实物仿真系统结构如图 8－14 所示。

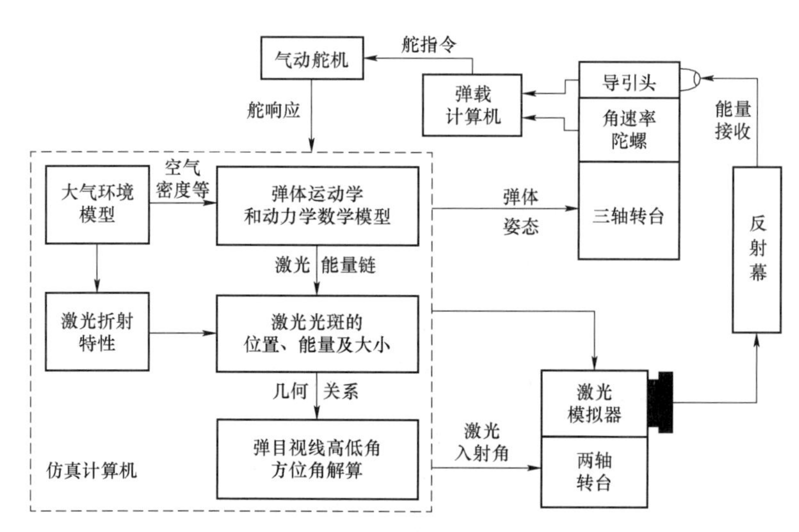

图 8－14　半实物仿真结构图

激光模拟器搭载于两轴转台，按设定的编码、照射时间输出用于激光导引头接收的编码激光脉冲序列；将激光光斑投射在漫反射幕布，激光模拟器带有能量衰减器及光学装置，可实时调整能量及光斑大小，以模拟弹目相对几何关系及弹目距离。

当视线误差角不为零时，导引头接收到光斑能量，产生光轴进动信号，并生成制导指令传输给 dSPACE 仿真机。由仿真机完成六自由度制导弹道的实时解算，并将弹体姿态作为三轴转台的指令来模拟弹体俯仰和偏航的姿态运动；仿真机通过几何关系模型得到两轴转台角度指令，调整激光光斑在反射幕上的位置，用以模拟真实的弹目相对关系；激光模拟器根据仿真机计算得到的弹目距离及气象条件，生成与真实弹道特性相似的激光光斑。

8.5.3　导弹–目标几何关系

对于采用反射式光路模式的仿真系统，半实物仿真系统的理论几何布局关系如图 8–15 所示。以导引头光轴中心为原点，建立地面坐标系 $Oxyz$，Ox 轴在水平面内，Oy 轴为铅垂方向，Oz 轴与上述的两个坐标轴构成右手坐标系。漫反射幕布为铅垂平面，且与 Oz 轴平行。设两转台回转中心与反射幕之间的距离均为 l_{30}，两个转台回转中心之间距离为 l_{32}；导引头光轴中心与三轴转台回转中心重合，两轴转台和三轴转台的高低角、方位角分别为 ε_{TS}、β_{TS} 和 ε_{TD}、β_{TD}。

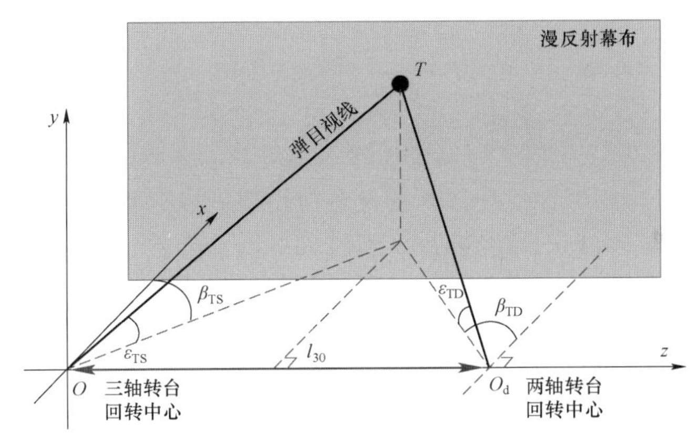

图 8–15　几何关系示意图

根据仿真相似原理，半实物仿真中的导引头视线方位角、高低角与理论的视线方位角、高低角对应相等。由数学仿真可知，末制导段视线高低角在 $-45°\sim-30°$ 范围内，受室内尺寸条件和转台高度的限制，俯仰方向可用范围为 $\vartheta_G\sim\vartheta_C$，光斑将落在地面，如图 8–16 所示。

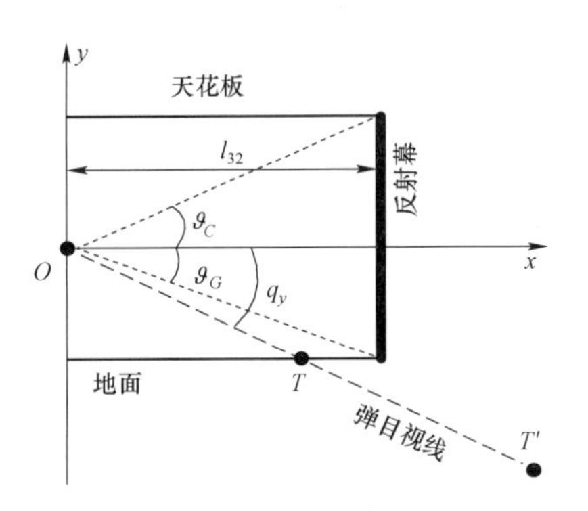

图 8–16　室内环境左视图

将地面坐标系绕 Oz 轴顺时针旋转常值角度 λ，得到新坐标系 $Ox'y'z'$，使仿真的弹目视线落在幕布上。设在真实弹道的地面坐标系下真实目标坐标为 (x_r, y_r, z_r)，则在半实物仿真所使用的坐标系 $Oxyz$ 下坐标 (x', y', z') 为

$$\begin{bmatrix} x' \\ y' \\ z' \end{bmatrix} = \begin{bmatrix} \cos\lambda & -\sin\lambda & 0 \\ \sin\lambda & \cos\lambda & 0 \\ 0 & 0 & 1 \end{bmatrix} \begin{bmatrix} x_r \\ y_r \\ z_r \end{bmatrix} \tag{8-1}$$

式中：λ为常值角度，当λ取值在一定范围内，可保证整个末制导段光斑投影到幕布上。

在坐标系$Oxyz$下，弹目视线所在直线方程表达式为

$$\frac{x}{x_r\cos\lambda - y_r\sin\lambda} = \frac{y}{x_r\cos\lambda + y_r\sin\lambda} = \frac{z}{z_r} \tag{8-2}$$

由$x_M = l_{30}$，可计算出光斑坐标：

$$\begin{cases} y_{\mathrm{M}} = \dfrac{x_r\cos\lambda + y_r\sin\lambda}{x_r\cos\lambda - y_r\sin\lambda} l_{30} \\ z_{\mathrm{M}} = \dfrac{z_r \cdot l_{30}}{x_r\cos\lambda - y_r\sin\lambda} \end{cases} \tag{8-3}$$

由此可得，两轴转台的高低、方位指令为

$$\begin{cases} \varepsilon_{\mathrm{TD}} = \arctan\dfrac{y_M}{\sqrt{x_{\mathrm{M}}^2 + (l_{32} - z_{\mathrm{M}})^2}} \\ \beta_{\mathrm{TD}} = \arctan\dfrac{l_{32} - z_{\mathrm{M}}}{x_{\mathrm{M}}} \end{cases} \tag{8-4}$$

8.5.4 入瞳激光的光学特性

根据半实物仿真环境相似性原理，辅助设备应模拟的目标特性主要包括三部分：在室内环境下，模拟导引头所接收到的激光能量、光斑大小以及光斑运动规律，使其与飞行中的实际情况相一致。

在实际飞行过程中，导引头捕获的激光功率密度随弹目距离的减小而增大，光斑大小也随之而增大。因此，激光模拟器必须具有能量和光斑大小可调的功能，并能满足最大照射功率的要求，为导引头提供逼真的光学环境。

由大气光学的基本知识可知，导引头接收到的功率P_s与激光模拟器发射的激光功率P_L之间的关系可以表示为

$$P_s = P_L \cdot \frac{A_r\sigma\rho}{\pi L_{\mathrm{MT}}^2} T_l \tag{8-5}$$

式中：A_r为导引头接收面积；σ为目标散射面积与照射光斑面积之比；ρ为目标反射率；L_{MT}为弹目距离；T_l为大气透过率。

大气对激光的散射随高度H呈指数衰减，斜程光透过率常常使用经验公式：

$$T_l = \mathrm{e}^{\frac{0.207\left(\mathrm{e}^{-0.83H} - 1\right)}{L_m \times \sin\theta_{\mathrm{LOS}}}} \tag{8-6}$$

式中：L_m为大气能见度；θ_{LOS}为光路与水平面夹角。

激光光斑大小随弹目距离而线性变化，设目标尺寸为$D_T \times D_T$，则光斑半径r_{spot}可表示为

$$r_{\text{spot}} = \frac{l_{32}}{L_{\text{MT}}} \cdot \frac{D_T}{2} \tag{8-7}$$

由此可知，P_s 与弹目距离 L_{MT} 的平方成反比，r_{spot} 与弹目距离 L_{MT} 成反比。在仿真过程中，模型需根据当前弹目距离实时更新激光模拟器的发射能量以及光斑大小。

8.5.5　几何误差的分析与校正

为尽可能减少误差参数的个数，在坐标系 $Oxyz$ 下，设激光模拟器回转中心坐标为（$\Delta x_2, \Delta y_2, l_{32}$），初始安装角误差为$\Delta\beta$。设三轴转台到幕布距离为 l_{30}，幕布平面绕 Oy 轴转角 η 可测，如图 8-17 所示。

则幕布所在平面的法矢量为（1, 0, $-\tan\eta$），可得其所在平面的空间方程为

$$(x - l_{30}\cos\eta) - \tan\eta \cdot (z + l_{30}\sin\eta) = 0 \tag{8-8}$$

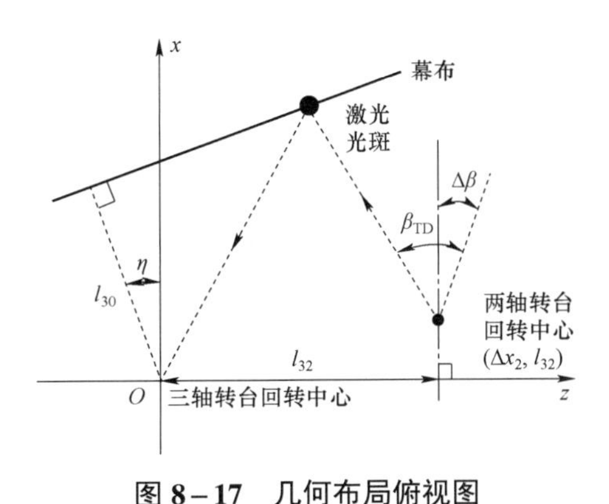

图 8-17　几何布局俯视图

半实物仿真系统生成的激光光斑位置是幕布所在平面和弹目视线的交点。联立式（8-2）与式（8-8），得到幕布上的光斑坐标为

$$\begin{cases} x_{\text{M}} = \dfrac{(x_r\cos\lambda - y_r\sin\lambda) \cdot l_{30}(\cos\eta + \tan\eta \cdot \sin\eta)}{x_r\cos\lambda - y_r\sin\lambda - \tan\eta \cdot z_r} \\ y_{\text{M}} = \dfrac{(x_r\cos\lambda + y_r\sin\lambda) \cdot l_{30}(\cos\eta + \tan\eta \cdot \sin\eta)}{x_r\cos\lambda - y_r\sin\lambda - \tan\eta \cdot z_r} \\ z_{\text{M}} = \dfrac{z_r \cdot l_{30}(\cos\eta + \tan\eta \cdot \sin\eta)}{x_r\cos\lambda - y_r\sin\lambda - \tan\eta \cdot z_r} \end{cases} \tag{8-9}$$

由式（8-9）可得两轴转台的角度指令为

$$\begin{cases} \varepsilon_{\text{TD}} = \arcsin\dfrac{y_{\text{M}} - \Delta y_2}{\sqrt{(x_{\text{M}} - \Delta x_2)^2 + (y_{\text{M}} - \Delta y_2)^2 + (z_{\text{M}} - l_{32})^2}} \\ \beta_{\text{TD}} = \arctan\dfrac{l_{32} - z_{\text{M}}}{x_{\text{M}} - \Delta x_2} - \Delta\beta \end{cases} \tag{8-10}$$

给定两轴转台指令（$\varepsilon_{\text{TD}}, \beta_{\text{TD}}$），由导引头闭环追踪试验，最终获取确定且唯一的三轴转

台角度位置（$\varepsilon_{\mathrm{TS}}, \beta_{\mathrm{TS}}$）。该角度与光斑坐标之间的等量关系为

$$\begin{cases} \varepsilon_{\mathrm{TS}} = \arcsin \dfrac{y_{\mathrm{M}}}{\sqrt{x_{\mathrm{M}}^2 + y_{\mathrm{M}}^2 + {z_M}^2}} \\ \beta_{\mathrm{TS}} = \arctan \dfrac{z_{\mathrm{M}}}{x_{\mathrm{M}}} \end{cases} \tag{8-11}$$

为标定式（8-9）和式（8-10）所示模型中的误差参数，选取 N（$N>3$）组两轴指令（$\varepsilon_{\mathrm{TD}}, \beta_{\mathrm{TD}}$），对应于幕布上 N 个光斑位置，利用闭环试验最终得到对应的三轴转台位置（$\varepsilon_{\mathrm{TS}}, \beta_{\mathrm{TS}}$）。光斑在幕布上的位置分布如图 8-18 所示。

将 N 个光斑位置（x_{Mi}, y_{Mi}, z_{Mi}）（$i=1,2,\cdots,N$）代入后建立 N 个非线性方程，来解算误差参数Δx、l_{32}、$\tan\Delta\beta$。设 $x_1 = \Delta x_2, x_2 = l_{32}, x_3 = \tan\Delta\beta$，则可建立以下超定非线性方程组 $\boldsymbol{F}(x_1, x_2, x_3) = 0$，即

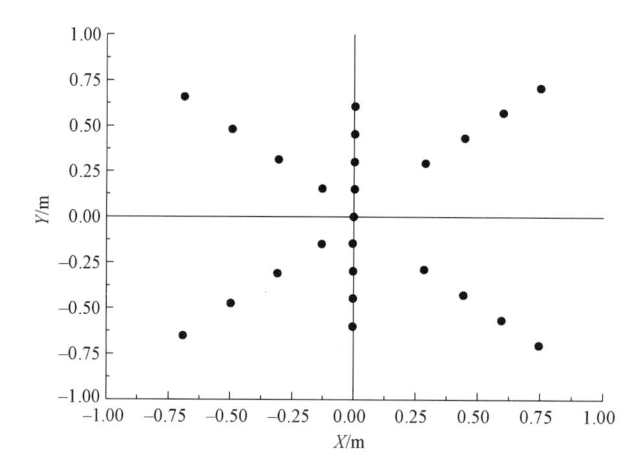

图 8-18 光斑在幕布上的位置示意图

$$\begin{cases} a_{11} \bullet x_1 + x_1x_3 + x_2 + a_{12} \bullet x_2x_3 + a_{13}x_3 - a_{14} = 0 \\ a_{21} \bullet x_1 + x_1x_3 + x_2 + a_{22} \bullet x_2x_3 + a_{23}x_3 - a_{24} = 0 \\ \qquad \vdots \qquad\qquad \vdots \\ a_{i1} \bullet x_1 + x_1x_3 + x_2 + a_{i2} \bullet x_2x_3 + a_{i3}x_3 - a_{i4} = 0 \\ \qquad \vdots \qquad\qquad \vdots \\ a_{N1} \bullet x_1 + x_1x_3 + x_2 + a_{N2} \bullet x_2x_3 + a_{N3}x_3 - a_{N4} = 0 \end{cases} \tag{8-12}$$

式中：各项系数表达式分别为 $a_{i1} = \tan\beta_{\mathrm{TD}i}$、$a_{i2} = -\tan\beta_{\mathrm{TD}i}$、$a_{i3} = z_{Mi}\tan\beta_{\mathrm{TD}i} - x_{Mi}$ 和 $a_{i4} = z_{Mi}\tan\beta_{\mathrm{TD}i} + x_{\mathrm{M}i}$。

初步尺寸标定获取了未知量的粗略取值，可满足牛顿迭代法对初值的要求。因此，选用收敛快、形式简单的牛顿迭代法进行数值求解，可将系统方程改写为

$$\boldsymbol{F}(\boldsymbol{x}^{(k)}) + \boldsymbol{F}'(\boldsymbol{x}^{(k)}) \bullet \Delta\boldsymbol{x}^{(k)} = 0 \tag{8-13}$$

其中，Jacobi 矩阵 $\boldsymbol{F}'(x)$ 可表示为

$$\boldsymbol{F}'(x)=\begin{bmatrix} a_{11}+x_3 & 1+a_{12}x_3 & x_1+a_{13} \\ a_{21}+x_3 & 1+a_{22}x_3 & x_1+a_{23} \\ \vdots & \vdots & \vdots \\ a_{N1}+x_3 & 1+a_{N2}x_3 & x_1+a_{N3} \end{bmatrix} \tag{8-14}$$

由超定方程组计算修正矢量$\Delta\boldsymbol{x}$，采用加权最小二乘法，选取权系数使光斑位置误差最小，即光斑 i（$i=1,2,\cdots,N$）到弹道初始时刻光斑位置的距离r_i越远，其对应权系数ω_i越小。取归一化权系数为

$$\omega_i=\frac{L-r_i}{NL-\sum_{i=1}^{N}r_i} \tag{8-15}$$

式中：常数$L>\max(r_i)(i=1,2,\cdots,N)$，则加权后超定方程组各个矩阵表示如下：

$$\begin{cases} \boldsymbol{F}_G=\left[F(:,1)\bullet\omega_1 \quad \cdots \quad F(:,i)\bullet\omega_i \quad \cdots\right]^{\mathrm{T}} \\ \boldsymbol{F}_G'=\left[F'(:,1)\bullet\omega_1 \quad \cdots \quad F'(:,i)\bullet\omega_i \quad \cdots\right]^{\mathrm{T}} \end{cases} \tag{8-16}$$

利用式（8－16）求解第k次迭代的修正矢量$\Delta\boldsymbol{x}$，加权最小二乘解形式如下：

$$\Delta\boldsymbol{x}=-(\boldsymbol{F}_{\mathrm{G}}'^{\mathrm{T}}\boldsymbol{F}_{\mathrm{G}}')^{-1}\bullet\boldsymbol{F}_{\mathrm{G}}'^{\mathrm{T}}\boldsymbol{F}_{\mathrm{G}} \tag{8-17}$$

从而非线性方程组第k次迭代结果为

$$\boldsymbol{x}^{(k+1)}=\boldsymbol{x}^{(k)}+\Delta\boldsymbol{x}^{(k)} \tag{8-18}$$

由式（8－16）～式（8－18）进行多次迭代，当迭代误差满足要求时，即为式（8－13）的最小二乘解，得到误差参数Δx、l_{32}和$\Delta\beta$。将各光斑位置与以上参数代入每一组试验，分别求得Δy_2的N组解，从而得到第四个误差参数的解：

$$\Delta y_2=\sum_{i=1}^{N}\Delta y_i\bullet\omega_i \tag{8-19}$$

使用上述算法计算出误差参数，并代入校正后的几何模型，可得在各光斑位置上两轴转台俯仰和偏航指令的残余角误差，如图 8－19 所示。

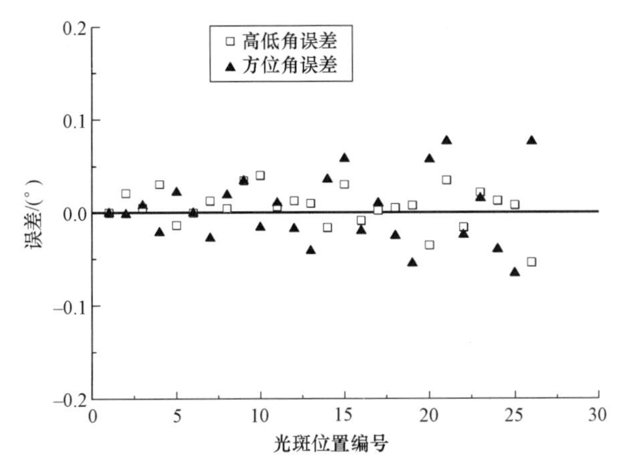

图 8－19　校正后各检测点处的残余误差

从模型参数的试验校正结果来看，导引头的视线误差角（高低角、方位角）可控制在0.1°以内，可以满足导引头测角指标，对制导系统仿真验证的影响较小。

8.6 总结与展望

在半实物仿真技术发展中，存在一条重要经验：半实物仿真技术的发展依赖于作战环境模拟技术。美国在半实物技术领域的先进性体现在有最先进的物理环境模拟设备，在该技术的起步阶段，美国用于模拟弹体运动的转台以精度高、带宽大和动态性能好而著称；在图像制导盛行的今天，多种红外图像生成技术大多出自美国。

通过设备创建的飞行环境越逼真，则半实物仿真的置信水平越高，风洞、火箭橇等试验设备的引入，在理论上可以使半实物仿真置信度更趋近于飞行试验。英国剑桥大学Marko首次建立了力/结构/流场耦合物理场环境，使半实物仿真技术向前迈出了实质性的一步。真实作战环境是更为复杂的力/热/光谱/结构/流场/控制等多物理场耦合系统，因而半实物仿真的关键技术已不再停留在三维特征图像保真重构等单个物理场的构造上，取而代之的多物理场耦合模型实现技术是半实物仿真技术在未来发展中亟待突破的核心技术，这也使高速计算、交互分布式、虚拟技术、协同仿真等成为未来的发展方向。

单武器对单目标攻防对抗的半实物仿真技术还有待较长时间的发展与完善，将来有望发展到编队作战体系化层面上，即多枚导弹对多个目标的分布式半实物仿真验证。导弹编队协同作战是应对反导系统的有效途径，但其飞行验证难以实施，且成本巨大。基于"单对单"的成熟技术，通过半实物仿真平台，仿真推演实时整个战场的攻防态势，是实现弹间实时通信、协同作战和任务规划，全程有效验证最具说服力的手段，能为指挥员决策和制导武器协同作战理论发展提供有力支撑。

半实物仿真系统的各个设备将会全面升级。新一代制导武器的机动性能将大幅度提升，弹体动态范围更大，要求相应的转台模拟器精度更高、时域响应更快和频率响应跨度更大；特征图像、无线电、星矢环境生成的模拟设备及导引头、导航器件等弹上系统更为复杂，以通信技术、高性能计算集群和并行计算技术为后盾，大幅提升数据运算处理和交换传输的速度，以满足半实物仿真对实时性的要求。

另外，早期的半实物仿真平台，通常是根据用途与任务而研制的非标准件。随着半实物仿真技术的日益成熟，半实物仿真平台设备、接口协议以及仿真模型的标准化、系统化和人性化也将成为必然的发展趋势。

参 考 文 献

[1] 单家元，孟秀云，丁艳. 半实物仿真［M］. 北京：国防工业出版社，2008.

[2] 王鹏. 激光制导弹药半实物仿真系统总体方案设计［D］. 北京：北京理工大学，2010：37－39.

[3] 沈永福，邓方林，柯熙政. 激光制导炸弹导引头半实物仿真系统方案设计［J］. 红外与激光工程，2002，31（2）：166－169.

[4] 范世鹏，林德福，王靳然，等. 激光末制导武器室内半实物仿真的误差分析与校正[J]. 红

外与激光工程，2013，42（04）：904－908.
［5］范世鹏，林德福，路宇龙，等. 激光末制导武器半实物仿真系统的设计与实现［J］. 红外与激光工程，2014，43（02）：394－397.
［6］范世鹏，徐平，吴广，等. 精确制导战术武器半实物仿真技术综述［J］. 航天控制，2016，34（3）：66－72.

彩　插

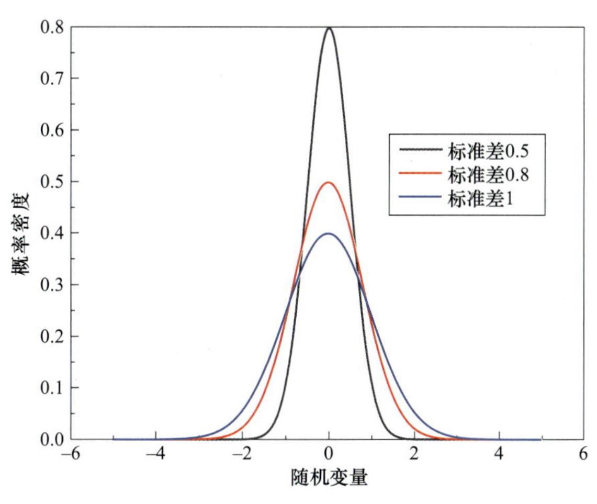

图 3-43　状态概率密度分布

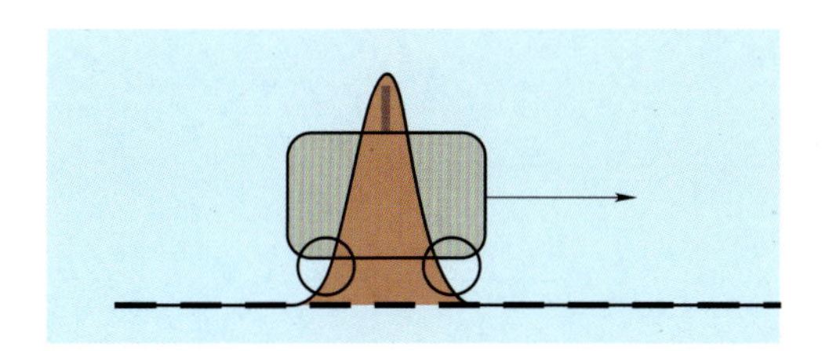

图 3-44　前一时刻小车的正态分布

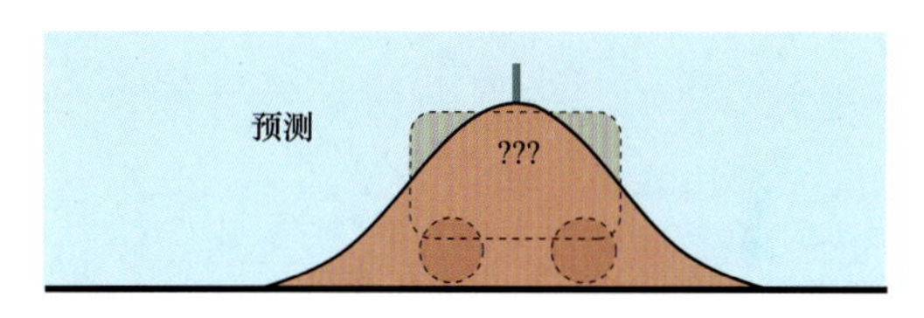

图 3-45　预测的小车的正态分布

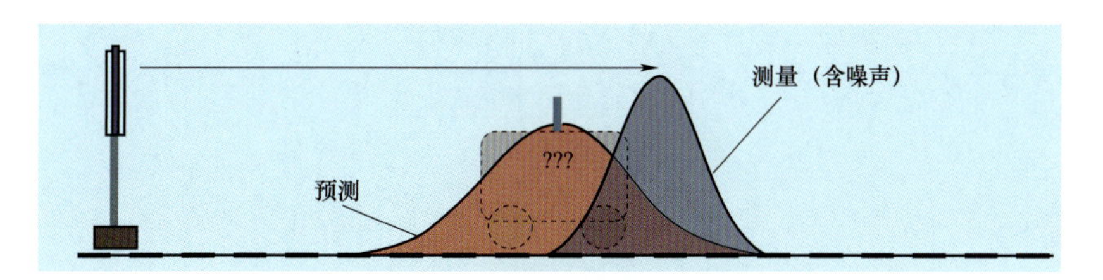

图 3-46　引入量测值后小车的正态分布变化

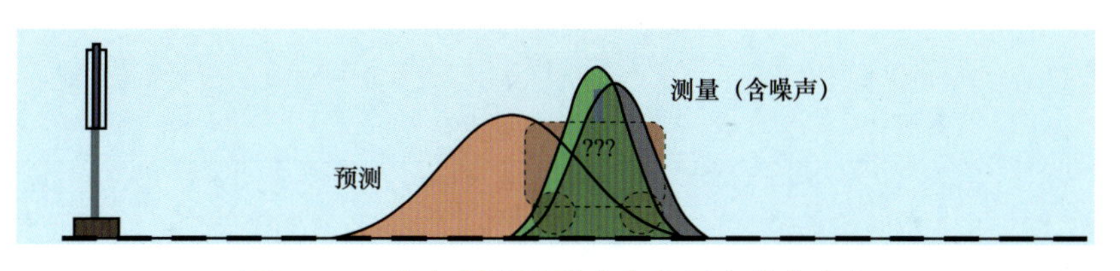

图 3-47　卡尔曼滤波后小车的正态分布变化

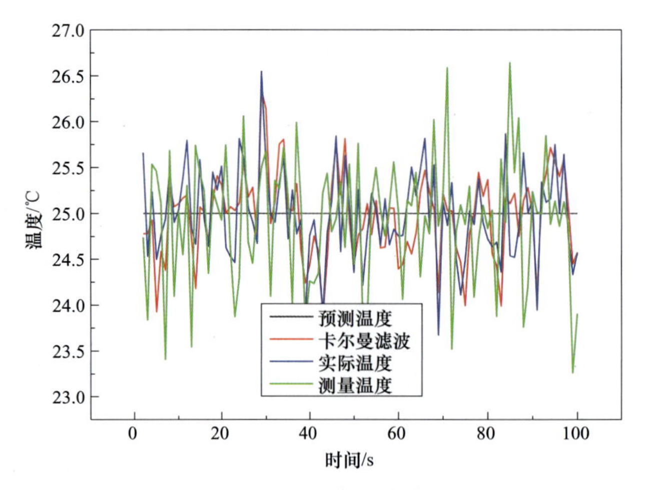

图 3-48　温度估计结果

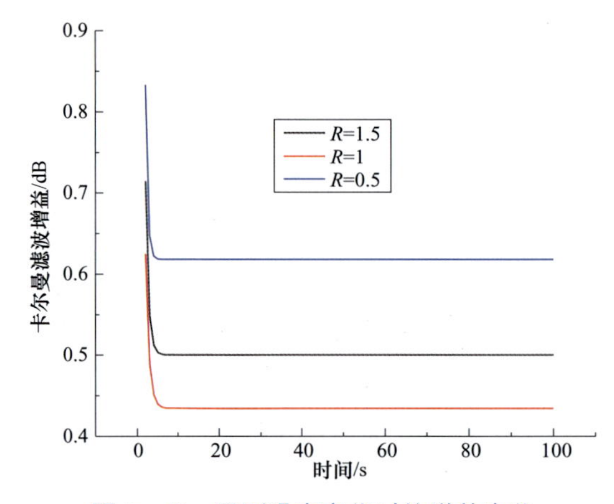

图 3-49　量测噪声变化时的增益变化

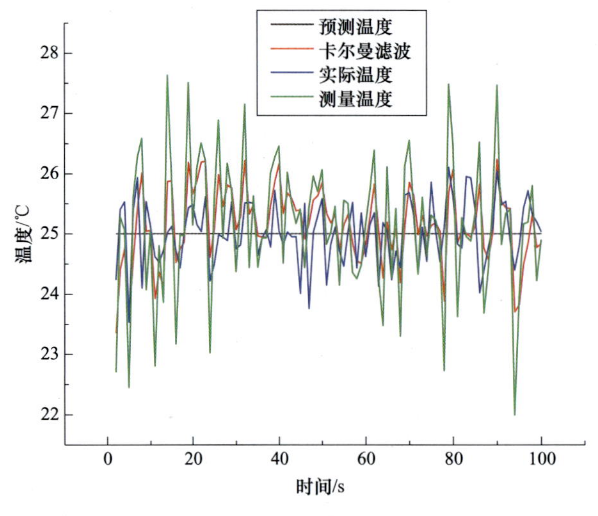

图 3-50　量测噪声标准差 1 ℃

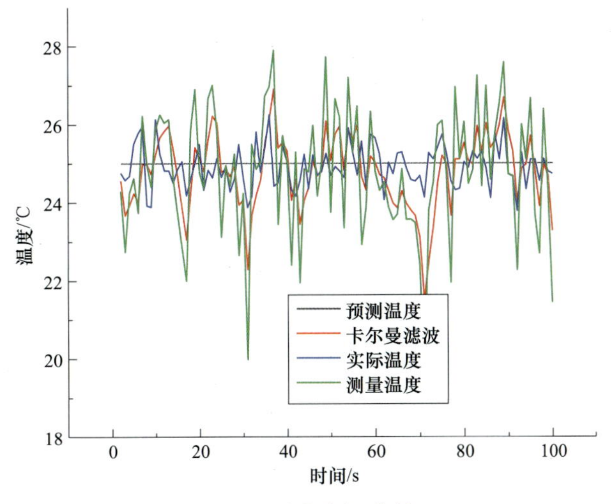

图 3-51　量测噪声标准差 1.5 ℃

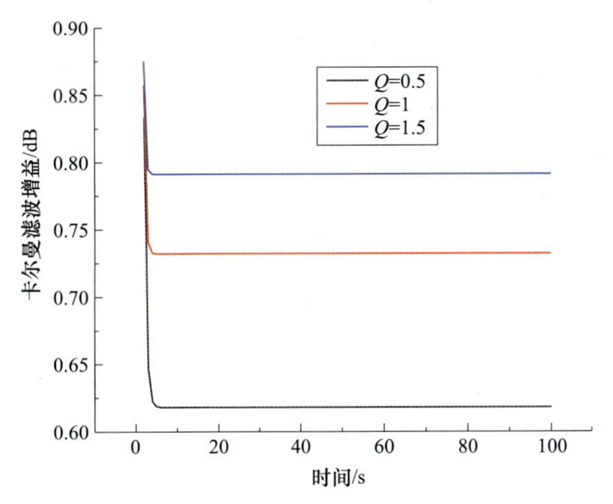

图 3-52　系统噪声变化时的增益变化

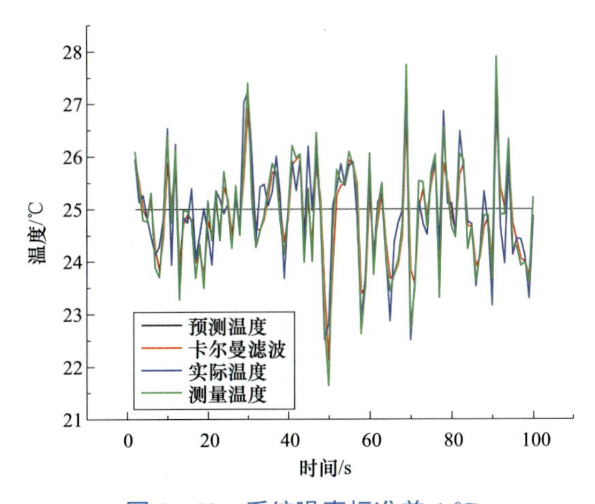

图 3-53　系统噪声标准差 1 ℃

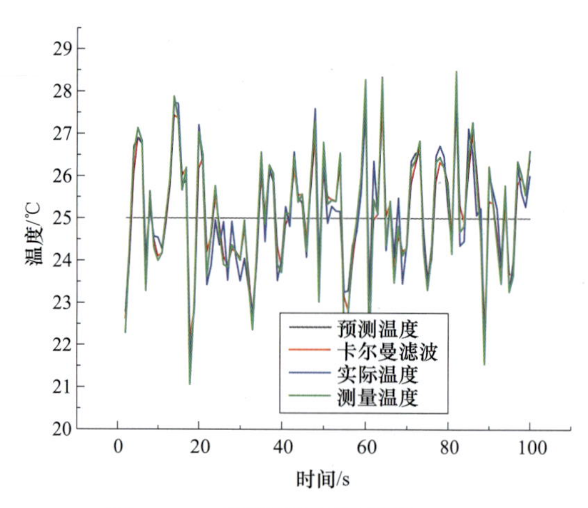

图 3-54　系统噪声标准差 1.5 ℃

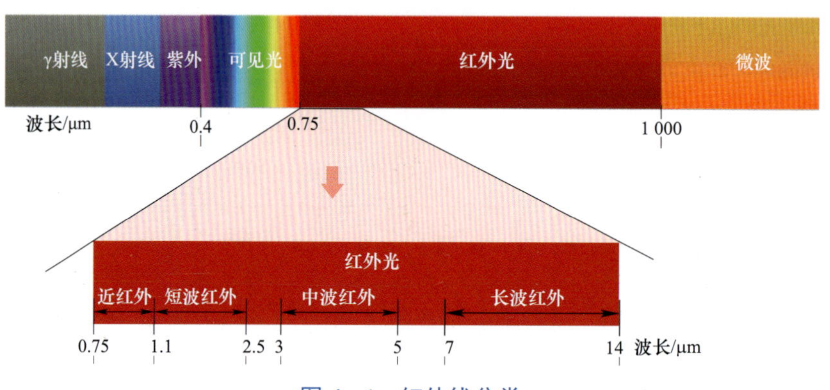

图 4-1　红外线分类

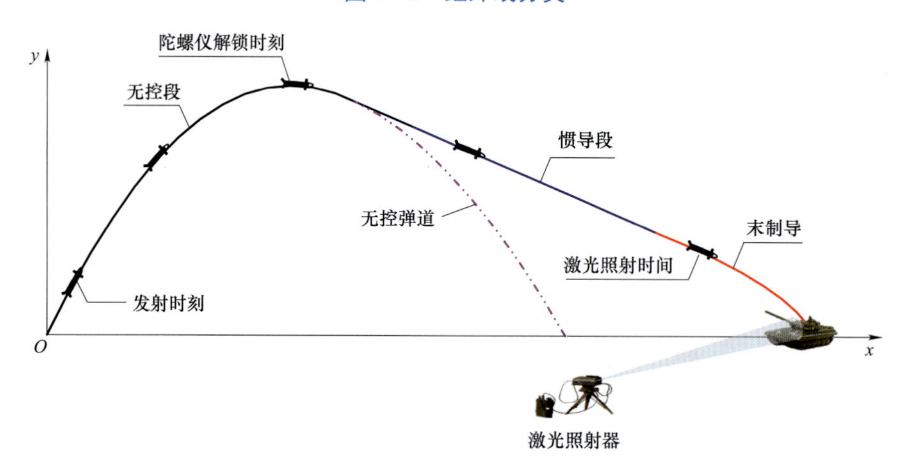

图 5-10　半主动寻的制导武器作战原理示意图